FUNDAMENTALS OF CONTROL ENGINEERING

制御工学基礎

フィードバック制御系設計に向けて

水本郁朗・佐藤昌之［編著］
佐藤孝雄・髙橋将徳・大塚弘文［著］

朝倉書店

まえがき

数多くのシステムや装置に制御機構が組み込まれていることは周知の事実である．産業用ロボットなどの機械装置はもちろんのこと，自動車も制御がなければ動かない．また，化学分野においても温度，圧力などの制御がなければ，希望する化学合成も難しくなる．近年では，農業分野においてもハウスの温度管理や自動での農作物の収穫など制御が活用されて，また，パワードスーツなどのサポート装置にも制御が必要である．飛行機やドローンの自動飛行や人工衛星などの姿勢制御には当然制御が組み込まれている．このように多くの分野で制御が必要とされている．これが制御工学が分野横断的な学問といわれている所以であり，今後ますます制御は欠かせない技術となると考えられる．

本書は，大学および高専など理工系分野における制御工学を初めて学ぶ人に対する入門書として書いたものである．特に，システムの伝達関数表現による周波数領域での制御理論（いわゆる「古典制御理論」）を中心に平易でわかりやすい説明を心がけて執筆した．状態空間表現などによる時間領域での制御理論（いわゆる「現代制御理論」）に関しては，姉妹書である『線形システム制御論』(2015)を参照されたい．本書の特徴は，制御を学ぶ上で必要となる基本的な内容は本文になるべく含めるようにし，数学的知識を含め参考になると思われる内容は付録に収めるようにしたことである．平易ではあるが生涯にわたり制御工学に関する参考書としても活用できるように考え，より丁寧に解説するように心がけた．制御分野で活躍を目指す学生にとって将来にわたり本書が活用されるばかりではなく，他の分野で活躍を目指している学生にとっても，将来どこかで本書が再び活用されることを願っている．

本書は全 14 章から構成されており，1 章 1 コマのペースでの学習を考えて想定した．第 1 章では制御工学を学ぶ上での準備として，フィードフォワード制御とフィードバック制御について簡単に触れている．2 章および 3 章で制御対象の伝達関数を含めたモデル表現について説明し，4 章でシステムの時間応答，5 章で安定性について述べた．さらに，6章，7章では周波数領域での解析法について説明している．ここまでが前半の内容である．後半は8章および9章でフィードバック制御とその安定性について述べ，10章から12章において具体的な制御系設計法の説明を行った．最後に，13章でPID制御，14章でサーボ系設計やロバスト制御などのアドバンストな制御について触れている．13章から14章は，講義のペースに合わせて活用されたい．

本書が，これからの制御技術者の育成に役立つことを切に願っている．

2024年10月

水本　郁朗
佐藤　昌之

目　　次

1 制御工学の準備

制御工学の基礎を学ぶ準備として，初めに制御のイメージや簡単な歴史，さらには本教科書で主に学ぶことになる能動的制御と受動的制御の違いや能動的制御であるフィードバック制御とフィードフォワード制御の違いについて，本章で簡単に解説する．

1.1 制御ってなに

制御（control）とは何だろう．辞書などでは，一般には「相手を押さえて自分の思うように動かすこと」であり，「機械，化学反応，電気回路などを目的の状態にするために適当な操作，調整をすること」と説明がされている（大辞泉　第二版）．すなわち，ある動的な特性（動特性）をもった動くものを自分の望み通りに動かすことが制御である．

「もの」を制御するためには，その動きを測定するセンサー，動きを調整するアクチュエーターが必要である．また，どのように調整すればよいか判断・指令するコントローラー（制御器）が必要である．

いま，図 1.1 のように人が入っている風呂（五右衛門風呂）の温度を薪を焚べて調整する動作を考えてみよう．

風呂の温度を観測するのは，風呂に入っている人の体感温度であり，これがセンサー（測定器）である．実際には，目標とする風呂の温度（心地よい風呂の温度）と感じている温度との誤差を測定して（感じて）いるかもしれない．この温度差を判断して「熱い」「ぬるい」「ちょうどいい」などの言葉で，外で薪を焚べている人に伝える．その言葉を聞いた外の人は，あとどのくらい薪を焚べればいいか，また，薪が燃えるのを抑えればいいか考え意思決定する．これがコントロー

図 1.1　五右衛門風呂の温度調整

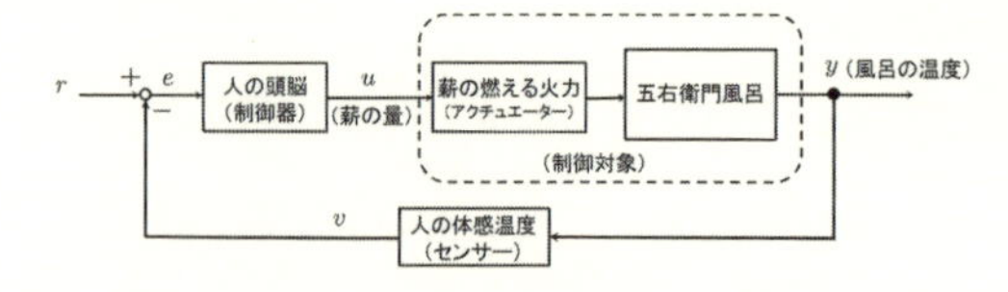

図 1.2　人が薪を焚べることによる風呂の温度制御系構成図

ラー（制御器）である．薪の量により火力が変化し風呂の温度が変化する．この温度の変化の動きが制御対象になる．薪の量が制御入力であり，感じる風呂の温度の変化が測定する出力となる．

図 1.3　人による自動車の運転

これが人間が「もの」を制御する場合の流れの例であり，図 1.2 のような基本的な制御系が構成されていることがわかる．

人間が自動車を運転する場合も少し複雑ではあるが基本的には同様である．人は，図 1.3 のように，自分の進む道を確認しながら運転する．車に近い道の状況（現在），これから進むべき道の状況（未来），そしてバックミラーにより車の後方の状況（過去）を確認しながら，ハンドル，アクセル，ブレーキを操作して運転する．この制御は，PID 制御手法に例えられる（13 章参照）．P：Proportional（比例）は現時刻の誤差の修正であり，I：Integral（積分）は過去の積もった誤差の修正，D：Derivative（微分）は未来の予想される誤差の修正，である．人は無意識のうちに現在実際に使われている制御手法を使っているとみなすこともできる．

一番身近な制御の例は，上述したような人間の行動であるが，制御は現在あらゆるものに使われており，人々の快適な暮らしに欠かせないものとなっている．制御工学は，この制御（または制御システム）について工学的な視点から解析を行うものである．

1.2　制御技術の起源

さて，制御の始まりはいつだろう．古くは，水時計のように紀元前 3 世紀ごろにすでにフロート（浮き）を使った制御技術があったことが知られている．現代の工学的な制御技術の起源は，James Watt（1736–1819）の

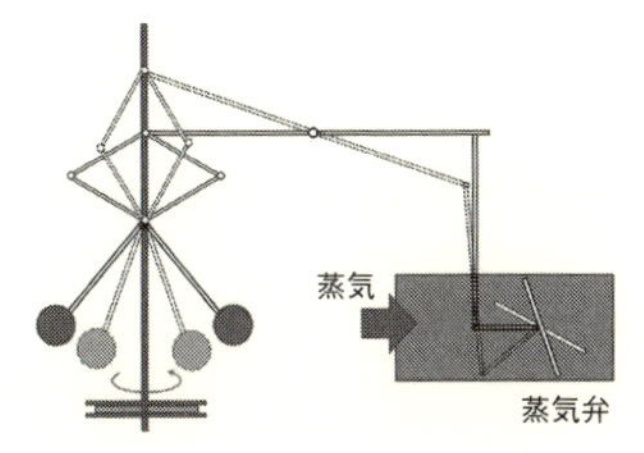

図 1.4 遠心調速機の原理

遠心調速機（遠心ガバナー：centrifugal governor）(1788) といわれている．このガバナーは，図 1.4 のように遠心力により蒸気弁の調節を行う装置である．回転速度が速くなると遠心力により振り子が上昇し，蒸気弁が閉まる．この仕組みによりある一定速度を保つことができるというものである．しかし，このガバナーは，初期のころは小型の装置に対しては問題なく稼働していたといわれるが，そのまま大型の装置に使用すると，振動が起こり（不安定になり）うまく作動しなかったようである．このガバナーの安定性の問題を最初に解いたのが Maxwell（1868）であり，後に Routh (1877) により，一般的な解が導き出された．また，Hurwitz (1895) により Routh と等価な解が得られており，本教科書の 5 章で Hurwitz の安定判別法を説明する．なお，Routh と Hurwitz による安定判別法は等価であることから，**ラウス・フルヴィッツの安定判別法**と呼ばれている．

1.3 受動的制御と能動的制御

制御の方式には大きく分けて**受動的制御**（パッシブ（passive）な制御）と**能動的制御**（アクティブ（active）な制御）の 2 種類がある．パッシブな制御は「制御対象の構造を変えることにより希望の特性を得る方法」であり，アクティブな制御は，「外部からエネルギーを供給して強制的に制御する方法」である．パッシブな制御の代表的なものに特定の周波数に対して振動を抑制する**動吸振器**があり，古くは当時の五重の塔の心柱制振，現代では，横浜のランドマークタワーや東京スカイツリーにビルの振動を抑制するための装置として付加されている[1),2)]．アクティブな制御には**フィードフォワード制御**（feedforward control）と**フィードバック制御**（feedback control）があり，本書では，主に線形時不変システムに対するフィードバック制御系の解析・設計について学ぶ．

1.4 フィードフォワード制御とフィードバック制御

一般にアクティブな制御の制御方式には，**フィードフォワード制御**と**フィード**

バック制御があり，前者は**開ループ制御**，後者は**閉ループ制御**とも呼ばれる．

フィードフォワード制御は，状況に応じて予め決められた制御入力により制御する制御方式で，フィードバック制御は誤差や状態を観測して制御入力を決定（修正）する制御方式である．

1.4.1　フィードフォワード制御

フィードフォワード制御は，図 1.5 に示されるような開ループの制御系であり，一方通行な制御である．例えば簡単な炊飯器でご飯を炊く場合がこの制御にあたる．炊飯器でご飯を炊く場合，お米の量と水の量を適切に設定すればスイッチを入れるだけで美味しいご飯が炊ける．これは，ご飯を炊く実験を繰り返して適切な（お米の量と水の量に合わせた）火加減を予め決めておいたからである．当然，お米の量と水の量を間違える（設定したものと異なる状況になる）と希望する美味しいご飯は炊けない．すなわち，フィードフォワード制御は，予め制御入力が用意されているので瞬時に入力が決定できるが，外乱や状況の変化には弱い制御といえる．

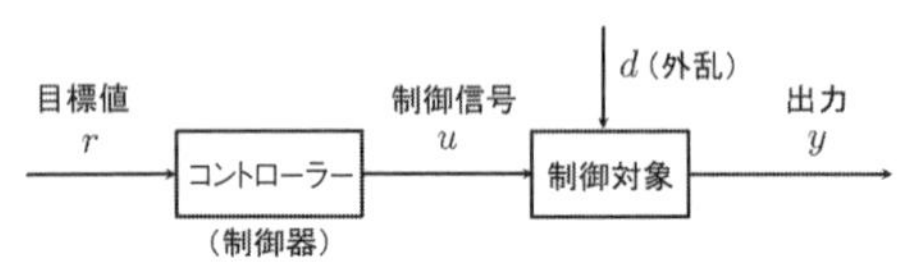

図 1.5　フィードフォワード制御

1.4.2　フィードバック制御

フィードフォワード制御とは異なり，フィードバック制御は，図 1.6 に示されるような閉ループの制御系であり，目標値と出力との誤差から（誤差をフィードバックして）制御入力を決定する制御である．一般的に制御といえばこのフィードバック制御のことをいう．

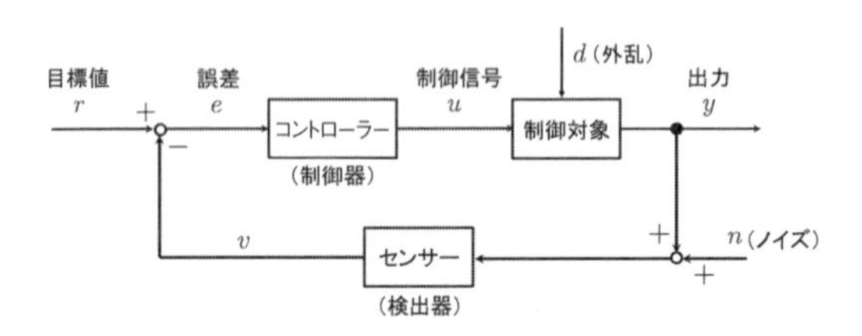

図 1.6　フィードバック制御

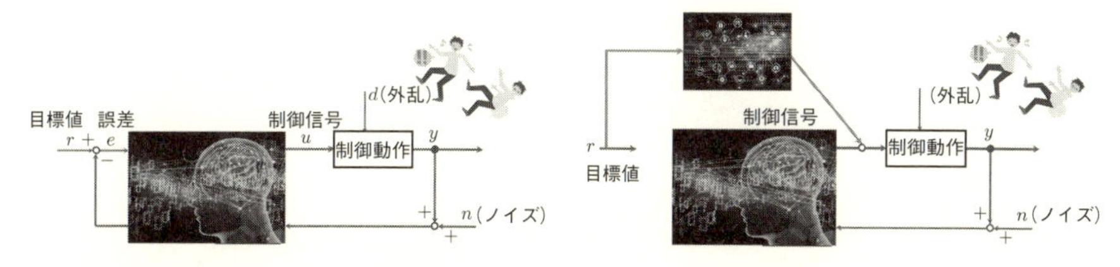

図 1.7　人間のフィードバック制御行動

図 1.8　人間の制御フィードフォワード行動

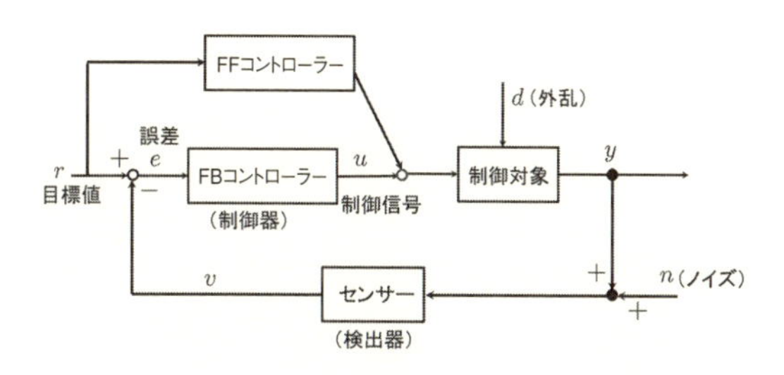

図 1.9　人間の制御フィードフォワード行動

もう一度人間の行動を思い浮かべてみよう．図 1.7 のように，人間自身がセンサーとコントローラーを備えている．通常は，目標値との誤差を見てどのように動けばよいか考えてから行動する．これが人間が行っているフィードバック制御である．しかし，図 1.7 のように外乱として石につまづいて転びそうになる場合を考えてみると，体の傾きをフィードバックにより修正していたのでは間に合わない．人は，経験（学習）によりこのような場合どうすればよいか学んでいるので，図 1.8 のようにフィードバックではなくフィードフォワード制御で転ぶのを回避している．すなわち，人間の行動は，図 1.9 のようにフィードバックとフィードフォワードを兼ね備えた 2 自由度制御系となっていると考えられる．

1.5 制 御 対 象

フィードフォワード制御であれフィードバック制御であれ制御系を設計（制御器を設計）するためには，制御対象を把握し，モデル化する必要がある（2 章，3 章を参照）．一般に図 1.10 で表されるようにアクチュエーターの動特性（ダイナミクス）を含む対象とするシステムが制御対象として取り扱われる．この制御対象を数学モデル化しそのモデルの特性を数学的に解析することで希望に合った制御系が設計できる．また，構成された制御系の特性も数学的な手法により解析できる．

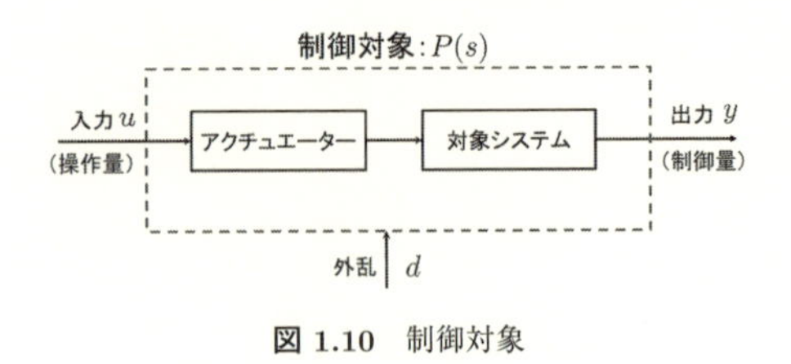

図 1.10　制御対象

1章　演習問題

問題 1.1　図 1.11 は，底部から流出があるタンクの水位を一定に保つ水位制御系を表している．この系の構成要素と信号の流れを図 1.6 に倣って描きなさい．

問題 1.2　図 1.12 は，4 基のローターを有するドローンを表している．

ドローン機体の空中姿勢を目標姿勢に保持させるコンピューターによる自動制御を考える．機体姿勢（ロール角，ピッチ角，ヨー角）は姿勢センサー（ジャイロセンサー）により計測され電気信号に変換してマイクロコンピューター内に取り込まれる．目標姿勢との誤差をなくすための制御則によって各ローターの駆動モーターへの速度指令値が算出され，モーターコントローラーへ送られてローターが駆動し発生した推力により機体姿勢が変化する．この制御系の構成要素と信号の流れを図 1.6 に倣って描きなさい．

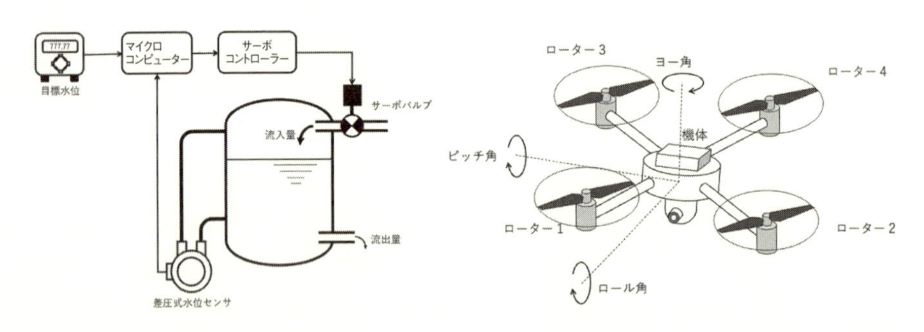

図 1.11　タンク内の水位制御系

図 1.12　ドローンの空中姿勢

問題 1.3 前問 1.2 のドローン機体の姿勢制御における外乱やノイズにはどのようなものがあるか.

【1 章 演習問題解答】

〈問題 1.1, 問題 1.2〉 問題 1.1 の解答を図 1.13 に, 問題 1.2 の解答を図 1.14 に示す.

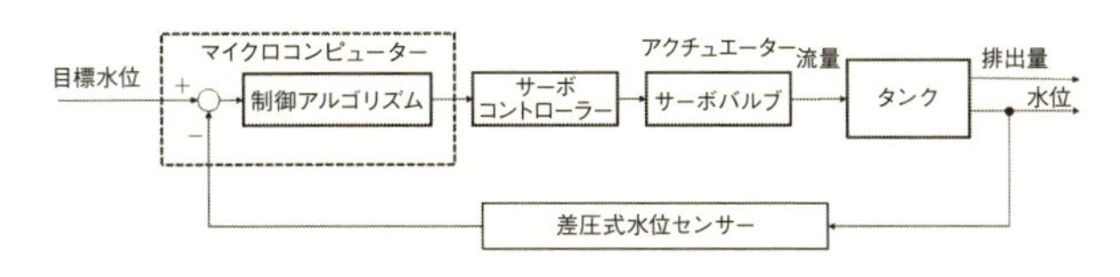

図 1.13 問題 1.1 の解答例

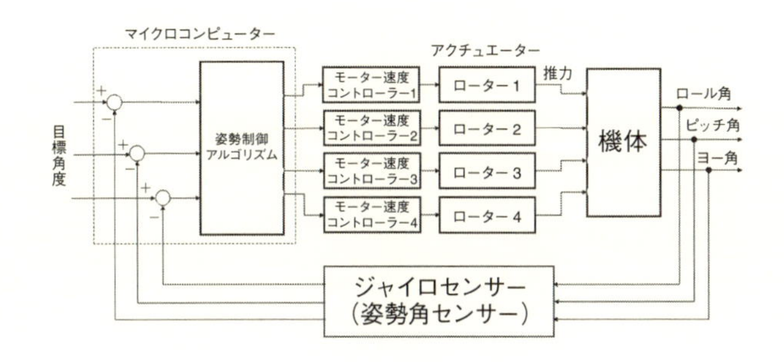

図 1.14 問題 1.2 の解答例

〈問題 1.3〉

外乱として風による外力がある. これには動作環境での気流のみならず, ドローン自身が発生する風が構造物（例えば壁や地表面）にあたることによる気流の乱れが原因となる場合もある. ノイズには, センサー出力をコンピューターに取り込む際に混入する電気的雑音（ノイズ）信号などがある.

2

動的システムのモデル

前章で述べられているように，制御系（制御システム）はいくつかの構成要素からなるシステムとして捉えられる．制御システムをうまく構築するためには，それを構成する要素が持つ特性を知り，それらを設計に反映させることが肝要である．本章では，その準備として，システムの入出力に関する特性を数学的に表現する方法と導出した数式からシステムの応答を求める方法について説明する．

2.1　システムの数学モデル

システムに入力が加えられると，それがシステムを構成する要素に伝わり，変換・処理されて出力される．入力と出力の関係は，各要素が数学的に表現できる性質をもっていれば，それを利用して数式で表すことができる．これをシステムの**モデル化**といい，数式として表されたモデルを**数学モデル**という．数学モデルはシステムの特性を理解するための重要な情報であり，制御系の設計・解析において利用される．

システムはその入出力関係によって，**静的システム**と**動的システム**とに大別される．前者では，現在の出力は現在の入力のみによって決まる．例えば，入出力関係が比例式となっているものがこれにあたる．一方，後者では，現在の出力は現在と過去の入力によって決まる．このようなシステムの入出力関係は一般には微分方程式によって表される．以下では，いくつかの代表的な動的システムを例にあげ，それらの数学モデルを紹介する．

2.1.1　水　　位　　系

図 2.1 に示すように，断面積 C [m^2] の水槽にその上方から単位時間当たり $Q(t)$ [m^3/s] の水を流入する．ただし，水槽の下部には管が付けられており，そこから水が $Q_l(t)$ [m^3/s] 流出する．入力を $Q(t)$ とし，出力を水位 $H(t)$ [m] とする．このとき，単位時間あたりの水の増分から次式が成立する．

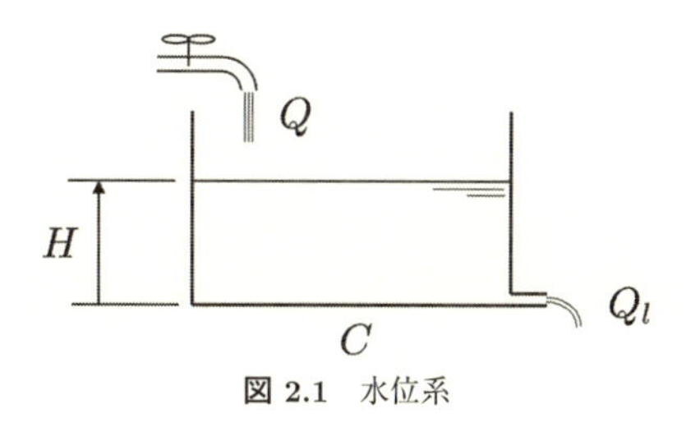

図 2.1　水位系

$$C\frac{dH(t)}{dt} = Q(t) - Q_l(t) \tag{2.1}$$

管から流出する水量 $Q_l(t)$ は，ベルヌーイの定理より，$Q_l(t) = S\sqrt{2gH(t)}$ で表される．ただし，S [m^2] は等価流路断面（流出口の断面積）であり，g [m/s^2] は重力加速度である．よって，$Q(t)$ と $H(t)$ の関係は次式で表される．

$$C\frac{dH(t)}{dt} = Q(t) - S\sqrt{2gH(t)} \tag{2.2}$$

上式には $H(t)$ に関する非線形項が含まれている．このようなモデルで表されるシステムは**非線形システム**といわれる．ここでは，数学的な取り扱いを簡単にするために，平衡状態（平衡点）の近傍で**線形化**を行う．平衡状態における流入量，流出量および水位をそれぞれ Q^*，Q_l^*, H^* とすると次式が成り立つ．

$$Q^* = Q_l^* = S\sqrt{2gH^*} \tag{2.3}$$

そこで，$h(t) = H(t) - H^*$，$q(t) = Q(t) - Q^*$ とおくと，

$$C\frac{dh(t)}{dt} = q(t) + Q^* - S\sqrt{2g(h(t) + H^*)} \tag{2.4}$$

を得る．ここで，つぎの近似（付録 A.1 参照）を行う．

$$\sqrt{h(t) + H^*} \fallingdotseq \sqrt{H^*} + \frac{1}{2\sqrt{H^*}}h(t) \tag{2.5}$$

これを (2.4) 式に代入し，整理すると次式を得る．

$$RC\frac{dh(t)}{dt} + h(t) = Rq(t) \tag{2.6}$$

ただし，$R = \frac{\sqrt{2H^*/g}}{S}$ である．入力 $q(t)$ と出力 $h(t)$ の関係は 1 階の微分方程式で表現される．

2.1.2 RC 回路

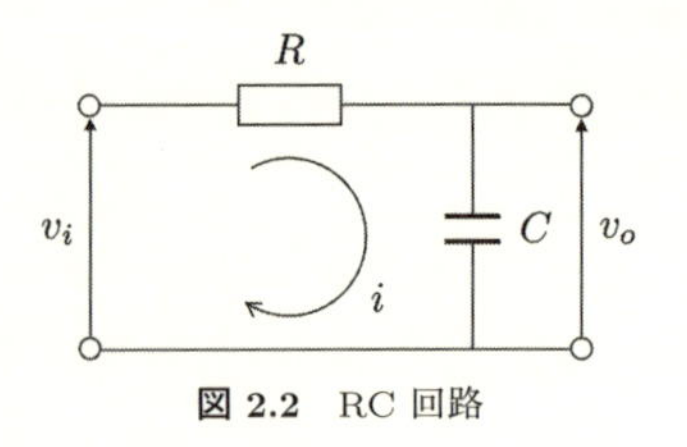

図 2.2　RC 回路

図 2.2 に示すような，抵抗値 R [Ω] の抵抗と静電容量 C [F] のコンデンサからなる RC 回路を考える．入力電圧を $v_i(t)$ [V] とし，回路に生じる電流を $i(t)$ [A] とする．このとき，抵抗とコンデンサの両端にかかる電圧 $v_R(t)$ と $v_C(t)$ はそれぞれ以下のように表される．

$$v_R(t) = Ri(t) \tag{2.7}$$

$$v_C(t) = \frac{1}{C}\int_0^t i(\tau)d\tau \tag{2.8}$$

キルヒホッフの法則より，$v_R(t) + v_C(t) = v_i(t)$ であるから，

$$Ri(t) + \frac{1}{C}\int_0^t i(\tau)d\tau = v_i(t) \tag{2.9}$$

を得る．ここで，出力電圧 $v_o(t)$ [V] をコンデンサ両端の電圧 $v_C(t)$ とすると，結局，電圧に関してつぎの等式が成り立つ．

$$RC\frac{dv_o(t)}{dt} + v_o(t) = v_i(t) \tag{2.10}$$

さらに複雑な動的システムのモデル化の例を示しておこう．

2.1.3 RLC 回路

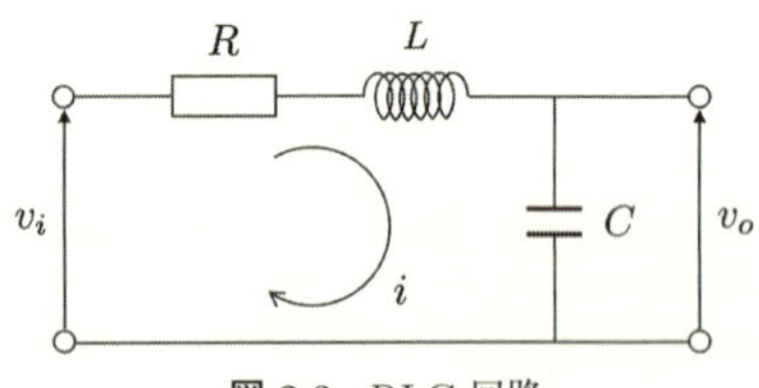

図 2.3　RLC 回路

図 2.3 に示すように，例 2.2 の RC 回路にインダクタンス L [H] のコイルを加えた RLC 回路を考える．入力電圧を $v_i(t)$ [V] とし，回路に生じる電流を $i(t)$ [A] とする．コイルの両端に生じる電圧 $v_L(t)$ [V] は，

$$v_L(t) = L\frac{di(t)}{dt} \tag{2.11}$$

であるから，(2.7) 式，(2.8) 式とキルヒホッフの法則より次式が成り立つ．

$$L\frac{di(t)}{dt} + Ri(t) + \frac{1}{C}\int_0^t i(\tau)d\tau = v_i(t) \tag{2.12}$$

出力電圧 $v_o(t)$ [V] をコンデンサ両端の電圧 $v_C(t)$ とすると，電圧に関するつぎの数学モデルが得られる．

$$LC\frac{d^2v_o(t)}{dt^2} + RC\frac{dv_o(t)}{dt} + v_o(t) = v_i(t) \tag{2.13}$$

2.1.4　1自由度振動系

図 2.4 に示すような，質量 m [kg] の台車，バネ定数 k [N/m] のバネ，粘性抵抗係数 c [N·s/m] のダンパーで構成された振動系を考える．台車に加える外力を $f(t)$ [N] とし，N.P.（Neutral Position，中立点または平衡点）からの台車の変位を $y(t)$ [m] とする．台車に作用するバネによる復元力を $f_S(t)$ [N] と，ダンパーによる力を $f_D(t)$ [N] とおくと，それぞれ以下のように表される．

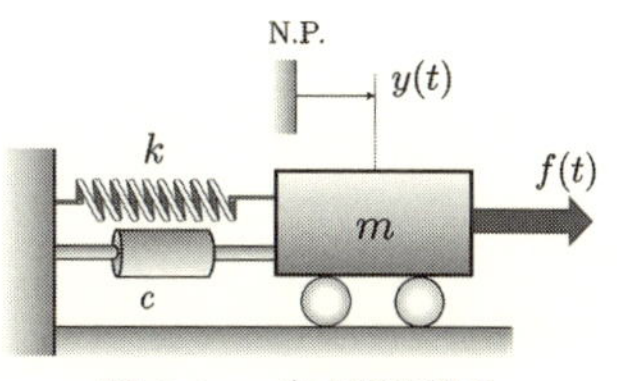

図 2.4　1 自由度振動系

$$f_S(t) = -ky(t) \tag{2.14}$$

$$f_D(t) = -c\frac{dy(t)}{dt} \tag{2.15}$$

これより，ニュートンの運動の法則から次式を得る．

$$m\frac{d^2y(t)}{dt^2} = -ky(t) - c\frac{dy(t)}{dt} + f(t)$$

つまり，

$$m\frac{d^2y(t)}{dt^2} + c\frac{dy(t)}{dt} + ky(t) = f(t) \tag{2.16}$$

入力を $f(t)$，出力を $y(t)$ とすれば，この振動系の数学モデルは 2 階の微分方程式で表される．

2.1.5　数学モデルのアナロジー

ところで，(2.6) 式と (2.10) 式 や (2.13) 式と (2.16) 式は同じ型の微分方程式である．すなわち，数学的に見れば同質である．つまり，水位系と RC 回路は，入力を $u(t)$，出力を $y(t)$ で置きかえると，つぎの 1 階の微分方程式：

$$\frac{dy(t)}{dt} + ay(t) = bu(t) \tag{2.17}$$

で一般的に表すことができ，RLC 回路と 1 自由度振動系は，つぎの 2 階の微分方程式で一般的に表現される．

$$\frac{d^2y(t)}{dt^2} + a_1\frac{dy(t)}{dt} + a_0y(t) = bu(t) \tag{2.18}$$

ただし，a，a_1，a_0 および b は各例の物理パラメータによって決まる定数である．このように同じ形で表現できることを**アナロジー**という．アナロジーが成立しているシステムの挙動は，一般的な形式（(2.17) や (2.18)）で解析しておけば，物理パラメータの読みかえにより理解できることになる．

2.2 線形システムモデル

実際のシステムには，上記で示した単独のシステムばかりではなく，いくつかのシステムから構成されたものがある．ここではそのような複合システムの数学モデルを紹介し，さらに一般的なシステムのモデルについて説明する．

2.2.1 回転運動系と電気系の複合システム

図 2.5 に示すように，直流モーターによって剛体を回転させるシステムを考える．剛体とモーターの慣性モーメントを J [kg·m^2]，粘性抵抗係数を D [N·m/s] とする．回転軸に作用するトルクを $\tau(t)$ [N·m]，回転角を $\theta(t)$ [rad] とするとき，回転の運動方程式より次式を得る．

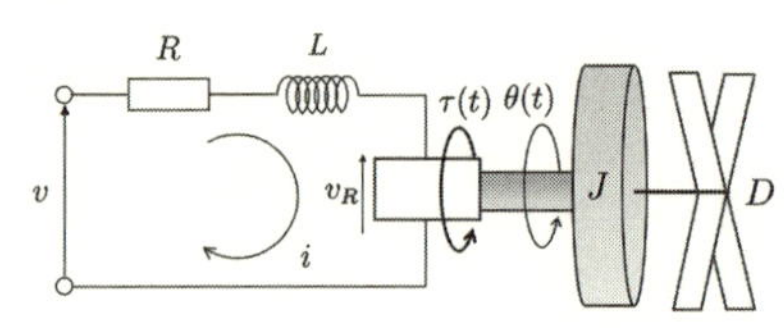

図 2.5　回転運動系と電気系の複合システム

$$J\frac{d^2\theta(t)}{dt^2} + D\frac{d\theta(t)}{dt} = \tau(t) \tag{2.19}$$

また，モーターのトルク $\tau(t)$ は次式で表される．

$$\tau(t) = Ki(t) \tag{2.20}$$

ただし，$i(t)$ [A] はモーターに流れる電流であり，K [N·m/A] はモーターの特性（磁界の強さやコイルの巻き数など）によって決まる定数である．

モーターの電気的な部分は RL 回路と等価である．そこで，回路に加える電圧を $v(t)$ [V]，モーター内のコイルのインダクタンスを L [H]，抵抗を R [Ω] とすると，キルヒホッフの法則より，電圧に関して次式を得る．

$$L\frac{di(t)}{dt} + Ri(t) = v(t) - v_R(t) \tag{2.21}$$

$v_R(t)$ [V] はモーターが回転することによって生じる逆起電力であり，これは，

$$v_R(t) = E\frac{d\theta(t)}{dt} \tag{2.22}$$

と表される．ここで，E [V·s/rad] もまたモーターの特性で決まる定数である．以

上を整理すると，$\theta(t)$ と $i(t)$ に関する連立微分方程式を得る．

$$J\frac{d^2\theta(t)}{dt^2}+D\frac{d\theta(t)}{dt}-Ki(t)=0 \tag{2.23}$$

$$E\frac{d\theta(t)}{dt}+L\frac{di(t)}{dt}+Ri(t)=v(t) \tag{2.24}$$

そこで，システム全体の入力を電圧 $v(t)$，出力を回転角 $\theta(t)$ として入出力関係を表現する．具体的には上の関係式から電流 $i(t)$ の項を消去する．(2.23) 式より，

$$i(t)=\frac{1}{K}\left(J\frac{d^2\theta(t)}{dt^2}+D\frac{d\theta(t)}{dt}\right) \tag{2.25}$$

であるから，これを (2.24) 式に代入すればつぎの数学モデルを得る．

$$\frac{d^3\theta(t)}{dt^3}+\left(\frac{LD+RJ}{LJ}\right)\frac{d^2\theta(t)}{dt^2}+\left(\frac{RD+KE}{LJ}\right)\frac{d\theta(t)}{dt}=\frac{K}{LJ}v(t) \tag{2.26}$$

これは，$\theta(t)$ についての 3 階の微分方程式である．

2.2.2　2自由度振動系

図 2.6 に示すように，質量 m_1 [kg] と m_2 [kg] の 2 つの質点をバネ定数が k_1 [N/m]，k_2 [N/m] の 2 本のバネで結合した振動系を考える．ただし，各質点の変位をそれぞれ y_1 [m]，y_2 [m] とし，質点 m_1 に外力 $f(t)$ [N] を入力 $u(t)$ として作用させる．出力を $y_1(t)$ としてこのシステムの入出力表現を導出する．ニュートンの運動の法則より

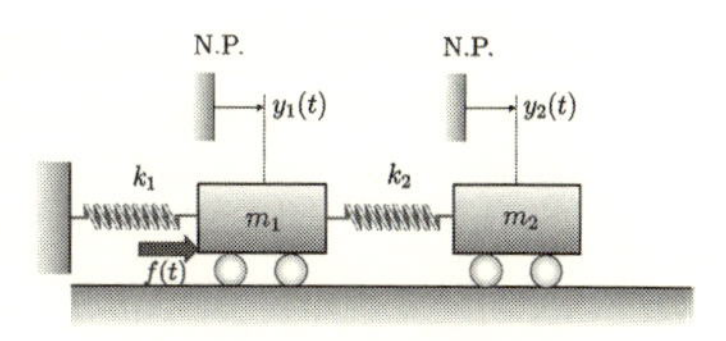

図 2.6　2 自由度振動系

$$m_1\frac{d^2y_1(t)}{dt^2}=-k_1y_1(t)-k_2\left(y_1(t)-y_2(t)\right)+u(t)$$

$$m_2\frac{d^2y_2(t)}{dt^2}=-k_2\left(y_2(t)-y_1(t)\right)$$

であるから，次式を得る．

$$m_1\frac{d^2y_1(t)}{dt^2}+(k_1+k_2)\,y_1(t)-k_2y_2(t)=u(t) \tag{2.27}$$

$$m_2\frac{d^2y_2(t)}{dt^2}+k_2y_2(t)-k_2y_1(t)=0 \tag{2.28}$$

上式から $y_2(t)$ を消去すると

$$\frac{m_2}{k_2}\left(m_1\frac{d^4y_1(t)}{dt^4}+(k_1+k_2)\frac{d^2y_1(t)}{dt^2}-\frac{d^2u(t)}{dt^2}\right)$$

$$+ m_1 \frac{d^2 y_1(t)}{dt^2} + (k_1 + k_2) y_1(t) - u(t) - k_2 y_1(t) = 0 \qquad (2.29)$$

を得る．これを整理すれば，このシステムの入出力表現が求められる．

$$m_1 m_2 \frac{d^4 y_1(t)}{dt^4} + (m_2(k_1 + k_2) + m_1 k_2) \frac{d^2 y_1(t)}{dt^2} + k_1 k_2 y_1(t)$$
$$= m_2 \frac{d^2 u(t)}{dt^2} + k_2 u(t) \qquad (2.30)$$

上式は 4 階線形常微分方程式であり，右辺には入力 $u(t)$ に関する 2 階の導関数が含まれている．

このように，いくつかのシステムが複合したシステムにおいても，その数学モデルは 1 つの微分方程式で表現される．

2.2.3　線形システムのモデル

これまでにいくつかのモデルの例を見てきたが，線形システムはどれも常微分方程式で表現されていることがわかる．一般に，入力を $u(t)$，出力を $y(t)$ とする動的システムのモデルはつぎの微分方程式で表される．

$$\frac{d^n y(t)}{dt^n} + a_{n-1} \frac{d^{n-1} y(t)}{dt^{n-1}} + \cdots + a_1 \frac{dy(t)}{dt} + a_0 y(t)$$
$$= b_m \frac{d^m u(t)}{dt^m} + b_{m-1} \frac{d^{m-1} u(t)}{dt^{m-1}} + \cdots + b_1 \frac{du(t)}{dt} + b_0 u(t) \qquad (2.31)$$

ただし，初期条件は次式で与えられる．

$$\left.\frac{d^i y(t)}{dt^i}\right|_{t=0} = y_0^{(i)},\ i = 0, 1, \ldots, n-1,$$
$$\left.\frac{d^j u(t)}{dt^j}\right|_{t=0} = u_0^{(j)},\ j = 0, 1, \ldots, m-1 \qquad (2.32)$$

ここで，n は動的システムの次数と呼ばれ，(2.31) 式で表されるシステムは **n 次のシステム**と呼ばれる．また，一般的な多くのシステムでは $n \geq m$ であることが知られている．

(2.31) 式の両辺はそれぞれ $y(t)$，$u(t)$ とそれらの導関数の線形結合となっている．このような線形常微分方程式をモデルに持つシステムは**線形システム**といわれる．特に，各項の係数 $a_{n-1}, \ldots, a_0$ と $b_m, \ldots, b_0$ が定数である定係数常微分方程式で表されるシステムを**線形時不変システム**という．本書で取り扱うシステムはこの線形時不変システムである．

2.3 動的システムの応答 －ラプラス変換による解法－

2.3.1 線形システムの応答

線形時不変システムに対してはラプラス変換を利用してその挙動を知ることができる．そこで，入出力関係を一般的に表現した (2.31) 式の両辺をラプラス変換する．$y(t)$ と $u(t)$ のラプラス変換を $y(s)=\mathcal{L}[y(t)]$，$u(s)=\mathcal{L}[u(t)]$ とし，ラプラス変換の微分公式を利用すると次式を得る．以降では，上記のように入出力信号など実際の信号のラプラス変換はそのまま同じ“小文字”の記号を用いて表すものとする．

$$
\begin{aligned}
& s^n y(s) - \sum_{i=1}^{n} s^{n-i} y_0^{(i-1)} \\
& \quad + a_{n-1}\left(s^{n-1} y(s) - \sum_{i=1}^{n-1} s^{n-1-i} y_0^{(i-1)}\right) \\
& \quad + \cdots + a_1 (s y(s) - y_0) + a_0 y(s) \\
& = b_m\left(s^m u(s) - \sum_{i=1}^{m} s^{m-i} u_0^{(i-1)}\right) \\
& \quad + b_{m-1}\left(s^{m-1} u(s) - \sum_{i=1}^{m-1} s^{m-1-i} u_0^{(i-1)}\right) \\
& \quad + \cdots + b_1 (s u(s) - u_0) + b_0 u(s)
\end{aligned} \tag{2.33}
$$

上式を $y(s)$ について解くと，

$$
y(s) = \frac{n(s)}{d(s)} u(s) + \frac{n_0(s)}{d(s)} \tag{2.34}
$$

を得る．ここで，$d(s)$，$n(s)$，$n_0(s)$ は以下の s の多項式である．以降では “s” の多項式も “小文字” の記号を用いて表すものとする．

$$
d(s) = s^n + a_{n-1} s^{n-1} + \cdots + a_1 s + a_0 \tag{2.35}
$$

$$
n(s) = b_m s^m + b_{m-1} s^{m-1} + \cdots + b_1 s + b_0 \tag{2.36}
$$

$$
\begin{aligned}
n_0(s) = & \sum_{i=1}^{n} s^{n-i} y_0^{(i-1)} + a_{n-1} \sum_{i=1}^{n-1} s^{n-1-i} y_0^{(i-1)} + \cdots + a_1 y_0 \\
& + b_m \sum_{i=1}^{m} s^{m-i} u_0^{(i-1)} + b_{m-1} \sum_{i=1}^{m-1} s^{m-1-i} u_0^{(i-1)} + \cdots + b_1 u_0
\end{aligned} \tag{2.37}
$$

結局，システムの出力はその逆ラプラス変換から次式となる．

$$y(t) = \mathcal{L}^{-1}\left[\frac{n(s)}{d(s)}u(s)\right] + \mathcal{L}^{-1}\left[\frac{n_0(s)}{d(s)}\right] \tag{2.38}$$

上式の右辺第1項は入力による応答を表し，第2項は初期値による応答を表している．いま，簡単のためシステムの初期値をすべて0として考えよう．この場合，$n_0(s) = 0$ であるから，システムの応答は次式となる．

$$y(t) = \mathcal{L}^{-1}\left[\frac{n(s)}{d(s)}u(s)\right] \tag{2.39}$$

ここで，$d(s) = 0$ とした方程式の解（根）を $s = p_1, \ldots, p_n$ とし，それらは互いに異なるものとする．また，$u(s) = \frac{n_u(s)}{d_u(s)}$ なる有理関数とする．このとき，$\frac{n(s)}{d(s)}u(s)$ はつぎのように分解できる．

$$\frac{n(s)}{d(s)}u(s) = \frac{c_1}{s - p_1} + \cdots + \frac{c_n}{s - p_n} + \frac{c_u(s)}{d_u(s)} \tag{2.40}$$

ただし，$c_1, \ldots, c_n$ は定数であり，$c_u(s)$ の次数は $d_u(s)$ の次数以下の s の多項式である．(2.40) 式より，逆ラプラス変換を行うと $y(t)$ がつぎのように得られる．

$$y(t) = c_1 e^{p_1 t} + \cdots + c_n e^{p_n t} + \mathcal{L}^{-1}\left[\frac{c_u(s)}{d_u(s)}\right] \tag{2.41}$$

明らかに，システムの応答は入力のみならず，$p_1, \ldots, p_n$ によっても特徴づけられる．このように，分母多項式 $d(s)$ の根はシステムの挙動を解析するための重要な情報となっている．

2.3.2 逆ラプラス変換による応答の計算

ここで，(2.39) 式の具体的な計算方法を示しておく．いま，

$$\frac{n(s)}{d(s)}u(s) = \frac{z(s)}{(s - p_1)(s - p_2)\cdots(s - p_q)}$$

と表されているものとする．このとき，システムの応答 $y(t)$ はつぎのように求められる．

$$y(t) = \mathcal{L}^{-1}\left[\frac{z(s)}{(s - p_1)(s - p_2)\cdots(s - p_q)}\right] \tag{2.42}$$

これ以降の計算は分母多項式の根 $p_1, \ldots, p_q$ によって異なるので，以下の2つの場合に分けて説明する．

a. 分母多項式の根 $p_1, \ldots, p_q$ が互いに異なるとき

根 $p_1, \ldots, p_q$ が互いに異なるとき，応答 $y(t)$ は以下のように計算される．

$$\begin{aligned} y(t) &= \mathcal{L}^{-1}\left[\frac{c_1}{s-p_1} + \frac{c_2}{s-p_2} + \cdots \frac{c_q}{s-p_q}\right] \\ &= c_1 e^{p_1 t} + c_2 e^{p_2 t} + \cdots + c_q e^{p_q t} \end{aligned} \tag{2.43}$$

ただし，c_i はヘヴィサイドの展開定理（付録 A.6.b 参照）より以下のように得られる．

$$c_i = \left.\frac{(s-p_i)z(s)}{(s-p_1)(s-p_2)\cdots(s-p_q)}\right|_{s=p_i}, i = 1, \ldots, q \tag{2.44}$$

この結果は分母多項式の根が複素数を含む場合でも成り立つが，分母多項式が実係数のみの場合は，係数 c_i が共役複素数となる場合があることに注意する．詳しくは 4.3 節で述べる．

b. 分母多項式の根が重根を持つとき

分母多項式の根が $s = p_1$ の $q-1$ 重根と $s = p_2$ を根に持つとき，応答 $y(t)$ は以下のように求められる．

$$\begin{aligned} y(t) &= \mathcal{L}^{-1}\left[\frac{z(s)}{(s-p_1)^{q-1}(s-p_2)}\right] \\ &= \mathcal{L}^{-1}\left[\frac{c_1}{(s-p_1)^{q-1}} + \frac{c_2}{(s-p_1)^{q-2}} + \cdots + \frac{c_{q-1}}{s-p_1} + \frac{c_q}{s-p_2}\right] \\ &= c_1\frac{t^{q-2}}{(q-2)!}e^{p_1 t} + c_2\frac{t^{q-3}}{(q-3)!}e^{p_1 t} + \cdots + c_{q-1}e^{p_1 t} + c_q e^{p_2 t} \end{aligned} \tag{2.45}$$

ただし，c_i はヘヴィサイドの展開定理（付録 A.6.b 参照）より以下のように得られる．

$$c_i = \left.\frac{1}{(i-1)!}\frac{d^{i-1}}{ds^{i-1}}\left\{(s-p_1)^{q-1}\frac{z(s)}{(s-p_1)^{q-1}(s-p_2)}\right\}\right|_{s=p_1}, \quad i = 1, \ldots, q-1 \tag{2.46}$$

$$c_q = \left.(s-p_2)\frac{z(s)}{(s-p_1)^{q-1}(s-p_2)}\right|_{s=p_2} \tag{2.47}$$

例題 2.1 つぎの 3 階線形微分方程式をモデルに持つシステムを考える．

$$\frac{d^3y(t)}{dt^3} + 3\frac{d^2y(t)}{dt^2} + 4\frac{dy(t)}{dt} + 2y(t) = u(t) \tag{2.48}$$

ただし，初期値は $y_0^{(2)} = y_0^{(1)} = y_0 = 0$ とし，入力を

$$u(t) = 1, \ \forall t \geq 0 \tag{2.49}$$

と与える．このときのシステムの応答を求めよ．

解答 2.1　(2.48) 式と (2.49) 式より，$d(s) = s^3+3s^2+4s+2 = (s+1)(s^2+2s+2)$，$n(s) = 1$，$u(s) = \frac{1}{s}$ である．また，初期値はすべて 0 であるから，$n_0(s) = 0$ である．よって，システムの応答は，(2.42) 式より，

$$y(t) = \mathcal{L}^{-1}\left[\frac{1}{s(s+1)(s^2+2s+2)}\right] \tag{2.50}$$

で求められる．さらに，ヘヴィサイドの展開定理より，

$$\frac{1}{s(s+1)(s^2+2s+2)} = \frac{c_1}{s+1} + \frac{c_2}{s+1-j} + \frac{c_3}{s+1+j} + \frac{c_u}{s} \tag{2.51}$$

と分解できる．ただし，

$$c_1 = \left.\frac{s+1}{s(s+1)(s^2+2s+2)}\right|_{s=-1} = -1 \tag{2.52}$$

$$c_2 = \left.\frac{s+1-j}{s(s+1)(s^2+2s+2)}\right|_{s=-1+j} = \frac{1+j}{4} \tag{2.53}$$

$$c_3 = \left.\frac{s+1+j}{s(s+1)(s^2+2s+2)}\right|_{s=-1-j} = \frac{1-j}{4} \tag{2.54}$$

$$c_u = \left.\frac{s}{s(s+1)(s^2+2s+2)}\right|_{s=0} = \frac{1}{2} \tag{2.55}$$

である．よって，逆ラプラス変換を行うと，

$$\begin{aligned} y(t) &= -e^{-t} + \frac{1+j}{4}e^{(-1+j)t} + \frac{1-j}{4}e^{(-1-j)t} + \frac{1}{2} \\ &= -e^{-t} + \frac{1}{2}e^{-t}\cos t - \frac{1}{2}e^{-t}\sin t + \frac{1}{2} \end{aligned} \tag{2.56}$$

を得る．なお，式変形ではオイラーの公式を利用した．(2.56) 式の右辺第 1 項から 3 項は，$d(s) = 0$ の根 $s = -1, -1 \pm j$ によるもので，この例からも $d(s) = 0$ の根がシステムの応答を決める因子になっていることがわかる．

2章　演習問題

問題 2.1　図 2.7 の壁にバネでつながれた台車（質量 M）について，初期状態では平衡点（N.P.）$x(0) = 0$ にあり初期速度が $\dot{x}(0) = v_0$ であるとする．$t \geq 0$ において，この台車はどのような運動をするか．

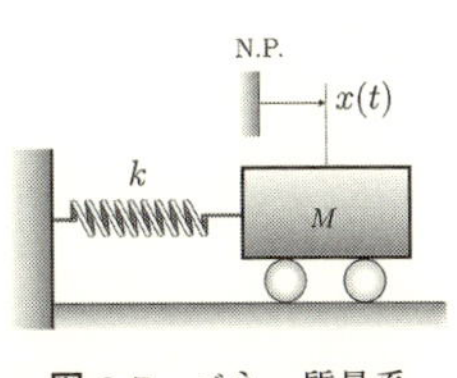

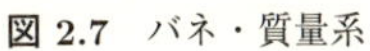
図 2.7　バネ・質量系

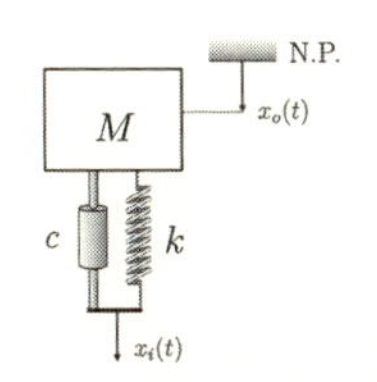

図 2.8　バネ・質量・ダンパー系

問題 2.2　図 2.8 のようにバネとダンパーでつながれ鉛直方向に直線運動する質量 M の物体がある．平衡状態（N.P.）からの変位を $x_i(t)$, $x_o(t)$ とする．つぎの設問に答えなさい．

(1) $x_i(t)$ と $x_o(t)$ との関係を表す微分方程式（運動方程式）を求めよ．

(2) $M = 1$ [kg], $c = 2$ [N·s/m^2], $k = 5$ [N/m] とする．平衡状態から，$t \geq 0$ で入力信号に $x_i(t) = 1$ が加えられたとき，出力 $x_o(t)$（運動方程式の解）を求めよ．

問題 2.3　図 2.3 において R と C が入れ替わった RLC 回路について以下の設問を解きなさい．ただし，キャパシタ C の初期電荷は 0 とする．

(1) 回路方程式（電圧に関する微分方程式）を示せ．

(2) $R = 3$ [Ω]，$L = 1$ [H]，$C = 0.5$ [F] とし，入力電圧に $t \geq 0$ において，$e_i(t) = 5$ [V]（一定）が加えられた（$t < 0$ では $v_i(t) = 0$ [V] とする）．このとき出力電圧 $v_o(t)$ を求めよ．（回路方程式を解け．）

問題 2.4　図 2.9 に示す機械系で，入力を外力 $f(t)$ [N]，出力を変位 $x_2(t)$ [m] とし，質量 m_1，質量 m_2 の 2 台の台車は摩擦なく水平な床面を動くものとする．質量 m_1 の台車は，外力のほかに，バネ定数 k_1, k_2 のバネからの復元力，粘性摩擦係数 c のダンパーからの抵抗力を受ける．

(1) この系の運動方程式を示せ．

(2) 初期条件として質量 m_1 および質量 m_2 が平衡状態で静止しているとき，外力として $f(t) = F$ [N]，$t \geq 0$（一定）が与えられた場合の $x_2(t)$（運動方程式の解）のラプラス変換 $x_2(s)$ を求めよ．

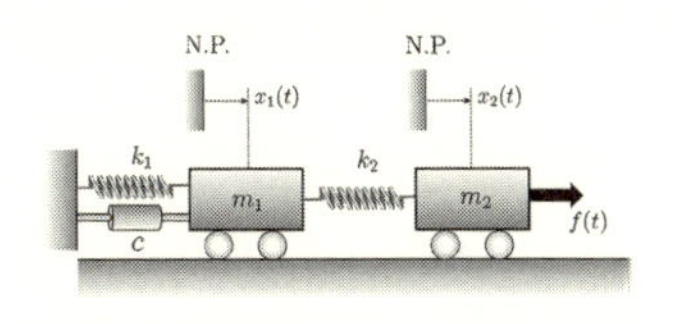

図 2.9　バネで連結された 2 自由度系の運動

問題 2.5　ある線形システムの出力 $y(t)$ のラプラス変換 $y(s)$ が

$$y(s) = \frac{4(s+2)(s+3)}{s(s+1)^2(s^2+2s+4)}$$

であるとき，出力 $y(t)$ を求めよ．

【2 章　演習問題解答】

〈問題 2.1〉

運動方程式は

$$M\frac{d^2x(t)}{dt^2} + kx(t) = 0$$

となる．上式を初期条件 $\dot{x}(0) = v_0, x(0) = 0$ のもとラプラス変換すると

$$x(s) = \frac{Mv_0}{Ms^2+k} = v_0\sqrt{\frac{M}{k}}\frac{\sqrt{\frac{k}{M}}}{s^2+\frac{k}{M}}$$

を得る．よって

$$x(t) = v_0\sqrt{\frac{M}{k}}\sin\sqrt{\frac{k}{M}}t$$

が得られる．

〈問題 2.2〉

(1) 運動方程式は

$$M\frac{d^2x_o(t)}{dt^2} = -c\left(\frac{dx_o(t)}{dt} - \frac{dx_i(t)}{dt}\right) - k(x_o(t) - x_i(t))$$

と得られる．

(2) $x_i(s) = \frac{1}{s}$ を代入し $x_o(s)$ について解くと

$$x_o(s) = \frac{2s+5}{(s^2+2s+5)}x_i(s)\ ,\quad x_i(s) = \frac{1}{s}$$

より，解 $x_o(t)$ は，上式を逆ラプラス変換することにより，

$$\begin{aligned} x_o(t) &= \mathcal{L}^{-1}\left[\frac{1}{s} - \frac{s}{s^2+2s+5}\right] \\ &= 1 - e^{-t}\cos 2t + 0.5e^{-t}\sin 2t \end{aligned}$$

となる．

〈問題 2.3〉

(1) 直列回路に流れる電流を $i(t)$ とすると回路方程式は

$$v_i(t) = \frac{1}{C}\int i(t)dt + L\frac{di(t)}{dt} + v_o(t)$$
$$v_o(t) = Ri(t)$$

である．

(2) 初期条件のもとで回路方程式をラプラス変換すると

$$v_i(s) = \frac{1}{Cs}i(s) + Lsi(s) + v_o(s)$$
$$v_o(s) = Ri(s)$$

すなわち

$$v_o(s) = \frac{Rs}{Ls^2 + Rs + 1/C}v_i(s)$$

となる．$v_i(t) = 5$（$t \geq 0$ で一定）であることと，各パラメータ値を代入すると

$$v_o(s) = \frac{15s}{s(s^2+3s+2)} = \frac{15}{(s+1)(s+2)}$$

が得られ，逆ラプラス変換により

$$v_o(t) = \mathcal{L}^{-1}[v_o(s)] = 15e^{-t} - e^{-2t}$$

を得る．

〈問題 2.4〉

(1) 運動方程式は

$$m_1\ddot{x}_1(t) + c\dot{x}_1(t) + (k_1+k_2)x_1(t) - k_2x_2(t) = 0$$
$$m_2\ddot{x}_2(t) + k_2x_2(t) - k_2x_1(t) = f(t)$$

となる．

(2)

$$x_2(s) = \frac{(m_1s^2 + cs + k_1 + k_2)}{m_1m_2s^4 + m_2cs^3 + (m_1k_2 + m_2k_1 + m_2k_2)s^2 + k_2cs + k_1k_2}f(s)\ ,$$
$$f(s) = \frac{F}{s}$$

〈問題 2.5〉

$$y(t) = 6 - \frac{e^{-t}}{3}\left(8t + 20 - 2\cos\sqrt{3}t + \frac{10}{\sqrt{3}}\sin\sqrt{3}t\right)$$

3 線形システムと伝達関数

前章で示したように，線形時不変システムは線形定係数常微分方程式で表すことができ，また，これらのシステムはラプラス変換を用いることによりその応答を求めることができる．本章では，制御対象のモデル表現の１つである**伝達関数**（ラプラス変換を用いたシステムモデル表現）について解説する．

伝達関数によるシステム表現は，制御システムの基本的な特性を表す手段の１つであり，制御システムの安定性解析や周波数領域での制御系設計において重要な役割を担っている．以下では，伝達関数の定義，システムのインパルス応答と伝達関数の関係，さらには，伝達関数とブロック線図を用いた制御システムの表現について述べる．

3.1 ゼロ入力応答とゼロ状態応答

いま，つぎのような常微分方程式で表される１次のシステムを考えよう．

$$\dot{y}(t) + ay(t) = bu(t),\ y(0) = y_0 \tag{3.1}$$

このシステム（微分方程式）の応答（解）は，

$$y(t) = y_0 e^{-at} + \int_0^t e^{-a(t-\tau)} bu(\tau) d\tau \tag{3.2}$$

と得られる．

このとき，入力が $u(t) \equiv 0$[*1] のときの応答：

$$y(t) = y_0 e^{-at} \tag{3.3}$$

[*1] ≡ の記号は恒等的に等しいことを意味する．

は**ゼロ入力応答**（初期値応答）と呼ばれ，また，初期状態が $y_0 = 0$ のときの応答：

$$y(t) = \int_0^t e^{-a(t-\tau)} bu(\tau)d\tau \tag{3.4}$$

は**ゼロ状態応答**と呼ばれる．

3.2 システムの伝達関数モデル

3.2.1 インパルス応答とゼロ状態応答

(3.4) 式で表されるゼロ状態応答において，入力を単位インパルス，すなわち，$u(t) = \delta(t)$ とするときの応答（単位インパルス応答）$y_g(t)$ は

$$y_g(t) = \int_0^t e^{-a(t-\tau)} b\delta(\tau)d\tau = be^{-at} \tag{3.5}$$

となる（付録 A.4.1 参照）．すなわち，(3.4) 式で得られるゼロ状態応答は，単位インパルス応答を用いて

$$y(t) = \int_0^t y_g(t-\tau)u(\tau)d\tau \tag{3.6}$$

とも表すことができる．

一般に，システムの単位インパルス応答が $g(t)$ と与えられているとき，任意の入力 $u(t)$ に対するゼロ状態応答は，つぎの**たたみ込み積分（デュアメル積分）**で与えられる（付録 D 参照）．

$$y(t) = \int_0^t g(t-\tau)u(\tau)d\tau \tag{3.7}$$

3.2.2 インパルス応答と伝達関数

上述したように，単位インパルス応答 $g(t)$ を持つシステムにおいて，初期状態 0 で入力が $u(t)$ であるときのゼロ状態応答は，(3.7) 式で与えられる．この応答をラプラス変換すると，合成積のラプラス変換より（付録 A. 4. 10 参照）

$$y(s) = G(s)u(s) \tag{3.8}$$

が得られる．ここに，

$$\begin{cases} y(s) := \mathcal{L}[y(t)] \\ G(s) := \mathcal{L}[g(t)] \\ u(s) := \mathcal{L}[u(t)] \end{cases} \tag{3.9}$$[*2)]

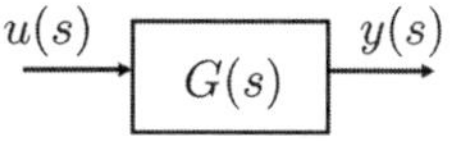

$u(s)$ → $G(s)$ → $y(s)$

図 3.1 伝達関数

とおいている.

(3.8) 式は，システムの入出力関係（図 3.1 参照）を表している．このときのシステムのインパルス応答 $g(t)$ のラプラス変換：

$$G(s) = \mathcal{L}[g(t)] \tag{3.10}$$

をシステムの**伝達関数**（transfer function）と呼ぶ．すなわち，システムの伝達関数は，そのシステムのインパルス応答をラプラス変換したものである．

さて，(3.8) 式から伝達関数は

$$G(s) = \frac{y(s)}{u(s)} \tag{3.11}$$

と表すこともできる．すなわち，伝達関数はゼロ状態応答の入出力のラプラス変換の比となっている．なお，以降ではシステムを表現する伝達関数や "s" の複素有理関数は，大文字で記述することとする.

例題 3.1 つぎの線形定係数微分方程式で表される動的システムを考えよう.

$$\begin{aligned} &\frac{d^n y(t)}{dt^n} + a_{n-1}\frac{d^{n-1}y(t)}{dt^{n-1}} + \cdots + a_1\frac{dy(t)}{dt} + a_0 y(t) \\ &\quad = b_m\frac{d^m u(t)}{dt^m} + b_{m-1}\frac{d^{m-1}u(t)}{dt^{m-1}} + \cdots + b_1\frac{du(t)}{dt} + b_0 u(t) \end{aligned} \tag{3.12}$$

いま，すべての初期状態が 0，すなわち

$$\begin{cases} \left.\frac{d^i y(t)}{dt^i}\right|_{t=0} = 0, \quad i = 1, 2, \ldots, n-1 \\ \left.\frac{d^i u(t)}{dt^i}\right|_{t=0} = 0, \quad i = 1, 2, \ldots, m-1 \end{cases} \tag{3.13}$$

のもとで，このシステムの入出力信号をラプラス変換すると

$$\begin{aligned} &(s^n + a_{n-1}s^{n-1} + \cdots + a_1 s + a_0)y(s) \\ &= (b_m s^m + b_{m-1}s^{m-1} + \cdots + b_1 s + b_0)u(s) \end{aligned} \tag{3.14}$$

---

*2) := の記号は左辺を右辺で定義することを意味する.

を得る．すなわち，

$$y(s) = \frac{n(s)}{d(s)} u(s) \tag{3.15}$$

なる入出力の関係が得られる．ここに，

$$\begin{cases} d(s) = s^n + a_{n-1}s^{n-1} + \cdots + a_1 s + a_0 \\ n(s) = b_m s^m + b_{m-1}s^{m-1} + \cdots + b_1 s + b_0 \end{cases} \tag{3.16}$$

とおいている．

よって，このシステムの伝達関数は

$$G(s) \left(= \frac{y(s)}{u(s)} \right) = \frac{n(s)}{d(s)} \tag{3.17}$$

と得られる．

上記の例題 3.1 のように，一般に，線形システムの伝達関数は以下のような複素数 s の有理関数となる．

$$G(s) = \frac{n(s)}{d(s)} = \frac{b_m s^m + b_{m-1}s^{m-1} + \cdots + b_1 s + b_0}{s^n + a_{n-1}s^{n-1} + \cdots + a_1 s + a_0} \tag{3.18}$$

この伝達関数において，分母多項式の次数 n が伝達関数 $G(s)$ の**次数**（システムの次数）であり，分母と分子多項式の次数差 $\gamma = n - m$ を伝達関数 $G(s)$ の**相対次数**（relative degree）という．また，$n \geq m$ であれば，$G(s)$ は**プロパー**（proper）と呼ばれ，特に $n > m$ のときは，**厳密に（真に）プロパー**（strictly proper）と呼ばれる．

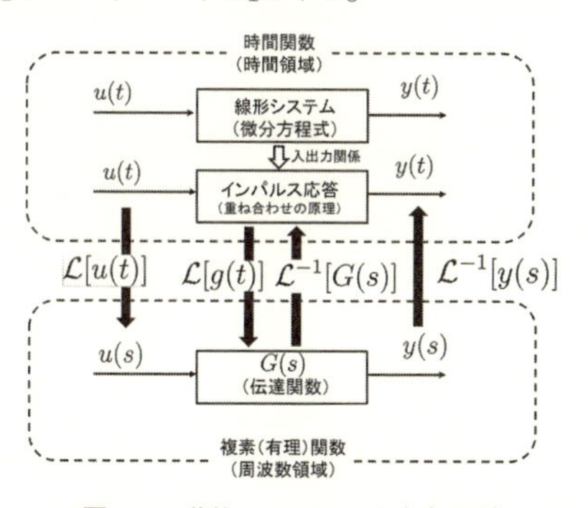

図 3.2　動的システムの入出力関係

なお，線形微分方程式として表される線形時不変な動的システムの時間領域表現とラプラス変換を用いた伝達関数による入出力の複素（有理）関数による周波数領域表現との関係を図で表すと，図 3.2 のように表すことができる．

3.3　伝達関数によるシステム表現

3.3.1　伝達関数モデル

はじめに，基本的な伝達関数として，比例，積分，微分要素による伝達関数を示し，その後，2章で示された例をもとにシステムの伝達関数によるモデル表現を示す．

a. 比例要素の伝達関数

入力から出力への関係が比例関係にある静的システムは

$$y(t) = Ku(t) \tag{3.19}$$

と表される．初期状態0のもと両辺をラプラス変換すると

$$y(s) = Ku(s) \tag{3.20}$$

を得る．よって，このような静的システムの伝達関数は

$$G(s) = K \tag{3.21}$$

と定数となる．

b. 積分要素の伝達関数

入力を積分して出力が得られるシステムは

$$y(t) = \int_0^t u(\tau)d\tau \quad \text{または} \quad \dot{y}(t) = u(t) \tag{3.22}$$

と表される．初期状態0のもと両辺をラプラス変換すると

$$y(s) = \frac{1}{s}u(s) \quad \text{または} \quad sy(s) = u(s) \tag{3.23}$$

を得る．よって，このような積分システムの伝達関数は

$$G(s) = \frac{1}{s} \tag{3.24}$$

となる．すなわち，(3.22)式で表されるシステムのインパルス応答は1である．このことは $u(t) = \delta(t)$ とした，

$$\int_0^t \delta(\tau)d\tau = 1 \tag{3.25}$$

からも確認できる．

c. 微分要素の伝達関数

入力を微分して出力が得られるシステムは

$$y(t) = \frac{du(t)}{dt} \tag{3.26}$$

と表される．初期状態 0 のもと両辺をラプラス変換すると

$$y(s) = su(s) \tag{3.27}$$

を得る．よって，このような微分システムの伝達関数は

$$G(s) = s \tag{3.28}$$

となる．

d. いろいろなシステムの伝達関数【2 自由度振動系の伝達関数】

いま，図 3.3 で表される 2 自由度振動系を考えよう．この振動系の運動方程式は

$$m_1\ddot{x}_1(t) + (k_1 + k_2)\,x_1(t) - k_2x_2(t) = f(t) \tag{3.29}$$

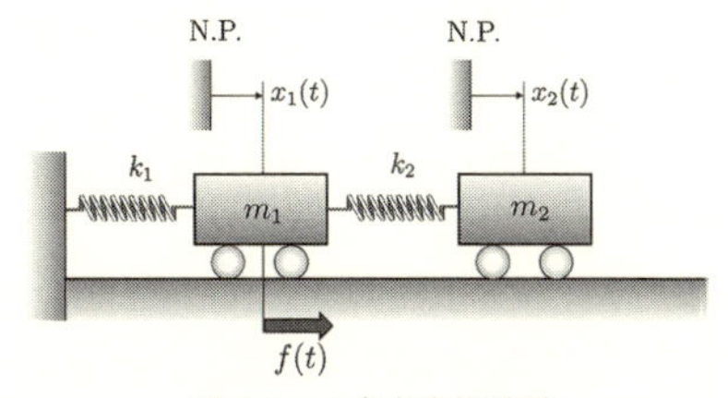

図 3.3 2 自由度振動系

$$m_2\ddot{x}_2(t) - k_2x_1(t) + k_2x_2(t) = 0 \tag{3.30}$$

と得られる．(3.29) 式より，$x_2(t)$ が $x_1(t)$ と $f(t)$ を用いて

$$x_2(t) = \frac{1}{k_2}\Big(m_1\ddot{x}_1(t) + (k_1 + k_2)\,x_1(t) - f(t)\Big) \tag{3.31}$$

と表されることから，(3.30) 式に代入すると，$f(t)$ を入力，$x_1(t)$ を出力とするシステムに関して，

$$\begin{aligned} m_1m_2\frac{d^4x_1(t)}{dt} + (m_1k_2 + m_2(k_1 + k_2))\,\frac{d^2x_1(t)}{dt^2} + k_1k_2x_1(t) \\ = k_2f(t) + m_2\frac{d^2f(t)}{dt^2} \end{aligned} \tag{3.32}$$

なる微分方程式が得られる．よって，このシステムの伝達関数は

$$G(s) = \frac{m_2s^2 + k_2}{m_1m_2s^4 + (m_1k_2 + m_2(k_1 + k_2))s^2 + k_1k_2} \tag{3.33}$$

と求まる．

3.3.2 ブロック線図

3.3.1 項では，色々なシステムの伝達関数によるモデル表現を求めたが，多くの

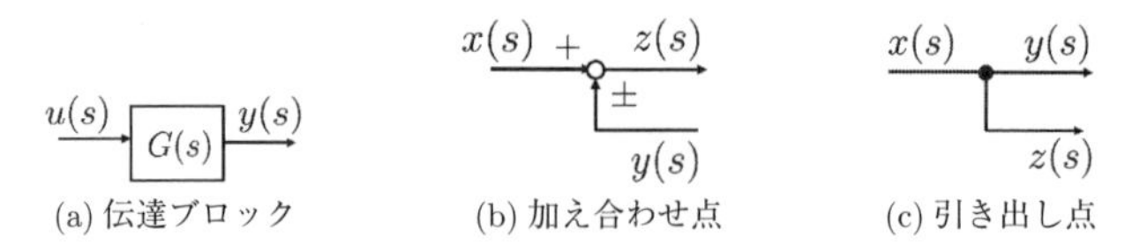

(a) 伝達ブロック　(b) 加え合わせ点　(c) 引き出し点

図 3.4　ブロック線図の基本要素

システム（制御システム）は前章でも述べたようにいくつかの要素から構成されている．以下では，一般的に多くの要素から構成されるシステムの信号の流れを図的に表し，制御システムの構造をわかりやすく表現できる**ブロック線図**（block diagram）について説明する．

ブロック線図は，システムの入出力関係を表す伝達関数や矢印で表された入出力を表す信号の組み合わせにより，制御システム内の信号の流れを図示したものである．基本的には，図 3.4 で表される基本要素である**伝達ブロック**，**加え合わせ点**，**引き出し点**の組み合わせにより図示される．伝達ブロックは，入力 $u(s)$ が伝達関数 $G(s)$ を通って出力 $y(s)$ に変換される信号の流れを表しており，

$$y(s) = G(s)u(s)$$

の関係を表している．加え合わせ点は，2 つの信号 $x(s)$ と $y(s)$ の代数和が $z(s)$ になること，すなわち，

$$z(s) = x(s) \pm y(s)$$

なる関係を表している．ここに“+”は加算，“−”は減算を表す．加え合わせ点は白丸で表すのが通例である．引き出し点は，1 つの信号を 2 つの同一の信号として引き出す分岐を示すもので，通常黒丸で表す．信号を引き出す分岐なので，

$$y(s) = x(s),\ z(s) = x(s) \quad \text{すなわち} \quad x(s) = y(s) = z(s)$$

の関係が成り立っている．

前節で示した比例要素，積分要素および微分要素の伝達関数を通って伝達される信号は，伝達ブロックの形で，それぞれ図 3.5 のように表される．

さて，システムの信号の流れを表すブロック線図は，つぎに示す伝達ブロック

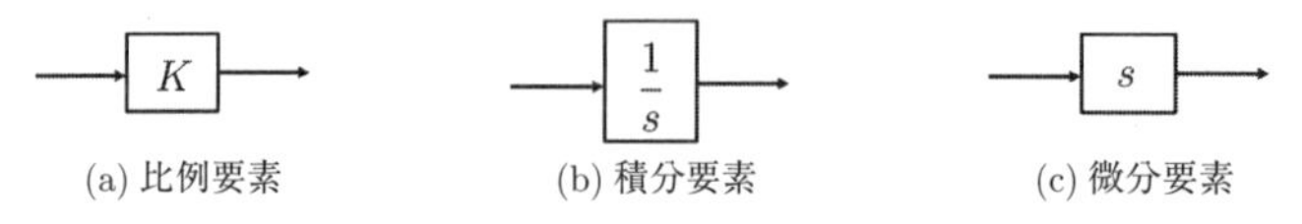

(a) 比例要素　(b) 積分要素　(c) 微分要素

図 3.5　伝達ブロックの基本要素

の 3 つの基本的な結合方式，さらに，4 つの基本的な要素の等価な置換や移動を用いて簡略化して表すこともできる．

a.　直列（カスケード）結合

図 3.6(a) で表される伝達関数 $G_1(s)$ と $G_2(s)$ による 2 つの伝達ブロックの**直列結合**は，伝達関数 $G_2(s)G_1(s)$ による 1 つの伝達ブロックとして表すことができる．このことは，つぎのようにして簡単に示すことができる．

$$x(s) = G_1(s)u(s)\ ,\ y(s) = G_2(s)x(s) \tag{3.34}$$

より，

$$y(s) = G_2(s)G_1(s)u(s) \tag{3.35}$$

これより，伝達関数 $G_1(s)$ と $G_2(s)$ を持つシステムが直列に結合されたシステムの伝達関数は，$G_2(s)G_1(s)$ と表されることがわかる．

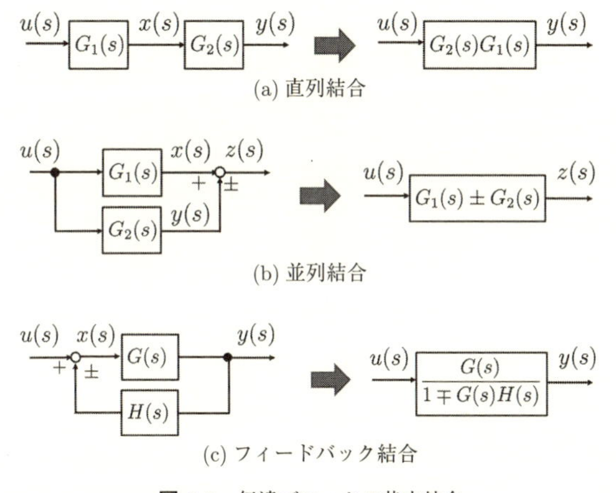

図 3.6　伝達ブロックの基本結合

b.　並 列 結 合

図 3.6(b) で表される伝達関数 $G_1(s)$ と $G_2(s)$ による 2 つの伝達ブロックの**並列結合**は，伝達関数 $G_1(s) \pm G_2(s)$ による 1 つの伝達ブロックとして表すことができる．このことは，つぎのようにして簡単に示すことができる．

$$x(s) = G_1(s)u(s)\ ,\ y(s) = G_2(s)u(s) \tag{3.36}$$

$$z(s) = x(s) \pm y(s) \tag{3.37}$$

よって

$$z(s) = \Big(G_1(s) \pm G_2(s)\Big)u(s) \tag{3.38}$$

が得られる．これより，伝達関数 $G_1(s)$ と $G_2(s)$ を持つシステムが並列に結合されたシステムの伝達関数は，$G_1(s) \pm G_2(s)$ と表されることがわかる．

c.　フィードバック結合

図 3.6(c) で表されるような伝達関数 $G(s)$ の伝達ブロックの出力を伝達関数 $H(s)$ の伝達ブロックを通して戻す（フィードバックさせる）結合を**フィードバック結合**と呼ぶ．この結合も 1 つの伝達ブロックとしてつぎのように表すことができる．

$$y(s) = G(s)x(s)\ ,\ x(s) = u(s) \pm H(s)y(s) \tag{3.39}$$

より，

$$\big(1 \mp G(s)H(s)\big)y(s) = G(s)u(s) \tag{3.40}$$

を得る．すなわち，

$$y(s) = \frac{G(s)}{1 \mp G(s)H(s)}u(s) \tag{3.41}$$

と表すことができる．これより，伝達関数 $G(s)$ を持つシステムに対して，伝達関数 $H(s)$ による動的フィードバックを施したシステムの伝達関数 $G_c(s)$ は，

$$G_c(s) = \frac{G(s)}{1 \mp G(s)H(s)}$$

と得られることがわかる．

d.　伝達ブロックの置換

図 3.7(a) で表されるように，システムが 1 入力 1 出力（1 入出力系）である場合，直列結合において伝達ブロックの順序を入れ替えても等価である．なお，伝達ブロックの置換は，入出力が複数ある多入出力系では等価とならないことに注意されたい．

e.　加え合わせ点の置換

図 3.7(b) で表されるように，加え合わせ点を入れ替えても明らかに等価な信号が得られる．

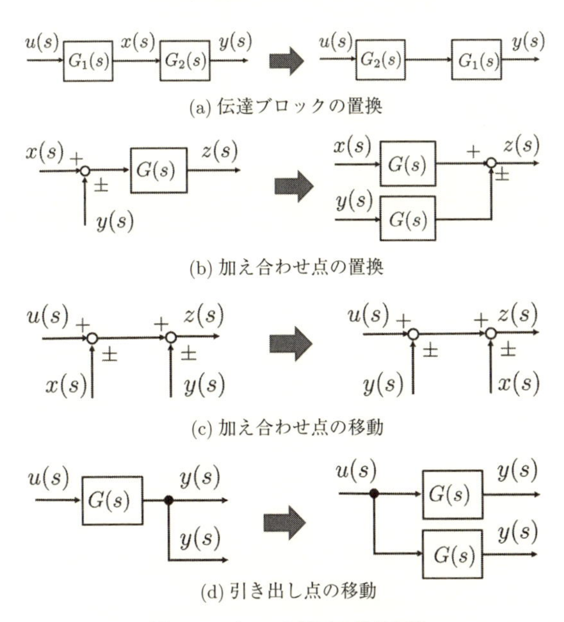

図 3.7　ブロック線図の等価変換

f.　加え合わせ点の移動

加え合わせ点を伝達ブロックの前から後ろに移動させたときのブロック線図の等価変換は図 3.7(c) のように表される.

g.　引き出し点の移動

引き出し点の場合は，引き出し点を伝達ブロックの後ろから前に移動させたときのブロック線図の等価変換は図 3.7(d) のように表される.

3.3.3　ブロック線図によるシステム表現

3.3.1 項で求めたように，システムの運動方程式がわかれば，初期状態 0 のもとでラプラス変換を行うことで伝達関数が求まる．しかし，複雑なシステムに対して全体の伝達関数を直接求めることはあまり現実的ではない．このような場合は，システムをいくつかの要素（サブシステム）に分けて各要素（各サブシステム）ごとの伝達関数を求め，それらの信号の流れを把握しブロック線図で表すことによりシステム全体の伝達関数を比較的容易に求めることができる.

以下では，3.3.1 項の例を用いて，ブロック線図によるシステム表現について説明する.

例題 3.2 いま，図 3.3 で表される 2 自由度振動系を考えよう．この振動系の運動方程式は，(3.29) 式，(3.30) 式で与えられる．(3.29) 式，(3.30) 式を初期状態 0 でラプラス変換すると，

$$(m_1 s^2 + (k_1 + k_2))x_1(s) - k_2 x_2(s) = f(s) \tag{3.42}$$

$$(m_2 s^2 + k_2)x_2(s) - k_2 x_1(s) = 0 \tag{3.43}$$

が得られる．よって，$x_1(s)$，$x_2(s)$ に関して，

$$x_1(s) = \frac{1}{m_1 s^2 + (k_1 + k_2)}(k_2 x_2(s) + f(s)) \tag{3.44}$$

$$x_2(s) = \frac{1}{m_2 s^2 + k_2} k_2 x_1(s) \tag{3.45}$$

なる関係が得られる．これらの関係をブロック線図で表すと図 3.8 のように表される．これは，$G_1(s)$ と $G_2(s)$ による正のフィードバック結合なので，統合された伝達ブロックは図 3.9 となる．よって，入力 $f(t)$ から出力 $x_1(t)$ までの伝達関数は，

$$G(s) = \frac{G_1(s)}{1 - G_1(s)G_2(s)} = \frac{m_2 s^2 + k_2}{m_1 m_2 s^4 + (m_1 k_2 + m_2(k_1 + k_2))s^2 + k_1 k_2} \tag{3.46}$$

と求まる．

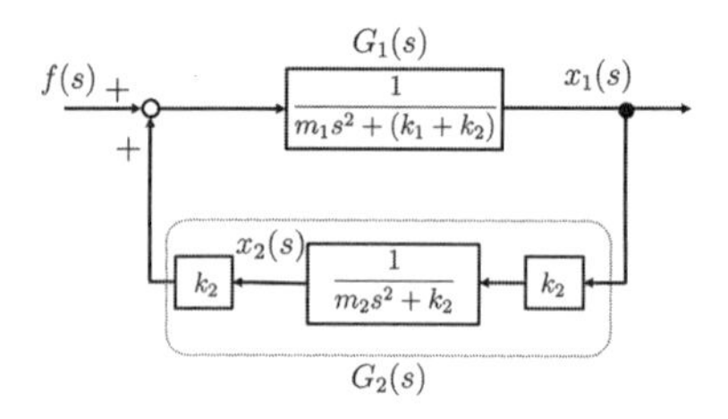

図 3.8 2 自由度振動系

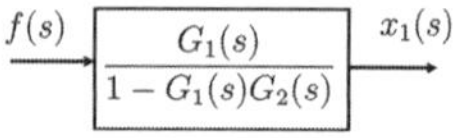

$f(s)$ → $\frac{G_1(s)}{1 - G_1(s)G_2(s)}$ → $x_1(s)$

図 3.9 2 自由度振動系

例題 3.3 図 3.10 で示されるブロック線図で表されるシステムの $u(s)$ から $y(s)$ までの伝達関数を求めてみよう．

図の信号の流れより，

$$x_1(s) = G_1(s)\bigl(u(s) - x_3(s)\bigr)$$

$$y(s) = G_2(s)x_1(s)$$

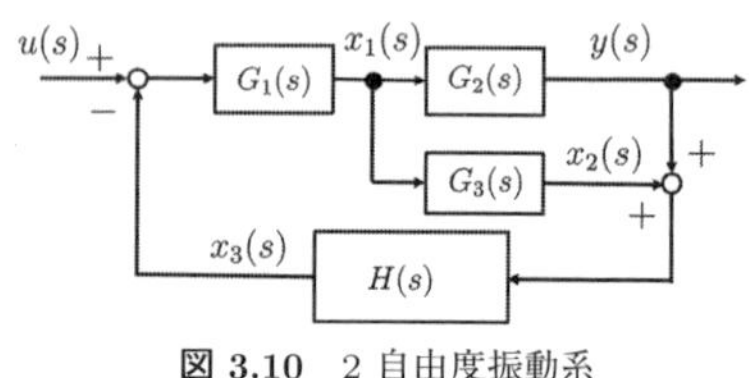

図 3.10 2 自由度振動系

$$x_2(s) = G_3(s)x_1(s)$$
$$x_3(s) = H(s)\big(y(s) + x_2(s)\big)$$

を得る．よって，

$$y(s) = G_2(s)G_1(s)\big(u(s) - x_3(s)\big)$$

さらに，

$$x_3(s) = \frac{H(s)}{1 + H(s)G_3(s)G_1(s)}\big(y(s) + G_3(s)G_1(s)u(s)\big)$$

と表すことができることから，

$$\Big(1 + H(s)G_1(s)\big(G_2(s) + G_3(s)\big)\Big)y(s) = G_2(s)G_1(s)u(s)$$

を得る．よって，求める伝達関数は

$$G(s) = \frac{G_2(s)G_1(s)}{1 + H(s)G_1(s)\big(G_2(s) + G_3(s)\big)}$$

と求まる．

3章　演習問題

基　礎　問　題

問題 3.1　図 3.11 に示す電気回路システムをブロック線図で表現せよ．さらに，入力 $v_i(t)$ から出力 $v_o(t)$ への伝達関数を求めよ．

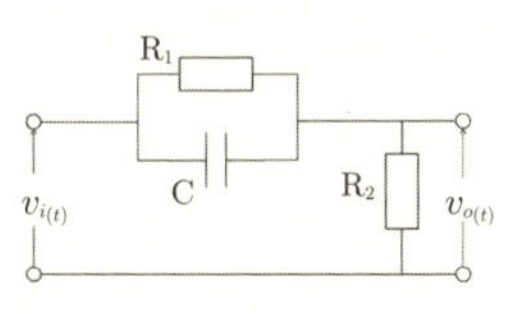

図 3.11　電気回路系

問題 3.2　図 3.12 のブロック線図で表される制御系の $r(s)$ から $y(s)$ までの伝達関数を求めよ．

問題 3.3　図 3.13 のブロック線図で表される制御系の $r(s)$ から $y(s)$ までの伝達関数を求めよ．

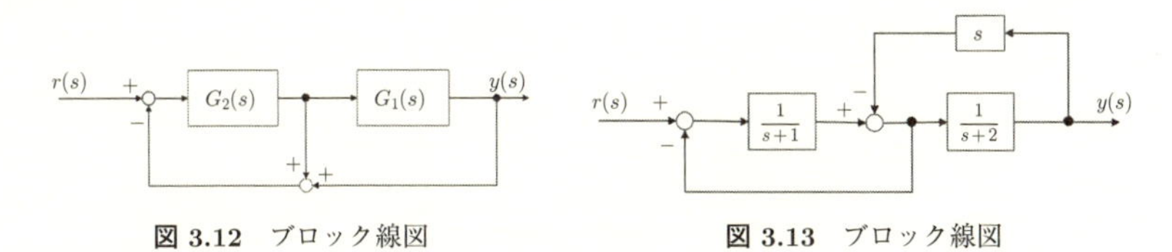

図 3.12　ブロック線図　　**図 3.13**　ブロック線図

応用問題

問題 3.4 図 3.14 に示す電気回路をブロック線図で表現せよ．さらに，入力 $v_i(t)$ から出力 $v_o(t)$ への伝達関数を求めよ．

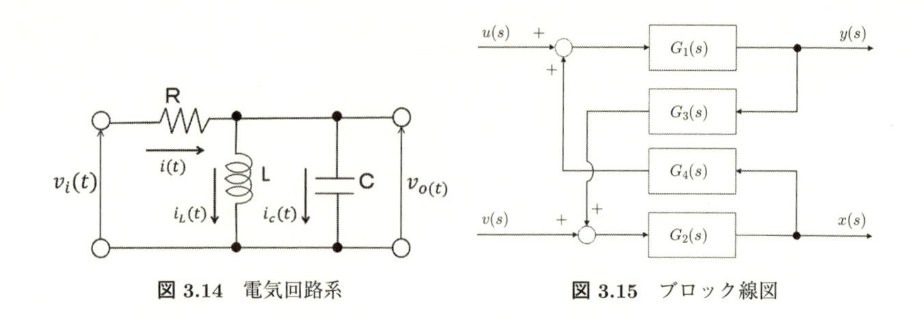

図 3.14 電気回路系

図 3.15 ブロック線図

問題 3.5 図 3.15 のブロック線図で表される相互干渉系について，出力 $y(s)$, $x(s)$ と入力 $u(s)$, $v(s)$ との各伝達関数を求めよ．

問題 3.6 図 3.16 のブロック線図で表されるフィードバック制御系の $r(s)$ から $y(s)$ までの伝達関数を求めよ．

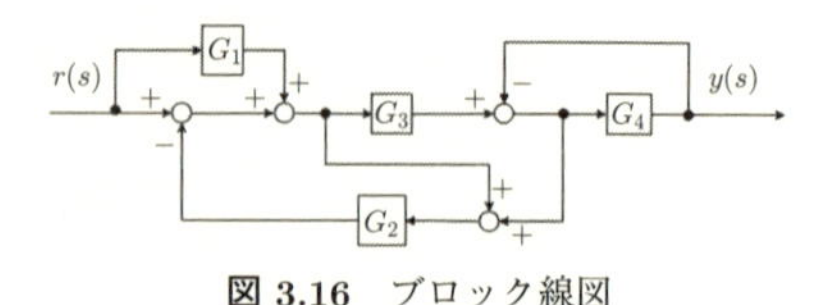

図 3.16 ブロック線図

【3 章 演習問題解答】

〈問題 3.1〉 抵抗 R_1 を流れる電流を $i_1(t)$，コンデンサ C を流れる電流を $i_c(t)$，抵抗 R_2 を流れる電流を $i_2(t)$ とすると

$$i_1(t) + i_c(t) = i_2(t)$$

$$R_1 i_1(t) = \frac{1}{C}\int i_c(t)dt \to R_1 C i_1(t) = \int i_c(t)dt$$

$$v_i(t) - v_o(t) = R_1 i_1(t) \to \frac{1}{R_1}\Big(v_i(t) - v_o(t)\Big) = i_1(t)$$

$$v_o(t) = R_2 i_2(t)$$

を得る．よって，初期条件をすべて 0 としてラプラス変換すると

$$i_1(s) + i_c(s) = i_2(s)$$

$$R_1 C i_1(s) = \frac{1}{s} i_c(s) \to R_1 C s i_1(s) = i_c(s)$$

$$\frac{1}{R_1}\left(v_i(s)-v_o(s)\right)=i_1(s)$$

$$v_o(s)=R_2 i_2(s)$$

を得る．これより，図 3.17 のブロック線図が得られる．また伝達関数は，

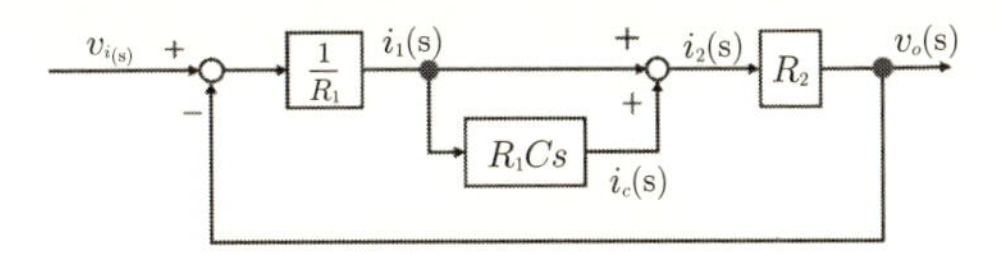

図 3.17　回路系のブロック線図

$$\frac{v_o(s)}{v_i(s)}=\frac{R_2(1+R_1Cs)}{R_1+R_2+R_1R_2Cs}$$

となる．

〈問題 3.2〉

$$\frac{y(s)}{r(s)}=\frac{G_1(s)G_2(s)}{1+G_2(s)(1+G_1(s))}$$

〈問題 3.3〉

$$\frac{y(s)}{r(s)}=\frac{1}{2s^2+5s+4}$$

〈問題 3.4〉 回路方程式は次式となる．

$$i(t)=i_c(t)+i_L(t)$$

$$v_o(t)=L\frac{di_L(t)}{dt}=\frac{1}{C}\int i_c(t)dt$$

$$v_i(t)-v_o(t)=Ri(t)$$

初期条件をすべて 0 として回路方程式をラプラス変換すると

$$i(s)=i_c(s)+i_L(s)$$

$$v_o(s)=Lsi_L(s)=\frac{1}{Cs}i_c(s)$$

$$v_i(s)-v_o(s)=Ri(s)$$

となる．これらの関係式をブロック線図で表すと図 3.18 となる．

また，伝達関数は

$$\frac{v_o(s)}{v_i(s)}=\frac{Ls}{RLCs^2+Ls+R}$$

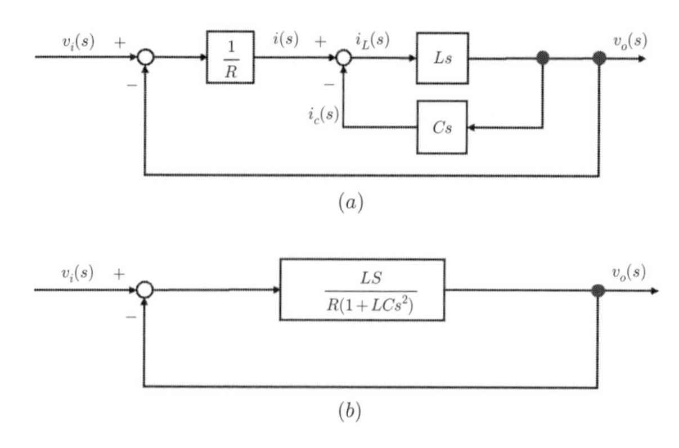

図 3.18 電気回路系のブロック線図

となる.

〈問題 3.5〉 $u(s)$ から $y(s)$ および $v(s)$ から $y(s)$ までの伝達関数は,

$$\frac{y(s)}{u(s)} = \frac{G_1(s)}{1 - G_1(s)G_2(s)G_3(s)G_4(s)}, \quad \frac{y(s)}{v(s)} = \frac{G_1(s)G_2(s)G_4(s)}{1 - G_1(s)G_2(s)G_3(s)G_4(s)}$$

となる. また, $u(s)$ から $x(s)$ および $v(s)$ から $x(s)$ までの伝達関数は

$$\frac{x(s)}{u(s)} = \frac{G_1(s)G_2(s)G_3(s)}{1 - G_1(s)G_2(s)G_3(s)G_4(s)}, \quad \frac{x(s)}{v(s)} = \frac{G_2(s)}{1 - G_1(s)G_2(s)G_3(s)G_4(s)}$$

となる.

〈問題 3.6〉 伝達関数は

$$\frac{y(s)}{r(s)} = \frac{G_3G_4 + G_1G_3G_4}{1 + G_2 + G_4 + G_2G_3 + G_2G_4}$$

となる.

4 線形システムの応答

前章で述べられているように，線形システムの入出力関係は伝達関数を用いて表現できる．また，システムの伝達関数の逆ラプラス変換がインパルス応答となることを学んだ．本章では，伝達関数からそのシステムの応答を具体的に求める方法について説明する．また，インパルス入力やステップ入力に対する応答がシステムの極と深く関わっていることを示す．

4.1　伝達関数と応答

システムの出力は与えた入力によってさまざまに変化する．本節では，加えた入力に対する応答を伝達関数から求める方法を説明する．まずは，1 次のシステムを例にあげ，インパルス入力とステップ入力に対する応答を求める．

4.1.1　1 次システムの応答

入力 $u(t)$ と出力 $y(t)$ の関係がつぎの微分方程式で表されるシステムを考える．

$$\frac{dy(t)}{dt} + ay(t) = bu(t),\ y(0) = 0 \tag{4.1}$$

ただし，a，b は定数である．このシステムの伝達関数はつぎのように求められる．

$$G(s) = \frac{b}{s+a} \tag{4.2}$$

3 章で述べたように，システムの伝達関数はそのシステムのインパルス応答をラプラス変換したものである．すなわち，伝達関数の逆ラプラス変換がインパルス応答である．

$$g(t) = \mathcal{L}^{-1}\left[G(s)\right] = \mathcal{L}^{-1}\left[\frac{b}{s+a}\right] = be^{-at} \tag{4.3}$$

一方，ステップ応答は，システムの伝達関数表現 $y(s) = G(s)u(s)$ から求められる．ステップ入力のラプラス変換が $u(s) = \mathcal{L}[1] = \frac{1}{s}$ であることと (4.2) 式より，$y(s) = \frac{b}{s(s+a)}$ である．よって，これを逆ラプラス変換すると，

$$y(t) = \mathcal{L}^{-1}\left[\frac{b}{s(s+a)}\right] = \mathcal{L}^{-1}\left[\frac{b}{a}\left(\frac{1}{s} - \frac{1}{s+a}\right)\right] = \frac{b}{a}\left(1 - e^{-at}\right) \tag{4.4}$$

と計算できる．

4.1.2　一般的な線形システムの応答

前述したように，伝達関数が $G(s)$ である線形システムのステップ応答 $y(t)$ は，以下のように求められる．

$$y(t) = \mathcal{L}^{-1}\left[G(s)\frac{1}{s}\right] \tag{4.5}$$

ラプラス変換の積分公式より，システム $G(s)$ のインパルス応答を $g(t)$ とおくと

$$\mathcal{L}\left[\int_0^t g(\tau)d\tau\right] = \frac{1}{s}G(s) \tag{4.6}$$

であることから，インパルス応答 $g(t)$ とステップ応答 $y(t)$ との間には，

$$y(t) = \int_0^t g(\tau)d\tau \tag{4.7}$$

なる関係がある．つまり，インパルス応答を積分したものがステップ応答になっている．このことは，(4.3) 式のインパルス応答を積分して (4.4) 式のステップ応答が得られることからも確認できる．

さて，より一般的な入力に対する線形システムの応答を求めてみよう．そこで，入力 $u(t)$ のラプラス変換 $u(s)$ が有理関数で表される場合を考える．このとき，$y(s) = G(s)u(s)$ であるから，出力 $y(t)$ のラプラス変換 $y(s)$ もまた有理関数となる．すなわち，2 つの多項式 $l(s)$ と $m(s)$ を用いて，$y(s) = \frac{m(s)}{l(s)}$ と表される．ただし，$l(s)$ の次数は n_l とする．そこで，$l(s) = 0$ とした方程式の n_l 個の解を $s = p_1, \ldots, p_{n_l}$ とすると，出力応答 $y(t)$ は次式で求められる．

$$y(t) = \mathcal{L}^{-1}[G(s)u(s)] = \mathcal{L}^{-1}\left[\frac{m(s)}{(s-p_1)(s-p_2)\cdots(s-p_{n_l})}\right] \tag{4.8}$$

右辺の具体的な計算は 2 章を参照されたい．

4.2 極 と 零 点

(3.18) 式で見たように，線形システムの伝達関数は以下のように有理関数で表現される．

$$G(s) = \frac{b_m s^m + b_{m-1}s^{m-1} + \cdots + b_1 s + b_0}{s^n + a_{n-1}s^{n-1} + \cdots + a_1 s + a_0} \tag{4.9}$$

ここで，$G(s)$ の分母多項式を $d(s)$ とおき，分子多項式を $n(s)$ とおくとき，$d(s)$ は**特性多項式**と呼ばれる．$d(s) = 0$ とした方程式は**特性方程式**と呼ばれ，その根を**極（特性根）**という．また，$n(s) = 0$ とした方程式の根を**零点**という．

例題 4.1　伝達関数が次式で与えられるシステムの極と零点を求めよ．

$$G(s) = \frac{s+1}{s^2+2s+4}$$

解答 4.1　極は $s^2 + 2s + 4 = 0$ より，$s = -1 \pm j\sqrt{3}$ であり，零点は $s + 1 = 0$ より，$s = -1$ である．

例題 4.2（見かけ上のシステム）　伝達関数が次式で与えられるシステムの極と零点について調べよ．

$$G(s) = \frac{s+1}{s^2+3s+2}$$

解答 4.2　極は $s^2 + 3s + 2 = (s+1)(s+2) = 0$ より，$s = -1,\ -2$ であり，零点は $s + 1 = 0$ より，$s = -1$ である．極の 1 つと零点が $s = -1$ で同じ値となっている．このような場合，伝達関数は分母多項式と分子多項式の共通因子で約分される．このような場合，伝達関数は

$$G(s) = \frac{s+1}{s^2+3s+2} = \frac{1}{s+2}$$

となり，見かけ上，1 次のシステムとなる．このような場合，8 章で示すようにその取り扱いには注意が必要である．

例題 4.3（並列結合されたシステム）　3 章の図 3.6(b) に示されている，並列結合されたシステムの極と零点を調べよ．ただし，$G_1(s) = \frac{n_1(s)}{d_1(s)}$，$G_2(s) = \frac{n_2(s)}{d_2(s)}$ とする．

解答 4.3　(3.38) 式より，並列結合されたシステムの伝達関数は次式となる．

$$G_1(s)+G_2(s)=\frac{n_1(s)d_2(s)+d_1(s)n_2(s)}{d_1(s)d_2(s)}$$

これからわかるように，並列結合されたシステムの極は，結合前の極がそのまま保存される．しかし，零点についてはそうはならず，結合前の各システムの極と零点の影響を受けて変化する．

例題 4.4（フィードバック結合されたシステム）　3 章の図 3.6(c) に示されている，フィードバック結合されたシステムの極と零点を調べよ．ただし，$G(s)=\frac{n(s)}{d(s)}$ と $H(s)=\frac{z(s)}{p(s)}$ を伝達関数に持つシステムの（負の）フィードバック結合とする．

解答 4.4　(3.41) 式より，フィードバック結合されたシステムの伝達関数は次式となる．

$$G_c(s)=\frac{G(s)}{1+G(s)H(s)}=\frac{n(s)p(s)}{d(s)p(s)+n(s)z(s)}$$

このシステムの極は，結合前の各システムの極と零点の影響を受けて変化する．しかし，$G(s)$ の零点（$n(s)=0$ の根）は $G_c(s)$ の零点としてそのまま保持される．

4.3　線形システムのインパルス応答

(4.2) 式の 1 次システムは $s=-a$ の極を持つ．そのインパルス応答にはこの極に対応した指数関数 e^{-at} が含まれている．この指数関数は，極が負（$a>0$）であれば 0 に収束し，極の値が負の方向に大きいほど関数の収束は早くなる．逆に，極が正（$a<0$）であれば応答は発散する．

このようにシステムの極はインパルス応答に影響を与える．本節では，一般の線形システムについて，その極とインパルス応答の関係について説明する．

4.3.1　2 次システムのインパルス応答

つぎの微分方程式で表現される 2 次のシステムを考える．

$$\frac{d^2y(t)}{dt^2}+a_1\frac{dy(t)}{dt}+a_0y(t)=bu(t),\ \left.\frac{dy(t)}{dt}\right|_{t=0}=y(0)=0 \tag{4.10}$$

ただし，a_0，a_1，b は定数である．このシステムの伝達関数は

$$G(s) = \frac{b}{s^2 + a_1 s + a_0} \tag{4.11}$$

である．よって，インパルス応答はつぎのように求められる．

$$g(t) = \mathcal{L}^{-1}\left[\frac{b}{s^2 + a_1 s + a_0}\right] \tag{4.12}$$

この逆ラプラス変換を実行するためには，2.3.2 項で述べたように，2 次方程式 $d(s) = s^2 + a_1 s + a_0 = 0$ の解によって方法が異なり，また，求められた応答の性質も異なる．そこで，以下，3 つの場合に分けて応答を求めてみよう．

(i) $a_1^2 - 4a_0 < 0$ のとき

$d(s) = 0$ の解は共役複素数 $s = \alpha \pm j\beta$ となる．ただし，$\alpha = -a_1/2$, $\beta = \sqrt{4a_0 - a_1^2}/2$ である．これより，インパルス応答は

$$\begin{aligned} g(t) &= \mathcal{L}^{-1}\left[\frac{b}{2j\beta}\left\{\frac{1}{s-(\alpha+j\beta)} - \frac{1}{s-(\alpha-j\beta)}\right\}\right] \\ &= \frac{b}{\beta}\left\{\frac{e^{(\alpha+j\beta)t} - e^{(\alpha-j\beta)t}}{2j}\right\} = \frac{b}{\beta}e^{\alpha t}\sin(\beta t) \end{aligned} \tag{4.13}$$

と求められる．

(ii) $a_1^2 - 4a_0 = 0$ のとき

$d(s) = 0$ は $s = \alpha$ で重根となる．よって，この場合，インパルス応答は次のように求められる．

$$g(t) = \mathcal{L}^{-1}\left[\frac{b}{(s-\alpha)^2}\right] = bte^{\alpha t} \tag{4.14}$$

(iii) $a_1^2 - 4a_0 > 0$ のとき

$d(s) = 0$ の根は 2 つの実根 $s = \alpha \pm \beta'$ となる．ただし，$\beta' = \sqrt{a_1^2 - 4a_0}/2$ である．よって，インパルス応答は

$$\begin{aligned} g(t) &= \mathcal{L}^{-1}\left[\frac{b}{2\beta'}\left\{\frac{1}{s-(\alpha+\beta')} - \frac{1}{s-(\alpha-\beta')}\right\}\right] \\ &= \frac{b}{2\beta'}\left\{e^{(\alpha+\beta')t} - e^{(\alpha-\beta')t}\right\} \end{aligned} \tag{4.15}$$

と求められる．

上記で示したように，システムのインパルス応答は極（と b の値）で決まる．そこで，あらためて (i) の (4.13) 式に着目し，極が応答に与える影響を見てみよう．

極の実部 α と虚部 β は，それぞれ指数関数 $e^{\alpha t}$ と正弦関数 $\sin(\beta t)$ のなかに時間 t の係数として含まれている．α は負であれば，負の方向に大きいほど指数関

数は早く 0 に収束し，逆に正であれば発散する．一方，β は大きいほど正弦波の周期 $2\pi/\beta$ が短くなることがわかる．ただし，$g(t)$ の全体に掛かる係数 b/β は小さくなる．すなわち，振幅は小さくなる．なお，(ii)，(iii) の応答も，極が負であれば応答は 0 に収束し，極が正であれば応答は発散する．

4.3.2 高次システムのインパルス応答

つぎに 3 次以上の高次のシステムについて考えよう．極と零点に着目して，システムの伝達関数をつぎのように表す．

$$G(s) = \frac{b(s-z_1)(s-z_2)\cdots(s-z_m)}{(s-p_1)(s-p_2)\cdots(s-p_n)} \tag{4.16}$$

ここで，$s = p_i$（$i = 1, \ldots, n$）は極，$s = z_j$（$j = 1, \ldots, m$）は零点を表す．

極が互いに異なる場合，伝達関数は，

$$G(s) = \frac{c_1}{s-p_1} + \frac{c_2}{s-p_2} + \cdots + \frac{c_n}{s-p_2} \tag{4.17}$$

と分解できる．ただし，ヘヴィサイドの展開定理より

$$c_i = G(s)(s-p_i)\big|_{s=p_i},\ i = 1, \ldots n \tag{4.18}$$

である．よって，インパルス応答は次式となる．

$$g(t) = c_1 e^{p_1 t} + c_2 e^{p_2 t} + \cdots + c_n e^{p_n t} \tag{4.19}$$

すべての極が負の実部を持てば $g(t)$ は 0 に収束する．また，1 つでも極が正の実部を持てば，$g(t)$ は発散することがわかる．

さらに，(4.16) 式のすべての極の実部が負で，その中で $s = p_1$ が最も大きな（負の方向に小さい）実部を持つ場合を考えてみよう．つまり，すべての極が複素平面の左側にあり，$s = p_1$ が最も虚軸に近い極とする．このとき，(4.19) 式において，$s = p_1$ に対応する応答が最も遅く 0 に収束する．これは，$s = p_1$ のモードが支配的に振る舞うことを意味する．このことから，虚軸に最も近い極を**代表極**（あるいは**代表根**）という．高次のシステムの応答は，この代表極によって特徴付けられる．

ところで，(4.16) 式において，極が 2 つの実数でその 1 つに重複がある場合，つまり，$n-1$ 個の極が $s = p_1 = p_2 = \cdots = p_{n-1} = p$（$(n-1)$ 重根）であり，残りが $s = p_n$ である場合は，インパルス応答は (2.45) 式と同様につぎのように

求められる．

$$
\begin{aligned}
g(t) &= \mathcal{L}^{-1}\left[\frac{b(s-z_1)(s-z_2)\cdots(s-z_m)}{(s-p)^{n-1}(s-p_n)}\right] \\
&= \mathcal{L}^{-1}\left[\frac{c_1}{(s-p)^{n-1}} + \frac{c_2}{(s-p)^{n-2}} + \cdots + \frac{c_{n-1}}{s-p} + \frac{c_n}{s-p_n}\right] \\
&= c_1\frac{t^{n-2}}{(n-2)!}e^{pt} + c_2\frac{t^{n-3}}{(n-3)!}e^{pt} + \cdots + c_{n-1}e^{pt} + c_n e^{p_n t}
\end{aligned}
\tag{4.20}
$$

(4.20) 式に含まれる t の関数 $t^k e^{pt}$, $k = 1, \ldots, n-2$ について，これらは極 $s = p$ が負（$p < 0$）であれば 0 に収束する．このことは，

$$
0 \le \lim_{t\to\infty} t^k e^{pt} < \lim_{t\to\infty} t^k \frac{(k+1)!}{(-pt)^{k+1}} = 0 \tag{4.21}
$$

であることから示される [*1)]．よって，2 つの極 $s = p$, p_n がともに負であれば $g(t)$ は 0 に収束する．一方，極 p が 0 以上もしくは極 p_n が正の少なくとも 1 つが成立するならば $g(t)$ は発散する．

例題 4.5 つぎの伝達関数で表現される 3 次のシステムのインパルス応答を求めよ．

$$
G(s) = \frac{1}{(s+1)(s^2+s+1)}
$$

解答 4.5 簡単な計算から，

$$
\frac{1}{(s+1)(s^2+s+1)} = \frac{1}{s+1} - \frac{s}{s^2+s+1}
$$

と分解できる．これを逆ラプラス変換すれば，インパルス応答が求められる．

$$
g(t) = \mathcal{L}^{-1}\left[\frac{1}{s+1}\right] - \mathcal{L}^{-1}\left[\frac{s}{s^2+s+1}\right]
$$

上式右辺第 2 項の逆ラプラス変換は，極による部分分数展開により計算することができるが，煩雑になるので，別の方法を紹介する．

まず，$s^2+s+1 = (s+1/2)^2 + (\sqrt{3}/2)^2$ と平方完成して，

$$
\frac{s}{s^2+s+1} = \frac{s+1/2}{(s+1/2)^2+(\sqrt{3}/2)^2} - \frac{1/2}{(s+1/2)^2+(\sqrt{3}/2)^2}
$$

と分解する．上式右辺の各項の逆ラプラス変換は変換表の公式より，

---

*1) 導出には $e^x - x^{k+1}/(k+1)! > 0, \forall x \ge 0$ を利用した．なお，このことは x^k が指数位の関数であることを意味している

$$\mathcal{L}^{-1}\left[\frac{s}{s^2+s+1}\right] = e^{-\frac{1}{2}t}\cos\left(\frac{\sqrt{3}}{2}t\right) - \frac{1}{\sqrt{3}}e^{-\frac{1}{2}t}\sin\left(\frac{\sqrt{3}}{2}t\right)$$

と計算できる．このように，ラプラス変換の公式を利用することで比較的簡単に逆変換の計算を行うことができる．

結局，求めるシステムのインパルス応答は

$$g(t) = e^{-t} - \frac{2}{\sqrt{3}}e^{-\frac{1}{2}t}\sin\left(\frac{\sqrt{3}}{2}t+\varphi\right),\ \varphi = -\frac{\pi}{3} \tag{4.22}$$

と得られる．

さて，例題 4.5 の場合，極は $s=-1$ と $s=(-1\pm j\sqrt{3})/2$ であり，代表極は後者である．求めたインパルス応答からもわかるように，$s=-1$ に対応する応答（右辺第 1 項）は代表極の応答（右辺第 2 項）よりも早く 0 に収束し，それ以降，代表極のモードが支配的に振る舞う．

4.4 線形システムのステップ応答

前節では，2 次や高次のシステムのインパルス応答を求め，それらが極に影響を受けることを見てきた．本節は，インパルス応答からステップ応答を求める方法と，ステップ応答と極の関係について説明する．

4.4.1 1 次のシステムのステップ応答

はじめに，次式で表現される 1 次のシステムについて考える．

$$T\frac{dy(t)}{dt} + y(t) = u(t),\ y(0) = 0 \tag{4.23}$$

ただし，T は正の定数である．このように表現されるシステムは **1 次遅れ系**と呼ばれ，その伝達関数はつぎのようになる．

$$G(s) = \frac{1}{Ts+1} \tag{4.24}$$

インパルス応答とステップ応答は，それぞれ (4.3) 式と (4.4) 式より，つぎのように求められる．

$$g(t) = \frac{1}{T}e^{-\frac{1}{T}t} \tag{4.25}$$

$$y(t) = 1 - e^{-\frac{1}{T}t} \tag{4.26}$$

図 4.1 にインパルス応答のグラフの概形を示す．インパルス応答は，インパルス入力が印加されると瞬時に $1/T$ まで跳ね上がり，その後，時間経過とともに指数的に 0 に漸近する．

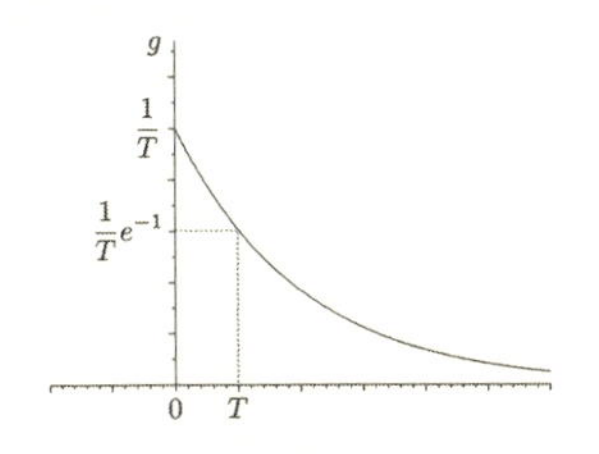

図 4.1 1 次遅れ系のインパルス応答

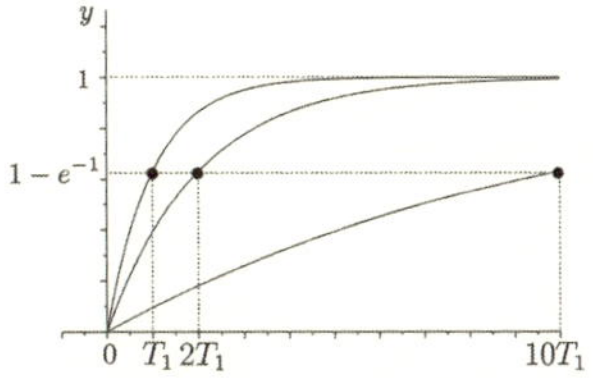

図 4.2 1 次遅れ系のステップ応答

図 4.2 はステップ応答のグラフの概形を示している．図には 3 本の曲線が描かれているが，左から，$T = T_1$ とした (4.26) 式のグラフ，T を 2 倍（$T = 2T_1$）にしたグラフ，T を 10 倍（$T = 10T_1$）にしたグラフとなっている．どれも，時間の経過とともに 1 に漸近する．

$y(t) = 1 - e^{-1} \fallingdotseq 0.63$ となる時刻を比較すると，T を大きくするほど応答が遅くなっていくことがわかる．このことから，T は応答の速さを表す指標として**時定数**と呼ばれている．

一般的な 1 次のシステムの伝達関数は，先の 1 次遅れ系を用いて次のように表現できる．

$$G(s) = \frac{K}{Ts + 1} \tag{4.27}$$

ただし，K はシステムの**ゲイン**と呼ばれる定数である．このシステムのインパルス応答とステップ応答は，システムの線形性より，それぞれ (4.25) 式と (4.25) 式の応答を K 倍したものになる．

4.4.2 2 次のシステムのステップ応答

つぎの伝達関数を持つ 2 次システムを考えよう．

$$G(s) = \frac{\omega_n^2}{s^2 + 2\zeta\omega_n s + \omega_n^2} \tag{4.28}$$

上式は 1 自由度振動系をモデル化したもので ζ と ω_n は正の定数で与えられ，それぞれ**減衰係数比**と**固有角振動数**と呼ばれる．

さて，ステップ応答はインパルス応答を積分したものであるから，まず，インパルス応答を求めることにする．4.3.1 項の (i)，(ii)，(iii) の結果から，インパルス応答は以下のように求められる．

(i) $0 < \zeta < 1$ のとき

$$g(t) = \frac{\omega_n}{\sqrt{1-\zeta^2}} e^{-\zeta\omega_n t} \sin\left(\sqrt{1-\zeta^2}\,\omega_n t\right) \tag{4.29}$$

(ii) $\zeta = 1$ のとき

$$g(t) = \omega_n^2 t e^{-\omega_n t} \tag{4.30}$$

(iii) $\zeta > 1$ のとき

$$g(t) = \frac{\omega_n}{2\sqrt{\zeta^2-1}} \left(e^{-\left(\zeta-\sqrt{\zeta^2-1}\right)\omega_n t} - e^{-\left(\zeta+\sqrt{\zeta^2-1}\right)\omega_n t}\right) \tag{4.31}$$

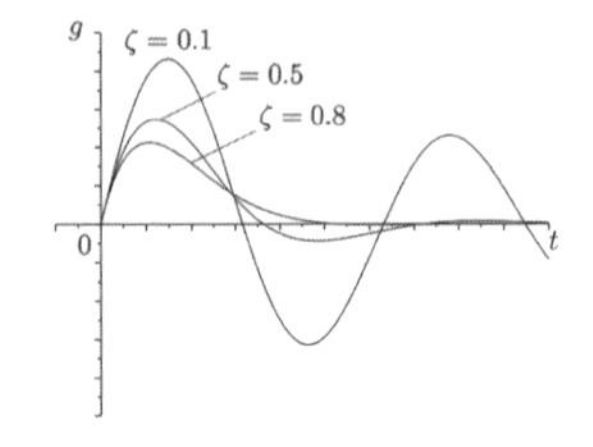

図 4.3　インパルス応答（減衰振動）

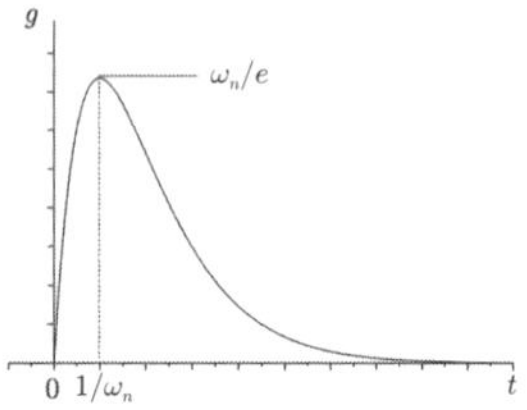

図 4.4　インパルス応答（臨界減衰）

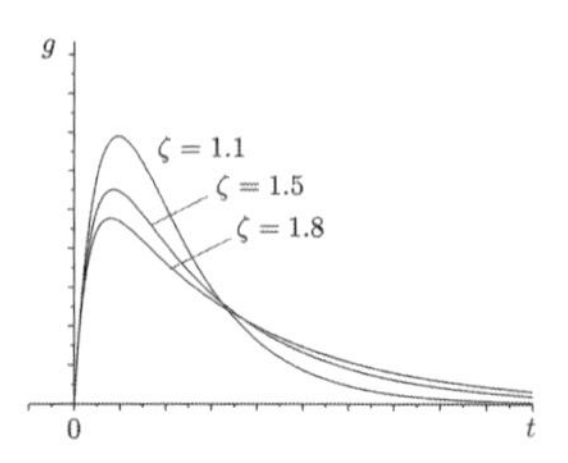

図 4.5　インパルス応答（過減衰）

各応答のグラフの概形を図 4.3 から図 4.5 に示す．

振動工学などの分野では，これらの応答の振動状態から，$0 < \zeta < 1$ の場合は**減衰振動**（不足制動），$\zeta = 1$ の場合は**臨界減衰**（臨界制動），そして，$\zeta > 1$ の場合は**過減衰**（過制動）と呼ばれている．

(4.29) 式から (4.31) 式の結果より，ステップ応答は以下のように求められる．

(i) $0 < \zeta < 1$ のとき，

$$\begin{aligned} y(t) &= \int_0^t \frac{\omega_n}{\sqrt{1-\zeta^2}} e^{-\zeta\omega_n \tau} \sin\left(\sqrt{1-\zeta^2}\,\omega_n \tau\right) d\tau \\ &= 1 - \frac{1}{\sqrt{1-\zeta^2}} e^{-\zeta\omega_n t} \sin\left(\sqrt{1-\zeta^2}\,\omega_n t + \varphi\right) \end{aligned} \tag{4.32}$$

ただし，$\varphi = \tan^{-1}\left(\sqrt{1-\zeta^2}/\zeta\right)$ である．

(ii) $\zeta = 1$ **のとき**，

$$y(t) = \int_0^t \omega_n^2 \tau e^{-\omega_n \tau} d\tau = 1 - (1 + \omega_n t)\, e^{-\omega_n t} \tag{4.33}$$

(iii) $\zeta > 1$ **のとき**，

$$\begin{aligned} y(t) &= \int_0^t \frac{\omega_n}{2\sqrt{\zeta^2 - 1}} \left(e^{-\left(\zeta - \sqrt{\zeta^2-1}\right)\omega_n \tau} - e^{-\left(\zeta + \sqrt{\zeta^2-1}\right)\omega_n \tau} \right) d\tau \\ &= 1 + \frac{\zeta - \sqrt{\zeta^2 - 1}}{2\sqrt{\zeta^2 - 1}} e^{-\left(\zeta + \sqrt{\zeta^2-1}\right)\omega_n t} - \frac{\zeta + \sqrt{\zeta^2 - 1}}{2\sqrt{\zeta^2 - 1}} e^{-\left(\zeta - \sqrt{\zeta^2-1}\right)\omega_n t} \end{aligned} \tag{4.34}$$

各応答のグラフの概形を図 4.6 から図 4.8 に示す．ただし，(i) と (iii) の図では，ω_n を固定して ζ の値を変化させている．どの場合も最終値は $\lim_{t \to \infty} y(t) = 1$ であるが，(i) では，ζ の値によって振動の状態が変化している．

そこで，(i) の場合に注目する．この場合の極は，$s = -\zeta\omega_n \pm j\omega_n\sqrt{1 - \zeta^2}$ であり，(4.32) 式より，実部 $-\zeta\omega_n$ は指数関数の収束性を，また虚部 $\omega_n\sqrt{1 - \zeta^2}$ は正弦関数の周期を決める．ζ を 1 に近づけると，指数関数の収束性が高まり，振動の周期は長くなる．

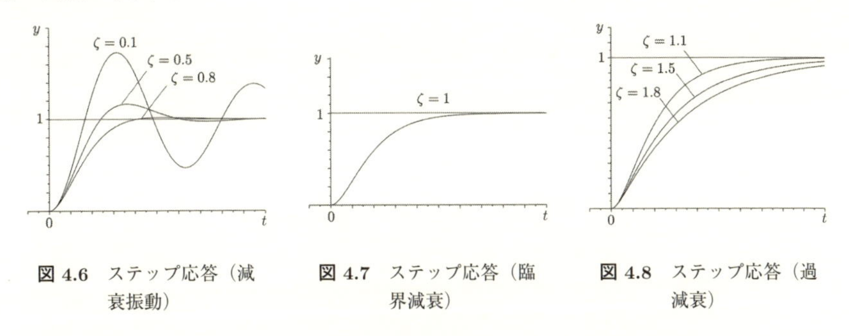

図 4.6　ステップ応答（減衰振動）

図 4.7　ステップ応答（臨界減衰）

図 4.8　ステップ応答（過減衰）

一般的な 2 次のシステムの伝達関数は定数ゲイン K を用いて

$$G(s) = \frac{K\omega_n^2}{s^2 + 2\zeta\omega_n s + \omega_n^2} \tag{4.35}$$

と表現できる．インパルス応答やステップ応答は，標準形の応答を K 倍したものになる．

4.4.3　高次のシステムのステップ応答

3 次以上の高次のシステム (4.16) のステップ応答は次式で求められる．

$$y(t) = \mathcal{L}^{-1}\left[\frac{1}{s}G(s)\right] = \mathcal{L}^{-1}\left[\frac{b(s-z_1)(s-z_2)\cdots(s-z_m)}{s(s-p_1)(s-p_2)\cdots(s-p_n)}\right] \tag{4.36}$$

インパルス応答 $g(t)$ がすでに求められている場合は，それを積分すればよい．例えば，(4.19) 式のインパルス応答から，

$$\begin{aligned} y(t) &= \int_0^t (c_1 e^{p_1\tau} + c_2 e^{p_2\tau} + \cdots + c_n e^{p_n\tau})\, d\tau \\ &= \frac{c_1}{p_1}e^{p_1 t} + \frac{c_2}{p_2}e^{p_2 t} + \cdots + \frac{c_n}{p_n}e^{p_n t} - \sum_{i=1}^{n}\frac{c_i}{p_i} \end{aligned} \tag{4.37}$$

と求められる．この場合，すべての極が負の実部を持てば，すべての対応する応答は 0 に収束し，$y(t)$ は $-\sum_{i=1}^{n}\left(\frac{c_i}{p_i}\right)$ に収束する．1 つでも実部が正の極があれば，$y(t)$ は発散する．

高次システムのステップ応答は，すべての極が負の実数部を持つ場合には，一般に概ね図 4.9 に示すような波形となる．応答の概形を知る定量的な指標として以下がよく用いられる．

立ち上がり時間　(T_R)：応答が最終値の 10%から 90%（または，0%から 100%）に至るまでの時間．

遅れ時間　(T_D)：応答が最終値の 50%に至るまでの時間．

オーバーシュート　(A_O)：応答の最終値からの最大行き過ぎ量．

行き過ぎ時間　(T_O)：応答がオーバシュートに到達するまでの時間．

整定時間　(T_S)：応答が最終値の ±5%（または，±2%）の範囲内に落ち着くまでの時間．

これらの指標は，フィードバック制御系の設計仕様などにおいて使用される重要な指標である．

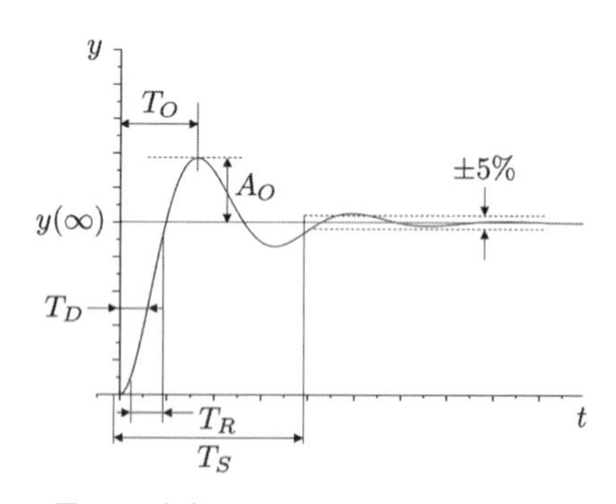

図 4.9　高次システムのステップ応答の概形

4章　演習問題

基 礎 問 題

問題 4.1　時定数が 5，ゲインが 2 の 1 次遅れ系の伝達関数を示せ．また，このシステムの単位ステップ応答を示せ．

問題 4.2　減衰係数比 ζ が 0.5，固有角振動数 ω_n が 2，ゲインが 5 の 2 次遅れ系の伝達関数を示せ．

問題 4.3　減衰係数比 $\zeta = 0$，固有角振動数 $\omega_n = 1$[rad/s] の 2 次遅れ系 $G(s) = \frac{\omega_n^2}{s^2+\omega_n^2}$ がある．この系の単位ステップ応答は図 4.10 (a)〜(c) のどの波形となるか．

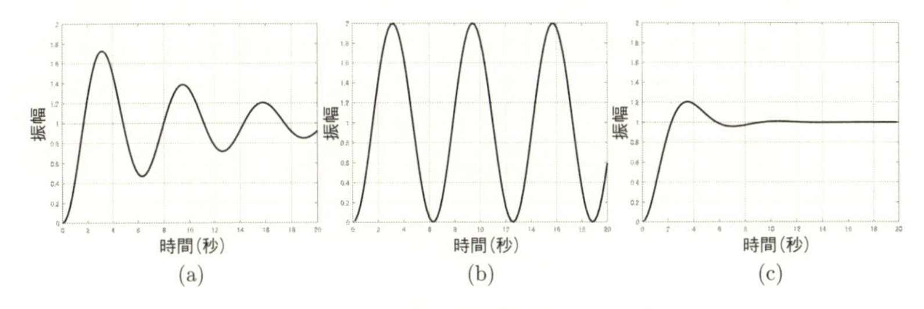

(a)　(b)　(c)

図 4.10　2 次遅れ系の単位ステップ応答

問題 4.4　ある制御系に単位インパルス信号を入力として加えたとき，その出力の応答波形として，$y(t) = e^{-2t} - e^{-5t}$ を得た．この制御系の伝達関数 $G(s)$ を示せ．

問題 4.5　図 4.11 に示すフィードバックを施したシステムにおいて $K = 8$ のとき，制御系の単位ステップ応答 $y(t)$ を求めよ．

問題 4.6　図 4.12 は，あるシステムの単位ステップ応答波形である．各指標値をグラフから読み取れ．

(a) 立ち上がり時間 T_R　(b) 遅れ時間 T_D　(c) 最大行き過ぎ量 A_O
(d) 行き過ぎ時間 T_O　(e) 整定時間 T_s

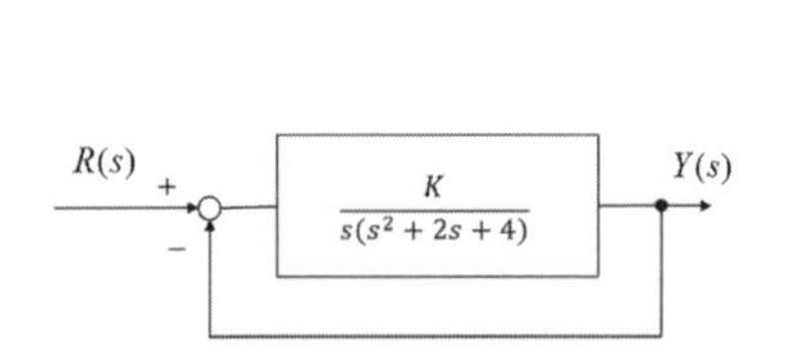

図 4.11　フィードバック系

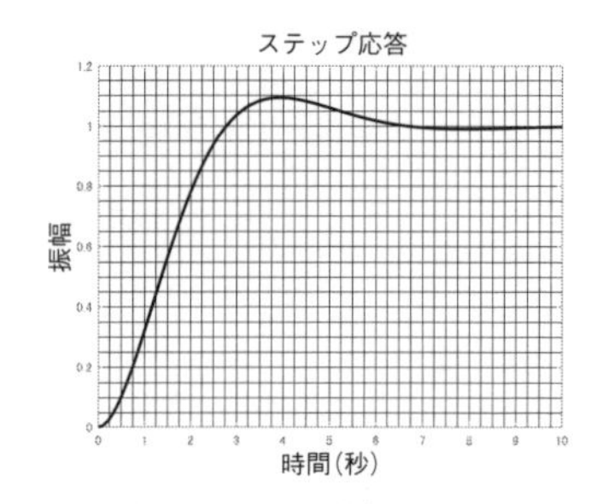

図 4.12　あるシステムの単位ステップ応答波形

応　用　問　題

問題 4.7　あるシステムに単位ステップ信号を入力として加えたとき，その出力の応答波形として，$y(t) = 1 - e^{-2t}\cos t$ を得た．この制御系の伝達関数 $G(s)$ を示せ．

問題 4.8　図 4.13 のフィードバック系に対して、固有角周波数が $\omega_n = 10$ [rad/s], 減衰係数比が $\zeta = 0.7$ となるように制御パラメータ K_p, K_d を求めよ．
ただし、$P(s) = 2/(s(1 + 0.1s))$ である．

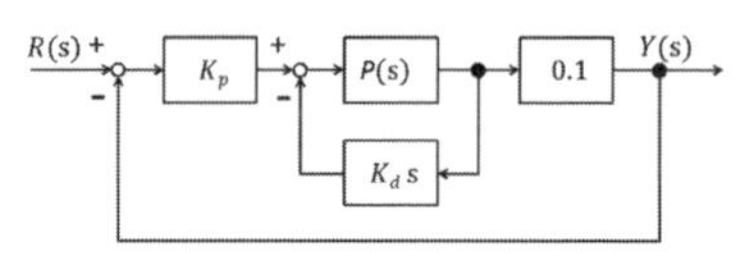

図 4.13　フィードバック系

【4 章　演習問題解答】

〈問題 4.1〉

$$G(s) = \frac{2}{5s + 1}$$

単位ステップ応答 $y(t)$ は

$$y(t) = \mathcal{L}^{-1}\left[G(s)\frac{1}{s}\right] = 2\mathcal{L}^{-1}\left[\left\{\frac{1}{s} - \frac{1}{s + 0.2}\right\}\right] = 2(1 - e^{-0.2t})$$

〈問題 4.2〉

$$G(s) = \frac{20}{s^2 + 2s + 4}$$

〈問題 4.3〉　(b) の波形となる．

〈問題 4.4〉

$$\begin{aligned} G(s) &= \mathcal{L}[y(t)] = \mathcal{L}[e^{-2t} - e^{-5t}] \\ &= \frac{1}{s + 2} - \frac{1}{s + 5} = \frac{3}{(s + 2)(s + 5)} \end{aligned}$$

〈問題 4.5〉 フィードバック系の伝達関数を $G(s)$ とすると

$$G(s) = \frac{8}{(s+2)(s^2+4)}\frac{1}{s}$$

となる．単位ステップ応答 $y(t)$ は

$$\begin{aligned} y(t) &= \mathcal{L}^{-1}\left[\frac{8}{(s+2)(s^2+4)}\frac{1}{s}\right] = \mathcal{L}^{-1}\left[\frac{1}{s} - \frac{1}{2}\frac{1}{s+2} - \frac{1}{2}\frac{s+2}{s^2+4}\right] \\ &= 1 - \frac{1}{2}\left(e^{-2t} + \cos 2t + \sin 2t\right) \end{aligned}$$

となる．

〈問題 4.6〉 (a) $T_R = 1.8$ [s], (b) $T_D = 1.3$ [s], (c) $A_O = 0.1$, (d) $T_O = 3.8$ [s], (e) $T_s = 5.3$ [s]（±5% 整定時間）

〈問題 4.7〉 求める伝達関数を $G(s)$ とおくと

$$y(s) = \mathcal{L}\left[y(t)\right] = G(s)\frac{1}{s}$$

である．また，

$$y(s) = \mathcal{L}\left[1 - e^{-2t}\cos t\right] = \frac{1}{s} - \frac{s+2}{(s+2)^2+1} = \frac{2s+5}{s(s^2+4s+5)}$$

となることから，

$$G(s) = \frac{2s+5}{s^2+4s+5}$$

と得られる．

〈問題 4.8〉 フィードバック系 $G(s)$ は

$$\begin{aligned} G(s) &= \frac{0.2K_p}{0.1s^2 + (1+2K_d)s + 0.2K_p} \\ &= \frac{2K_p}{s^2 + 10(1+2K_d)s + 2K_p} \end{aligned}$$

となる 2 次遅れ系となる．$\omega_n = 10$ [rad/s], $\zeta = 0.7$ であることから，$G(s)$ の分母多項式は $s^2 + 14s + 100$ となり，係数比較より $K_p = 50$, $K_d = 0.2$ が求まる．

5 動的システムの安定性

前章までに，システムの極と零点について学習した．特に，システムの出力が時間とともに発散するのか？　それともある値に落ち着くのか？　というシステムの挙動は非常に重要である．すなわち，無限大もしくは負の無限大へ発散する [*1)]ようでは，実用的なシステムとはいえない．このように「無限に発散するのか？」，それとも「どこかの値に落ち着くのか？」という特徴を**安定性**といい，本章ではその定義，特徴付け，および安定性判別法について述べる．

なお，本章以降のブロック線図では，時間変数 t およびラプラス変数 s を区別しない．例えば，入力は $u(t)$ もしくは $u(s)$ のように記述するのではなく u と記述する．

5.1 安定性の定義

安定性の概念を大別すると，**有界入力有界出力安定性**（Bounded Input Bounded Output Stability; **BIBO 安定性**）（外部安定性とも呼ばれる[3)]）と**内部安定性**（internal stability）がある．前者は，その字のごとく，有界入力を印加した場合に出力は発散せず，ある有界な範囲内に存在することと想像ができるだろう．一方，後者は入力や出力のような目に見える信号だけでなく，システムを記述するために必要な信号すべてについての概念であるため，前者に比べるとやや複雑な概念となる．そこで，本書では線形時不変システムの安定性の基本となる前者の

---

*1)　実システムでは，ハードウェアの制約があるために $\pm\infty$ へ発散することはない．なぜならば，システムへの入力を行うアクチュエーターには駆動範囲の制約が，システムからの出力を計測するセンサーにも計測範囲の制約があるなど，すべてのハードウェアには物理的な制約があるからである．しかし，このように物理的な制約に達するような挙動も好ましくないのは明らかだろう．

BIBO 安定性について学ぶこととする.

図 5.1 のシステムを考える. BIBO 安定の定義は以下の通りである.

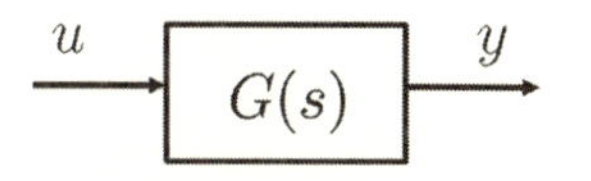

図 5.1 線形時不変システム $G(s)$

> **定義 5.1** (有界入力有界出力安定[3])
> 初期状態がゼロである図 5.1 のシステム $G(s)$ を考える. 任意の有界入力 $u(t)$ に対して出力 $y(t)$ も有界となるとき, システム $G(s)$ は有界入力有界出力 (Bounded Input Bounded Output; BIBO) 安定であるという.

BIBO 安定 *2) は, 入力と出力の関係について言及しているだけである. そこで, 初期状態の影響を排除するために初期状態がゼロであると仮定している. また, 入力と出力については, 有界性 *3) だけが要求されており, 必ずしも出力が徐々に減じる必要はない.

では, BIBO 安定であるための必要条件 (BIBO 安定であるシステムが有している特徴) は何であろうか? 一方, BIBO 安定であるための十分条件 (システムが BIBO 安定となるための特徴) は何だろうか? これに対しては, 以下の定理が知られている.

> **定理 5.1** (BIBO 安定であるための必要十分条件)
> 初期状態がゼロである図 5.1 のシステム $G(s)$ を考える. このとき, システム $G(s)$ が BIBO 安定であるための必要十分条件は以下である.
>
> - システム $G(s)$ のインパルス応答 $g(t)$ について,
>
> $$\int_0^\infty |g(t)|dt \le \bar{g} < \infty$$
>
> を満たす正の実数 $\bar{g}$ が存在する.
>
> すなわち, システム $G(s)$ が BIBO 安定であることと, そのインパルス応答 $g(t)$ が絶対可積分であることは等価である.

この定理の証明は簡単であるため, 以下に示す.

---

*2) 多入出力系では, 適当な $0 < N \in \mathbb{R}$ について $\|u(t)\| < N, \forall t$ ならば, ある $0 < M \in \mathbb{R}$ を用いて $\|y(t)\| \le M, \forall t$ を満たすことである[3].

*3) 実数値関数 $f(x)$ が有界であるとは, 定義域に属する任意の x に対して, $|f(x)| \le C$ を満たす正数 C が存在すること[4] である.

証明：十分性については，システム $G(s)$ のインパルス応答が $g(t)$ と与えられた場合に，入力に関する有界性の仮定「$|u(t)| \leq \bar{u},\ \forall t \geq 0$ を満たす正の実数 $\bar{u}$ の存在 」のもと，変数変換（$\sigma := t - \tau$）を用いることで，出力 $y(t)$ について以下の関係が導かれ，$y(t)$ の有界性が確認できる．

$$|y(t)| = \left| \int_0^t g(t-\tau)u(\tau)\mathrm{d}\tau \right| \leq \bar{u} \int_0^t |g(t-\tau)|\,\mathrm{d}\tau = \bar{u} \int_0^t |g(\sigma)|\,\mathrm{d}\sigma \leq \bar{u}\bar{g} \tag{5.1}$$

必要性については，直接証明するのではなく，対偶を証明する．そこで，以下の式を満たす正の実数 $\bar{g}$ が存在しないと仮定する．

$$\int_0^\infty |g(t)|\mathrm{d}t \leq \bar{g} \tag{5.2}$$

これは，システム $G(s)$ のインパルス応答 $g(t)$ の絶対値 $|g(t)|$ を時刻 ∞ まで積分したとき，その値を上から抑える正の実数 $\bar{g}$ がないことを意味する．すなわち，与えられた任意の正数 $\tilde{g}$ に対して（5.3）式を満たす時刻 t_0 が常に存在することになる．

$$\int_0^{t_0} |g(t)|\mathrm{d}t > \tilde{g} \tag{5.3}$$

このとき，システム $G(s)$ のインパルス応答 $g(t)$ の正負に応じた以下の有界な入力 $u(\tau)$（ただし，$0 \leq \tau \leq t_0$）を定義する（図 5.2 参照）．

$$u(\tau) = \begin{cases} 1,\ g(t_0 - \tau) \geq 0 \\ -1,\ g(t_0 - \tau) < 0 \end{cases} \tag{5.4}$$

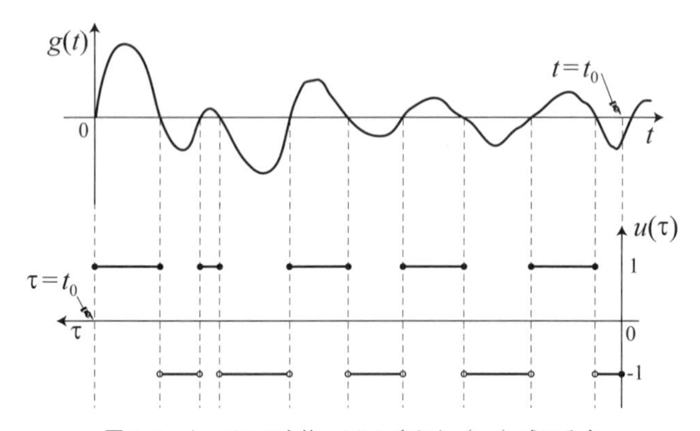

図 5.2　インパルス応答 $g(t)$ に応じた（5.4）式の入力

このように定義した入力を用いると，出力 $y(t_0)$ について以下が導かれる．

$$|y(t_0)| = \left| \int_0^{t_0} g(t_0 - \tau) u(\tau) \mathrm{d}\tau \right| = \int_0^{t_0} |g(t_0 - \tau)| \, \mathrm{d}\tau \geq \tilde{g} \tag{5.5}$$

ここで，$\tilde{g}$ は任意に大きく選ぶことができ，かつ $\tilde{g}$ に応じた (5.5) 式を満たす時刻 t_0 が必ず存在するため，出力 $y(t)$ は有界とはなり得ない．よって，必要性が証明できた． □

注意 5.1 システムのインパルス応答 $g(t)$ が $\sin(\omega t)$ となる場合，このシステムは BIBO 安定ではないことに注意されたい．具体的には，インパルス応答 $g(t)$ が $\sin(\omega t)$ 関数で与えられた場合，入力 $u(\tau)$ を有界入力である (5.4) 式と定めると（図 5.3 参照），$g(t-\tau)u(\tau)$ は上段の点線となり，$y\left(\frac{2\pi}{\omega}\right) = \int_0^{\frac{2\pi}{\omega}} g\left(\frac{2\pi}{\omega} - \tau\right) u(\tau)\mathrm{d}\tau = \frac{4}{\omega}$ が得られる．結局，時間 t_0 が正の整数 n を用いて $t_0 = \frac{2n\pi}{\omega}$ と表されるとき，$y(t_0) = \int_0^{t_0} g(t_0 - \tau)u(\tau)\mathrm{d}\tau = \frac{4n}{\omega}$ が得られる．よって，(5.4) 式に定めた入力を用いると，少なくとも $t_0 = \frac{2n\pi}{\omega}$ のときに $\lim_{t_0 \to \infty} y(t_0) = \lim_{n \to \infty} \int_0^{t_0} g(t-\tau)u(\tau)\mathrm{d}t = \infty$ となり有界ではないことが確認でき，$y(t)$ の有界性はいえない．なお，インパルス応答 $g(t)$ がこのような減衰しない振動を繰り返す場合，システムは**安定限界**であるという．

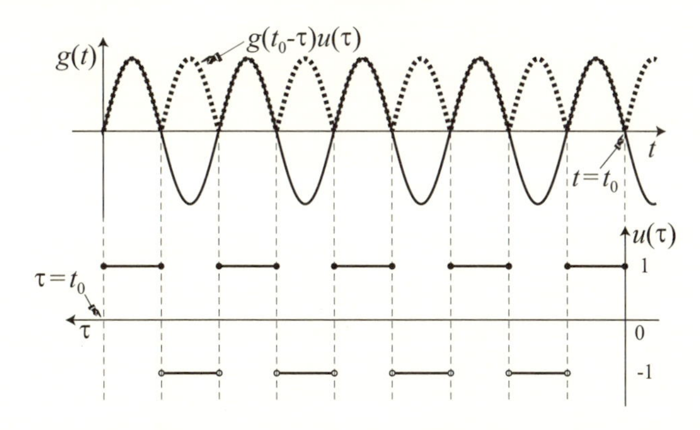

図 5.3 インパルス応答が sin 関数である場合の (5.4) 式に定めた入力と $g(t_0 - \tau)u(\tau)$

5.2 極と安定性の関係

前節では，BIBO 安定の定義とインパルス応答を用いた特徴付け（BIBO 安定であるための必要十分条件）を示した．しかし，対象システムのインパルス応答 $g(t)$ の絶対値 $|g(t)|$ の積分の有界性を確認して安定性を判別するのは非常に面倒である．そこで，インパルス応答を計算する必要がない安定性の確認方法を述べる．

定理 5.2（BIBO 安定であるための必要十分条件[3)]）
システム $G(s)$ が BIBO 安定であるための必要十分条件は「伝達関数 $G(s)$ のすべての極の実部が負」である．

この証明は，付録 C を参照されたい．
システム $G(s)$ の BIBO 安定性について以下にまとめる．

伝達関数

$$G(s) = \frac{n(s)}{d(s)} = \frac{b_m s^m + b_{m-1}s^{m-1} + \cdots + b_1 s + b_0}{a_n s^n + a_{n-1}s^{n-1} + \cdots + a_1 s + a_0}$$

の分母多項式である $d(s)$ の根 λ_i $(i = 1, \cdots, n)$ について，

- すべての根の実部が負，すなわちすべての根 λ_i $(i = 1, \ldots, n)$ が $\mathrm{Re}(\lambda_i) < 0$ を満たすならば，システム $G(s)$ は BIBO 安定である．
- 一方，根 λ_i $(i = 1, \ldots, n)$ の 1 つでも実部が零以上，すなわち $\mathrm{Re}(\lambda_i) \geq 0$ を満たすものが 1 つでも存在するならば，システム $G(s)$ は BIBO 安定ではない．

なお，原点を除く虚軸上の極（複素共役な極）が 1 位の極である場合は，システム $G(s)$ は安定限界であると呼ばれる．

5.3 安定判別法

前節までに，システム $G(s)$ の分母多項式の根の実部がすべて負であることと BIBO 安定性は等価であることがわかった．しかし，高次のシステムに対して，

次数の高い分母多項式を因数分解し，すべての根の実部を調べることは現実的ではない．そこで，分母多項式の係数のみから BIBO 安定性を判別する方法を紹介する．この方法には，**ラウスの安定判別法**と**フルヴィッツの安定判別法**がある[3)]が，ここでは後者のみを示す．前者に関しては，導出方法に関する説明が文献[5)]およびその参考文献に示されているので，それらを参考にしてほしい．

いま，分母多項式が n 次多項式であり，以下で与えられたとする．

$$d(s) = a_n s^n + a_{n-1} s^{n-1} + \cdots + a_1 s + a_0,\ a_n > 0 \tag{5.6}$$

ただし，最高次数の係数 a_n は正とする．もし，負の場合は "-1" を掛けて正にする．この分母多項式の表現に対して，対角要素が a_{n-1} から a_0 まで並ぶ以下の行列 $H \in \mathbb{R}^{n\times n}$ を定義する．

$$H \triangleq \begin{bmatrix} a_{n-1} & a_{n-3} & a_{n-5} & \cdots & \cdots & 0 & 0 & 0 \\ a_n & a_{n-2} & a_{n-4} & \cdots & \cdots & 0 & 0 & 0 \\ 0 & a_{n-1} & a_{n-3} & a_{n-5} & \cdots & 0 & 0 & 0 \\ 0 & a_n & a_{n-2} & a_{n-4} & \cdots & 0 & 0 & 0 \\ \vdots & \vdots & \vdots & \vdots & \ddots & \vdots & \vdots & \vdots \\ 0 & \cdots & \cdots & \cdots & \cdots & a_2 & a_0 & 0 \\ 0 & \cdots & \cdots & \cdots & \cdots & a_3 & a_1 & 0 \\ 0 & \cdots & \cdots & \cdots & \cdots & a_4 & a_2 & a_0 \end{bmatrix} \tag{5.7}$$

この行列に対して，1 行目から k 行目，および 1 列目から k 列目までの要素から構成した $k \times k$ の行列を k 次の主座小行列と呼び，H_k と表す．さらに，その行列式を k 次の主座小行列式と呼び，$|H_k|$ と表す．このとき，以下の定理が知られている．

定理 5.3（フルヴィッツの安定判別法[3)]）
$a_n > 0$ とする．このとき，(5.6) 式で与えられた n 次の多項式の根の実部がすべて負であるための必要十分条件は以下である．

$$|H_i| > 0,\ i \in \{1, 2, \ldots, n-1, n\} \tag{5.8}$$

定理 5.3 により，システムの極を求めることなく BIBO 安定性の確認ができる．なお，根の実部がすべて負である多項式を**フルヴィッツ多項式**と呼ぶ．

例題 5.1　分母多項式 $d(s)$ が $a_2s^2+a_1s+a_0$（ただし，$a_2>0$ とする）と与えられた 2 次のシステム $G(s)$ についてフルヴィッツ行列を求め，安定性の条件を確認する．

(5.7) 式のフルヴィッツ行列は以下に求められる．

$$H=\begin{bmatrix} a_1 & 0 \\ a_2 & a_0 \end{bmatrix} \tag{5.9}$$

よって，システム $G(s)$ が BIBO 安定であることと以下は等価である．

$$\begin{cases} |H_1|=a_1>0 \\ |H_2|=\begin{vmatrix} a_1 & 0 \\ a_2 & a_0 \end{vmatrix}=a_1a_0>0 \end{cases} \tag{5.10}$$

これは，$a_2>0$ の仮定を考えると，$a_2>0$，$a_1>0$，$a_0>0$ という「すべての係数が正」であることが，2 次のシステムの安定性と等価であることがわかる．

例題 5.2　次に，分母多項式 $d(s)$ が $a_3s^3+a_2s^2+a_1s+a_0$（ただし，$a_3>0$ とする）と与えられた 3 次のシステム $G(s)$ についてフルヴィッツ行列を求め，安定性の条件を確認する．

(5.7) 式のフルヴィッツ行列は以下に求められる．

$$H=\begin{bmatrix} a_2 & a_0 & 0 \\ a_3 & a_1 & 0 \\ 0 & a_2 & a_0 \end{bmatrix} \tag{5.11}$$

よって，システム $G(s)$ が安定であることと以下は等価である．

$$\begin{cases} |H_1|=a_2>0 \\ |H_2|=\begin{vmatrix} a_2 & a_0 \\ a_3 & a_1 \end{vmatrix}=a_2a_1-a_3a_0>0 \\ |H_3|=\begin{vmatrix} a_2 & a_0 & 0 \\ a_3 & a_1 & 0 \\ 0 & a_2 & a_0 \end{vmatrix}=a_2a_1a_0-a_0^2a_3>0 \end{cases} \tag{5.12}$$

5章 演習問題

基礎問題

問題 5.1 特性方程式が

(1) $s^2+2s+5=0$　　(2) $s^2-2s+5=0$

(3) $s^3+20s^2+9s+100=0$　　(4) $s^4+2s^3+3s^2+8s+2=0$

となるシステムの安定性をフルヴィッツの方法で判定せよ．

問題 5.2 つぎのシステムの極および零点を求めよ．また，システムの安定性を判断せよ．

(1) $\dfrac{5}{s+1}$　(2) $\dfrac{s-2}{s^2+5s+4}$　(3) $\dfrac{s+2}{(s^2+4s+6)(s-1)}$

問題 5.3 図 5.4 に図示したフィードバックを施したシステムを考える．ゲイン K の値を，$K=1,\ 1.5,\ 2$ と変化させたときの制御系の安定性を，フルヴィッツ法を用いて調べなさい．

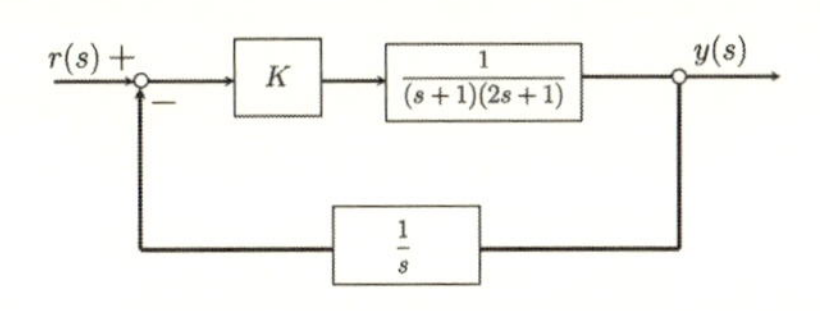

図 5.4 フィードバック系

応用問題

問題 5.4 図 5.5 のフィードバック制御系が安定となるためのパラメータ K の条件範囲を求めよ．ただし、$K>0$ である．

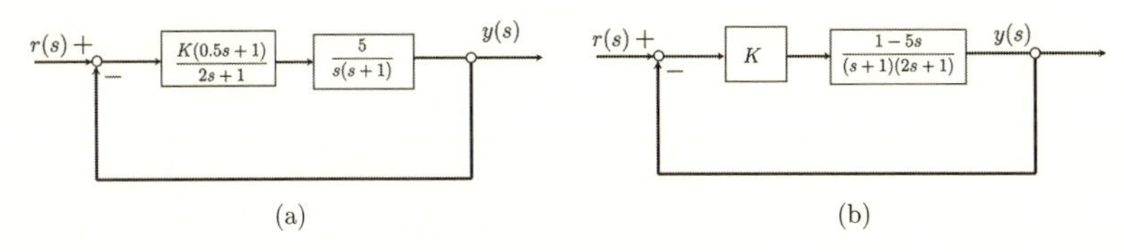

図 5.5 フィードバック系

問題 5.5　特性方程式が次のように表される制御系が安定となる a, b の範囲を求めよ．

(1) $as^4 + 3s^3 + (a+4)s^2 + 5s + b = 0$

(2) $as^3 + 4s^2 + (b+3)s + 6 = 0$

【5 章　演習問題解答】

〈問題 5.1〉 (1) 安定，(2) 不安定，(3) 安定，(4) 不安定

〈問題 5.2〉 (1) 極：-1，零点：なし，安定性：安定

(2) 極：$-1, -4$，零点：2，安定性：安定

(3) 極：$1, -2 \pm j\sqrt{2}$，零点：-2，安定性：不安定

〈問題 5.3〉 フィードバック系の伝達関数 $G(s)$ は

$$G(s) = \frac{K}{2s^3 + 3s^2 + s + K}$$

となり，特性方程式は $2s^3 + 3s^2 + s + K = 0$ である．フルヴィッツ行列 H は

$$H = \begin{bmatrix} 3 & K & 0 \\ 2 & 1 & 0 \\ 0 & 3 & K \end{bmatrix}$$

であり，$|H_1| = 3, |H_2| = 3 - 2K, |H_3| = K|H_2|$ のすべてが正であればフィードバック制御系は安定となる．すなわち，$0 < K < 1.5$ が安定となる K の範囲である．したがって，

$$K = 1：安定，\quad K = 1.5：安定限界，\quad K = 2：不安定$$

となる．

〈問題 5.4〉 (a) フィードバック系の伝達関数を $G(s)$ とすると

$$G(s) = \frac{2.5Ks + 5K}{2s^3 + 3s^2 + (2.5K+1)s + 5K}$$

であり，特性方程式は

$$2s^3 + 3s^2 + (2.5K+1)s + 5K = 0$$

となる．フルヴィッツ行列 H は

$$H = \begin{bmatrix} 3 & 5K & 0 \\ 2 & 2.5K+1 & 0 \\ 0 & 3 & 5K \end{bmatrix}$$

であることから, $|H_1| = 3 > 0$, $|H_2| = 3(2.5K+1)-10K > 0$, $|H_3| = K|H_2| > 0$ が安定条件となる．したがって，求める K の安定条件範囲は $0 < K < \dfrac{6}{5}$ となる．

(b) $G(s) = \frac{K(1-5s)}{2s^2+(3-5K)s+1+K}$ となり，特性方程式は

$$2s^2 + (3-5K)s + 1 + K = 0$$

である．2 次のシステムなのですべての係数が正であれば安定となる．よって，$-1 < K < \frac{3}{5}$ が安定条件となる．

〈問題 5.5〉(1) 特性方程式のすべての係数が正であるためには，$a > 0$, $b > 0$, $a + 4 > 0$ を満たす必要がある．さらにフルヴィッツ行列 H

$$H = \begin{bmatrix} 3 & 5 & 0 & 0 \\ a & a+4 & b & 0 \\ 0 & 3 & 5 & 0 \\ 0 & a & a+4 & b \end{bmatrix}$$

に対して，$|H_1| = 3 > 0$, $|H_2| = 3(a+4) - 5a > 0$,

$$|H_3| = \begin{vmatrix} 3 & 5 & 0 \\ a & a+4 & b \\ 0 & 3 & 5 \end{vmatrix} = -10a - 9b + 60 > 0,$$

$|H_4| = b|H_3| > 0$ なる安定条件式が得られる．よって，

$$\begin{aligned} &0 < a < 6 \\ &0 < b < \frac{10}{9}a + \frac{20}{3} \end{aligned}$$

を得る．

(2) 前問と同様にして，a, b の条件式をフルヴィッツ法により導出すると，$a > 0$, $b > -3$, $a < \frac{2}{3}b + 2$ が得られる．

6 システムの周波数応答

これまで3章や4章でステップ応答やインパルス応答など時間の経過とともに変化する様子を確認してきた．本章ではシステムへ周期的に変動する入力信号を印加した場合の定常的な応答に着目する．入力信号と観測された出力信号の振幅比や位相差の情報を利用すれば，システムの特性を効果的に把握することができる．

6.1 周波数伝達関数

いま，伝達関数 $G(s)$ で表されるシステムへ仮想的に振幅1かつ周波数（角周波数）ω の下記の複素正弦波入力を印加した場合を考えよう．

$$u(t) = e^{j\omega t} = \cos\omega t + j\sin\omega t \tag{6.1}$$

(6.1) 式を用いた場合の出力 $y(t)$ は，ラプラス変換を用いて表すと以下のように表すことができる．

$$y(s) = G(s)u(s), \quad u(s) = \frac{1}{s - j\omega} \tag{6.2}$$

ここで，$G(s)$ は安定かつ $G(s)$ の n 個の極 $p_i (i = 1, \ldots, n)$ はすべて $j\omega$ を含まず相異なるものとする．(6.2) 式を部分分数展開すると次のように展開できる．

$$y(s) = \frac{K_u}{s - j\omega} + \sum_{i=1}^{n} \frac{K_i}{s - p_i} \tag{6.3}$$

ここで，右辺第一項は入力の周波数に対応した応答であり，右辺第二項はシステムの極に対応した応答である．また，K_u と K_i $(i = 1, \ldots, n)$ は各項の係数である．さらに，(6.3) 式を逆ラプラス変換すると以下の時間応答が得られる．

$$y(t) = y_u(t) + y_p(t) \tag{6.4}$$

$$y_u(t) = K_u e^{j\omega t} \tag{6.5}$$

$$y_p(t) = \sum_{i=1}^{n} y_i(t), \quad y_i(t) = K_i e^{p_i t} \quad (i = 1, \ldots, n) \tag{6.6}$$

極 p_i は安定なので，その実部はすべて負のため

$$\lim_{t \to \infty} y_i(t) = 0 \quad (i = 1, \ldots, n) \tag{6.7}$$

となる．よって，$t \to \infty$ では複素正弦波入力に対応する応答（$y_u(t)$）のみとなる．ここで，係数 K_u はヘヴィサイドの展開定理より

$$K_u = (s - j\omega)G(s)\frac{1}{s - j\omega}\bigg|_{s=j\omega} = G(j\omega) \tag{6.8}$$

となることから，$t \to \infty$ での応答は以下となる．

$$y(t) = G(j\omega)e^{j\omega t} \tag{6.9}$$

上式の $G(j\omega)$ は**周波数伝達関数**と呼ばれ，伝達関数 $G(s)$ において $s = j\omega$ とした場合に相当する．

いま，

$$G(j\omega) = a(\omega) + jb(\omega) \tag{6.10}$$

とおくと複素平面上では $G(j\omega)$ は図 6.1 のように表すことができる．また，

$$G(j\omega) = |G(j\omega)|e^{j\phi(\omega)} \tag{6.11}$$

$$|G(j\omega)| = \sqrt{a^2(j\omega) + b^2(j\omega)}$$

$$\phi(\omega) = \angle G(j\omega) = \tan^{-1}\frac{b(\omega)}{a(\omega)}$$

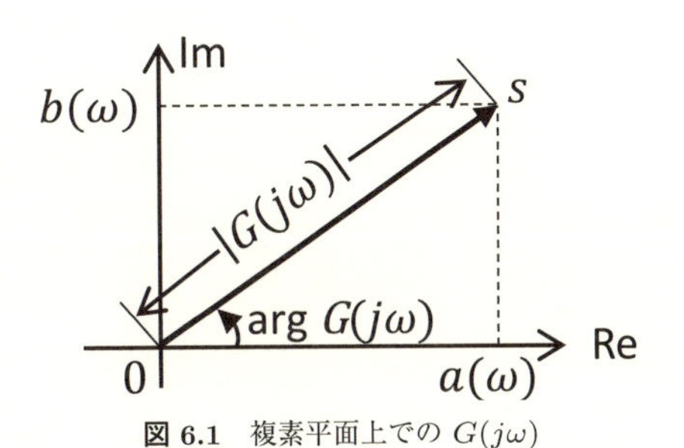

図 6.1 複素平面上での $G(j\omega)$

と表すこともできる．このとき，$|G(j\omega)|$ は角周波数 ω における伝達関数の**ゲイン**，偏角 $\phi(\omega) = \angle G(j\omega)$（$\arg G(j\omega)$）は**位相**と呼ばれる．

以上ではシステム $G(s)$ の極が $j\omega$（ω は入力の角周波数）を含まない場合について述べてきた．$G(s)$ の極が $j\omega$ を m 個含む（m 重根）場合の出力は適切な係数 c_i を用いて以下のように表される．

$$y_p = (c_0 + c_1 t + \cdots + c_m t^m)e^{j\omega t} \tag{6.12}$$

これは，時間とともに振幅が無限大となること（共振現象）を示している．なお，一般には c_i は複素数で与えられる．

例題 6.1 安定なシステム $G(s)$ に正弦波信号 $u(s) = A\frac{\omega}{s^2+\omega^2} = A\omega\frac{1}{s-j\omega}\frac{1}{s+j\omega}$ を印加すると，その応答は $t \to \infty$ で以下となる．

$$\begin{aligned} y(t) &= G(j\omega)e^{j\omega t}\frac{A\omega}{2j\omega} + G(-j\omega)e^{-j\omega t}\frac{A\omega}{-2j\omega} \\ &= |G(j\omega)|e^{j\phi(\omega)}e^{j\omega t}\frac{A}{2j} - |G(j\omega)|e^{-j\phi(\omega)}e^{-j\omega t}\frac{A}{2j} \\ &= |G(j\omega)|A\frac{e^{j(\omega t+\phi(\omega))} - e^{-j(\omega t+\phi(\omega))}}{2j} \\ &= |G(j\omega)|A\sin(\omega t + \phi(\omega)) \end{aligned} \tag{6.13}$$

これより，出力 $y(t)$ は同じ角周波数を持った正弦波になり，その振幅は入力 $u(t)$ の振幅のゲイン $|G(j\omega)|$ 倍され，位相は $G(j\omega)$ の偏角である $\phi(\omega) = \angle G(j\omega)$ ずれる．

6.2 周波数応答

いま，入力として振幅 A，角周波数 ω の正弦波

$$u(t) = A\sin\omega t \tag{6.14}$$

を安定なシステム $G(s)$ へ印加したときの応答を考えよう（図 6.2 参照）．十分時間の経過した定常状態では，その応答は例題 6.1 で示したように

$$y(t) = |G(j\omega)|A\sin(\omega t + \phi(\omega)) = B(\omega)\sin(\omega t + \phi(\omega)) \tag{6.15}$$

となる．このようにして得られた出力は周波数応答と呼ばれる．

例として以下の 2 つの伝達関数で表されるシステムの応答を考えてみよう．

$$G_1(s) = \frac{1}{2s+1} \tag{6.16}$$

$$G_2(s) = \frac{400}{s^2+8s+400} \tag{6.17}$$

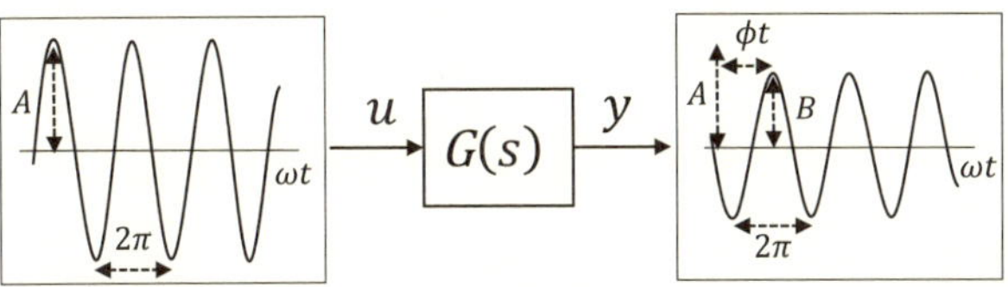

図 6.2　周波数応答

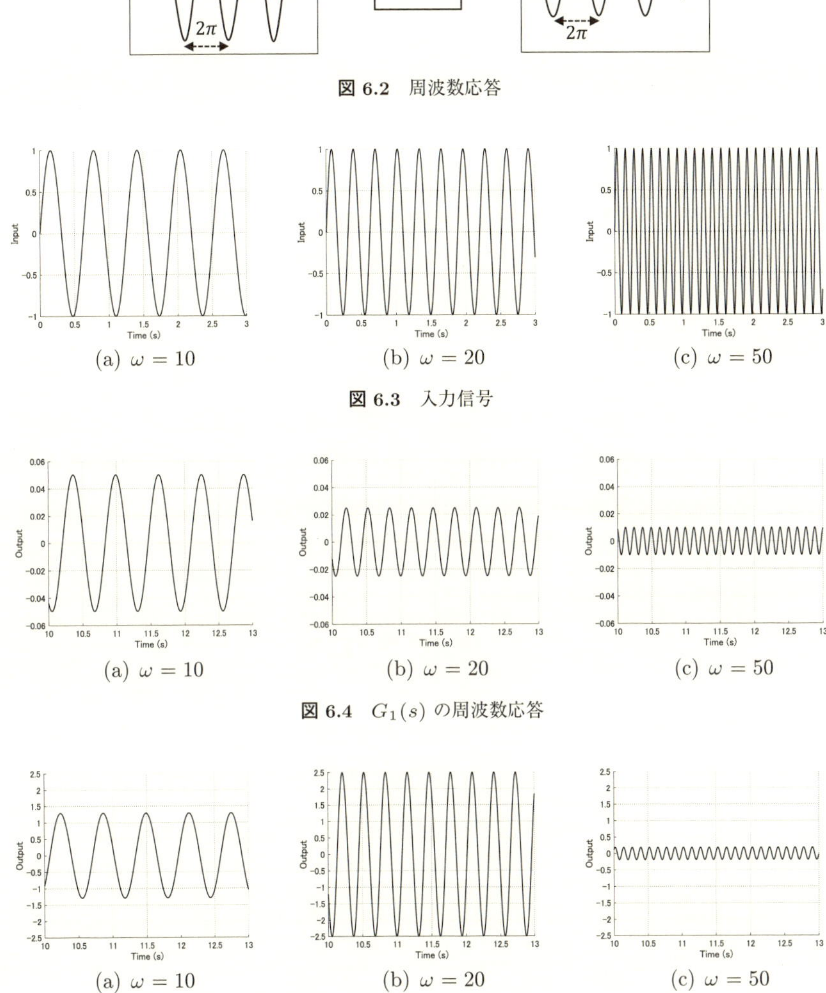

(a) $\omega = 10$　(b) $\omega = 20$　(c) $\omega = 50$

図 6.3　入力信号

(a) $\omega = 10$　(b) $\omega = 20$　(c) $\omega = 50$

図 6.4　$G_1(s)$ の周波数応答

(a) $\omega = 10$　(b) $\omega = 20$　(c) $\omega = 50$

図 6.5　$G_2(s)$ の周波数応答

上記のシステムに入力として $u(t) = \sin(\omega t)$ を印加する．このとき，ω を 10, 20, 50 [rad/s] としたときの入力信号は図 6.3 になる．$G_1(s)$ と $G_2(s)$ へ印加して十分時間が経過した応答をそれぞれ図 6.4 と図 6.5 に示す．

これらの図からわかるように，同じ正弦波信号を印加したとしても，システムの特性によって得られる出力応答は大きく異なることがわかる.

6.3　ベクトル軌跡とナイキスト軌跡

6.3.1　ベクトル軌跡

周波数伝達関数 $G(j\omega)$ は, 実部を $a(\omega)=\mathrm{Re}\{G(j\omega)\}$ と虚部を $b(\omega)=\mathrm{Im}\{G(j\omega)\}$ とおくと以下のように表すことができる.

$$G(j\omega) = a(\omega) + jb(\omega) \tag{6.18}$$

$G(j\omega)$ は, 与えられた角周波数 ω の値に応じて複素平面上を移動する. ω を 0 から $+\infty$ まで変化させたときに描かれるこの軌跡を**ベクトル軌跡**と呼ぶ [*1].

代表的な伝達関数のベクトル軌跡を述べる. ここで, ω が 0 から $+\infty$ までのベクトル軌跡と $-\infty$ から 0 のまでの軌跡は実軸を中心線として鏡合わせになることに注意されたい. 以下では ω を 0 から $+\infty$ まで変化させたベクトル軌跡を実線で, 0 から $-\infty$ まで変化させた軌跡を参考までに破線で示す.

a.　微　分　器

微分器の伝達関数は以下である.

$$G(s) = s \tag{6.19}$$

また, その周波数伝達関数は以下である.

$$G(j\omega) = j\omega \tag{6.20}$$

ゲインと位相はそれぞれ以下となる.

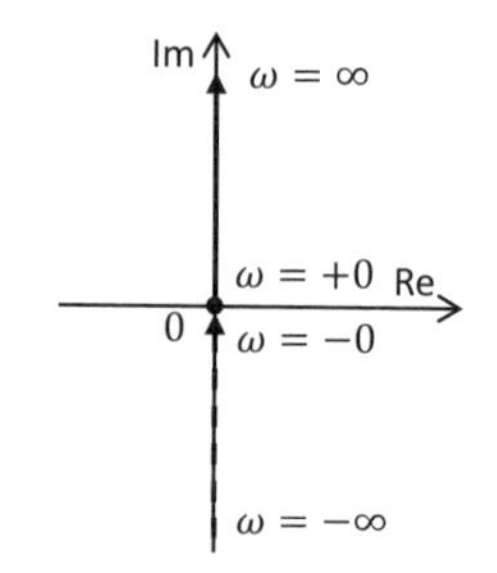

図 6.6　微分器のベクトル軌跡

$$|G(j\omega)| = \omega, \quad \angle G(j\omega) = \tan^{-1}(\infty) = 90^\circ$$

ゲインは ω に応じて増加するが, 位相は ω の値に関わらず常に 90° である. 微分器のベクトル軌跡を図 6.6 に示す. $\omega = 0$ の場合は原点にあり, ω が増加するにつれ虚軸上を正の方向に移動し, $\omega \to \infty$ で正の無限遠点へ向かう.

[*1] 制御工学では ω が $0 \to \infty$ の軌跡がわかればよいため, ω が 0 から $+\infty$ まで変化したときの軌跡をベクトル軌跡と呼んでいる. ただし, 書籍によっては, ω を $-\infty$ から $+\infty$ まで変化させたときの軌跡をベクトル軌跡と呼んでいるものもある.

b. 積　分　器

積分器の伝達関数と周波数伝達関数はそれぞれ以下の通りである．

$$G(s) = \frac{1}{s} \tag{6.21}$$

$$G(j\omega) = \frac{1}{j\omega} = -\frac{1}{\omega}j \tag{6.22}$$

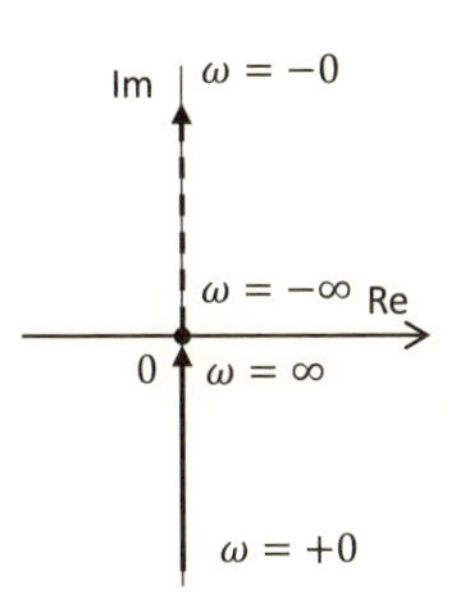

図 6.7 積分器のベクトル軌跡

周波数伝達関数よりゲインと位相はそれぞれ以下となる．

$$|G(j\omega)| = \frac{1}{\omega}, \quad \angle G(j\omega) = \tan^{-1}(-\infty) = -90^\circ$$

ゲインは $\omega = 0$ で ∞ であり，ω が増加するにつれ小さくなり，$\omega \to \infty$ で 0 へ収束する．また，位相は常に -90° である．よってベクトル軌跡は，$\omega \to +0$ で虚軸の負の方向の無限遠点にあり，ω の増加に伴い虚軸に沿って増加し，$\omega \to \infty$ で原点へ収束する．図 6.7 にその様子を示す．

c. 1次遅れ系

つぎの 1 次遅れ系を考えよう．

$$G(s) = \frac{1}{s+1} \tag{6.23}$$

周波数伝達関数は以下のようになる．

$$G(j\omega) = \frac{1}{j\omega + 1} = \frac{1}{1+\omega^2} - \frac{\omega}{1+\omega^2}j$$

このとき，ゲインと位相はそれぞれ以下のように得られる．

$$|G(j\omega)| = \frac{1}{\sqrt{1+\omega^2}}$$

$$\angle G(j\omega) = \tan^{-1}(-\omega)$$

いま，$\omega \geq 0$ における特徴的な軌跡上の点を求めてみよう．

$\omega = 0$ では，$|G(j\omega)| = 1$，$\angle G(j\omega) = 0^\circ$．

$\omega = 1$ では，$|G(j\omega)| = \frac{1}{\sqrt{2}}$，$\angle G(j\omega) = \tan^{-1}(-1) = -45^\circ$．

$\omega = \infty$ では，$|G(j\omega)| = 0$，$\angle G(j\omega) = \tan^{-1}(-\infty) = -90^\circ$．

また，実部を $x = \frac{1}{1+\omega^2}$，虚部を $y = -\frac{\omega}{1+\omega^2}$ とし，ω を消去すると次式を得る．

$$\left(x - \frac{1}{2}\right)^2 + y^2 = \left(\frac{1}{2}\right)^2 \quad (6.24)$$

以上から，$(\frac{1}{2}, 0)$ を中心として半径 $\frac{1}{2}$ の円上にあることがわかる．よって，ベクトル軌跡は図 6.8 のように半円となる．

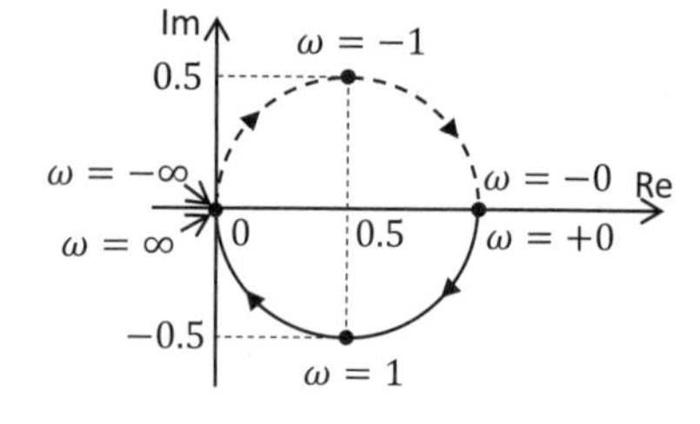

図 6.8 1 次遅れ系のベクトル軌跡

d. 2次遅れ系

以下の 2 次遅れ系を考えよう．

$$G(s) = \frac{\omega_n^2}{s^2 + 2\zeta\omega_n s + \omega_n^2} \quad (6.25)$$

$s = j\omega$ として変形すると，つぎの周波数伝達関数が得られる．

$$G(j\omega) = \frac{\omega_n^2}{(j\omega)^2 + 2\zeta\omega_n j\omega + \omega_n^2} = \omega_n^2 \frac{(-\omega^2 + \omega_n^2) - 2\zeta\omega_n\omega j}{(-\omega^2 + \omega_n^2)^2 + (2\zeta\omega_n\omega)^2}$$

この周波数伝達関数より，ゲインと位相は以下のように得られる．

$$|G(j\omega)| = \omega_n^2 \frac{1}{\sqrt{(-\omega^2 + \omega_n^2)^2 + (2\zeta\omega_n\omega)^2}}$$

$$\angle G(j\omega) = \tan^{-1} \frac{-2\zeta\omega_n\omega}{-\omega^2 + \omega_n^2}$$

$\omega \geq 0$ におけるベクトル軌跡の特徴点は，例えば以下のように得られる．

$\omega = 0$ では，$|G(j\omega)| = 1$, $\angle G(j\omega) = 0°$.

$\omega = \omega_n$ では，
$|G(j\omega)| = \frac{1}{2\zeta}$,
$\angle G(j\omega) = \tan^{-1}\left(\frac{-2\zeta\omega_n^2}{0}\right)$
$= \tan^{-1}(-\infty) = -90°$.

$\omega = \infty$ では，$|G(j\omega)| = 0$, $\angle G(j\omega) = \tan^{-1}(+0) = -180°$.

例として，図 6.9 に $\zeta = 0.4$, $\omega_n = 20$ の場合のベクトル軌跡を示す．

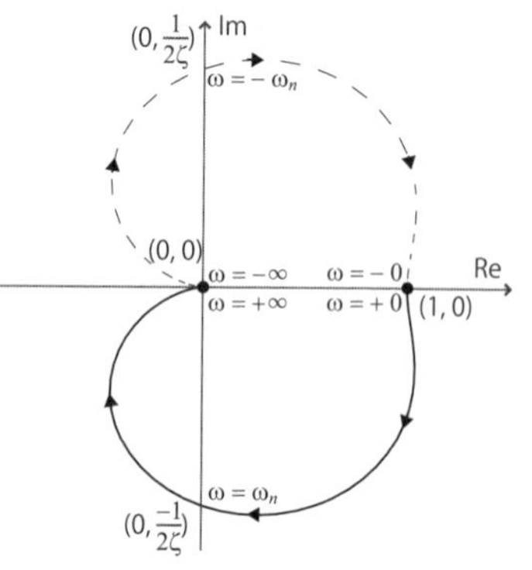

図 6.9 2 次遅れ系のベクトル軌跡

e.　伝達関数の直列結合

n 個の伝達関数が直列に結合されたつぎのシステムを考えよう.

$$G(s) = G_1(s)G_2(s)\cdots G_n(s) \tag{6.26}$$

このシステムの周波数伝達関数はつぎのようになる.

$$G(j\omega) = G_1(j\omega)G_2(j\omega)\cdots G_n(j\omega) \tag{6.27}$$

$G_i(j\omega)$ を極形式で表すと

$$G_i(j\omega) = |G_i(j\omega)|e^{j\angle G_i(j\omega)} \quad (i = 1, \ldots, n) \tag{6.28}$$

と表すことができる. よって, (6.27) 式は次式のように表すこともできる.

$$\begin{aligned} G(j\omega) &= |G_1(j\omega)|e^{j\angle G_1(j\omega)}|G_2(j\omega)|e^{j\angle G_2(j\omega)}\cdots|G_n(j\omega)|e^{j\angle G_n(j\omega)} \\ &= |G_1(j\omega)||G_2(j\omega)|\cdots|G_n(j\omega)|e^{j(\angle G_1(j\omega)+\angle G_2(j\omega)+\cdots+\angle G_n(j\omega))} \end{aligned} \tag{6.29}$$

以上から, ゲインは各要素の積として, 位相は各要素の和として表されることがわかる.

例題 6.2　つぎの伝達関数を持つシステムを考えよう.

$$G(s) = \frac{1}{s(Ts+1)} \tag{6.30}$$

$s = j\omega$ として, 以下の周波数伝達関数が得られる.

$$G(j\omega) = \frac{-j}{\omega}\cdot\frac{1-T\omega j}{(T\omega)^2+1} \tag{6.31}$$

これより, ゲインと位相はそれぞれ以下となる.

$$|G(j\omega)| = \frac{1}{\omega}\cdot\frac{1}{\sqrt{(T\omega)^2+1}} \tag{6.32}$$

$$\angle G(j\omega) = -90^\circ - \tan^{-1} T\omega \tag{6.33}$$

$\omega = 0$ では実部は $-T$ であり虚部は $-\infty$ であるが, ω が増加するにつれ虚軸の正の方向へ移動し, 徐々に原点へ収束している. また, そのときの位相は -180° である. よって, ベクトル軌跡は図 6.10 のようになる.

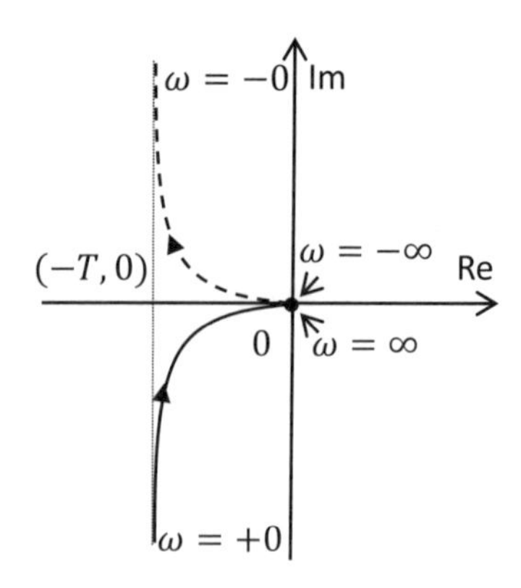

図 6.10　システム (6.30) のベクトル軌跡

6.3.2　ナイキスト軌跡 [*2)]

前節では，$G(j\omega)$ の ω の値を変化させた場合のベクトル軌跡について述べた．ここでは，s がナイキスト経路上を動いた場合に，$G(s)$ が複素平面上に描くナイキスト軌跡について述べる．ここで，ナイキスト経路とは図 6.11(a) に示すように，虚軸上と十分大きな半径を持つ右半平面の半円からなる閉曲線 C で描かれる経路である．ただし，$G(s)$ が虚軸上に極を持つ場合は，その極を中心とする十分小さな半径を右半平面上に回り込むこととする．虚軸上に零点がある場合も同様に右半平面上に回り込むことでその点を回避する．あるナイキスト経路に対するナイキスト線図の一例を図 6.11(b) に示す．

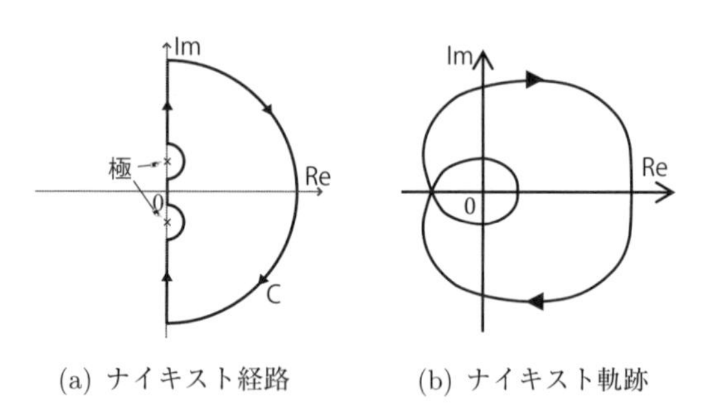

(a) ナイキスト経路　　(b) ナイキスト軌跡

図 6.11　ナイキスト経路とナイキスト軌跡

[*2)] 一般に，伝達関数がプロパーな有理関数で表される場合は，ナイキスト軌跡と ω を $-\infty$ から $+\infty$ まで変化させたときのベクトル軌跡は一致する．

例題 6.3　例題 6.2 ではベクトル軌跡について考えたが，ここでは (6.30) 式と同じ伝達関数を持つシステムのナイキスト軌跡を描いてみよう．

ナイキスト経路とナイキスト軌跡はそれぞれ図 6.12(a) と図 6.12(b) となる．これらは以下の順で描くことができる．

- $\omega = -\infty \to -0$：両図とも a から b へ移動
  ナイキスト経路： $-\infty$ から原点付近へ向けての経路
  ナイキスト軌跡： 原点から出発し，実部を $-T$ とする直線の $+\infty$ へ方向へ漸近，位相は $180°$ から $90°$ に変化する
- $\omega = -0 \to 0$：b から c を経由して d へ移動
  ナイキスト経路： 原点を避けながら，
  $C_0 = \{s = \rho e^{j\theta} \big| -\frac{\pi}{2} \leq \theta \leq \frac{\pi}{2}, \rho \to 0\}$
  の曲線上を移動
  ナイキスト軌跡： 半径 ∞ の円周上を時計周りに移動，位相は $90°$ から $-90°$ に変化する
- $\omega = +0 \to +\infty$：d から e へ移動
  ナイキスト経路： 虚軸上を $+\infty$ へ向かう経路
  ナイキスト軌跡： 実部を $-T$ とする直線の $-\infty$（無限遠点）から出発し，原点へ進む，位相は $-90°$ から $-180°$ へ変化する
- $\omega = +\infty \to -\infty$：$e$ から f へ移動
  ナイキスト経路： 半径 ∞ の円周上を $\omega = \infty$ から $\omega = -\infty$ まで時計方向

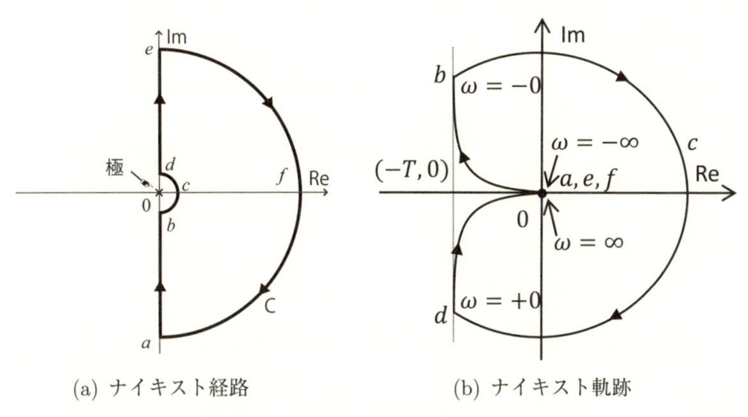

(a) ナイキスト経路　　(b) ナイキスト軌跡

図 6.12　システム 6.30 のナイキスト線図

へ回る

ナイキスト軌跡： 原点に留まる

6.4 最小位相系

プロパーで安定なシステムの零点がすべて安定である系は**最小位相系**と呼ばれる．以下で零点がすべて安定である系がなぜ最小位相系と呼ばれるか考えてみる．

6.4.1 全域通過関数

最小位相の意味を示すために，まず次式のようにすべての周波数でゲインが1となる**全域通過関数**について考える．

$$|G(j\omega)| = 1 \tag{6.34}$$

全域通過関数の例としては例えばつぎの伝達関数が考えられる．

$$G_a(s) = \frac{Ts-1}{Ts+1} \tag{6.35}$$

ここで，$T > 0$ である．$s = j\omega$ とすると (6.35) 式 の周波数伝達関数は以下のようになる．

$$G_a(j\omega) = \frac{Tj\omega-1}{Tj\omega+1} \tag{6.36}$$

(6.36) 式の分子多項式と分母多項式はそれぞれ以下のように書き換えられる．

$$\begin{aligned} Tj\omega - 1 &= \sqrt{(T\omega)^2+1}\left(\frac{-1}{\sqrt{(T\omega)^2+1}} + j\frac{T\omega}{\sqrt{(T\omega)^2+1}}\right) \\ &= \sqrt{(T\omega)^2+1}\, e^{-j\phi(\omega)},\ \phi(\omega) = \tan^{-1} T\omega \end{aligned} \tag{6.37}$$

$$\begin{aligned} Tj\omega + 1 &= \sqrt{(T\omega)^2+1}\left(\frac{1}{\sqrt{(T\omega)^2+1}} + j\frac{T\omega}{\sqrt{(T\omega)^2+1}}\right) \\ &= \sqrt{(T\omega)^2+1}\, e^{j\phi(\omega)} \end{aligned} \tag{6.38}$$

よって，周波数伝達関数は以下のように表すことができる．

$$G_a(j\omega) = \frac{Tj\omega-1}{Tj\omega+1} = e^{-2j\phi(\omega)} \tag{6.39}$$

すなわち，ゲインは $|G_a(j\omega)| = 1$ であり，全域通過関数となっていることがわかる．なお，位相は $\angle G_a(j\omega) = -2\phi(\omega) = -2\tan^{-1}(T\omega)$ である．全域通過関数の一例として (6.35) 式を示したが，一般には次式として表される伝達関数は，安定な全域通過関数となる．

$$G(s) = \frac{(s-p_1)(s-p_2)\cdots(s-p_n)}{(s+p_1)(s+p_2)\cdots(s+p_n)} \tag{6.40}$$

ここで，$p_j > 0$ であり，ω によらず $|G(j\omega)| = 1$ となる．

6.4.2 最 小 位 相

さて，以下の 2 つの安定なシステムを考えてみよう．

$$G_1(s) = \frac{s+2}{s^2+2s+2} \tag{6.41}$$

$$G_2(s) = \frac{s-2}{s^2+2s+2} \tag{6.42}$$

$G_2(s)$ は $G_1(s)$ を用いて以下のように書き換えられる．

$$G_2(s) = \frac{s+2}{s^2+2s+2}\frac{s-2}{s+2} = G_1(s)\frac{s-2}{s+2} \tag{6.43}$$

ここで，

$$\frac{j\omega-2}{j\omega+2} = \frac{\sqrt{\omega^2+4}\ e^{-j\tan^{-1}(\frac{\omega}{2})}}{\sqrt{\omega^2+4}\ e^{j\tan^{-1}(\frac{\omega}{2})}} = e^{-2j\tan^{-1}(\frac{\omega}{2})} \tag{6.44}$$

であることから，この伝達関数のゲインと位相は $G_1(s)$ のゲインと位相を用いて以下のように表すことができる．

$$|G_2(j\omega)| = |G_1(j\omega)| \tag{6.45}$$

$$\angle G_2(j\omega) = \angle G_1(j\omega) - 2\tan^{-1}\left(\frac{\omega}{2}\right) \tag{6.46}$$

2 つの伝達関数のゲインは同じであるが，$G_1(s)$ は $G_2(s)$ に比べ位相の遅れが $2\tan^{-1}(\frac{\omega}{2})$ だけ小さいことがわかる．図 6.13 に示すベクトル軌跡からも 2 つのシステムの振る舞いが異なる（$G_1(s)$ に対して $G_2(s)$ の位相が遅れている）ことがわかる．

以上の例のように零点がすべて安定となる安定な伝達関数は，同じゲイン特性を持つすべての伝達関数の中で $\omega > 0$ における位相の遅れが最小となるため，**最小位相系**と呼ばれる．

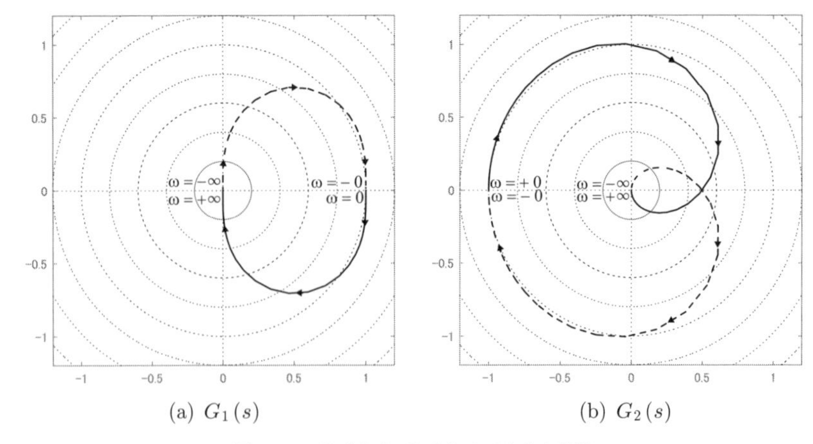

(a) $G_1(s)$　　(b) $G_2(s)$

図 6.13　$G_1(s)$ と $G_2(s)$ のベクトル軌跡

安定な伝達関数を全域通過関数と最小位相関数に分解する一般表現として，l 個の不安定零点を持つ安定な伝達関数を考える．

$$G(s) = \frac{(s - z_1)(s - z_2)\cdots(s - z_l)(s + z_{l+1})\cdots(s + z_m)}{(s + p_1)(s + p_2)\cdots(s + p_n)} \tag{6.47}$$

ここで，$z_i > 0$, $p_j > 0$, $m \leq n$ である．この伝達関数は以下のように全域通過関数 $G_I(s)$ と最小位相関数 $G_o(s)$ の積として表される．

$$G(s) = G_I(s)G_O(s) \tag{6.48}$$

$$G_I(s) = \frac{(s - z_1)(s - z_2)\cdots(s - z_l)}{(s + z_1)(s + z_2)\cdots(s + z_l)} \tag{6.49}$$

$$G_O(s) = \frac{(s + z_1)(s + z_2)\cdots(s + z_l)(s + z_{l+1})\cdots(s + z_m)}{(s + p_1)(s + p_2)\cdots(s + p_n)} \tag{6.50}$$

このとき，全域通過関数 $G_I(s)$ は**インナー関数**，最小位相関数 $G_O(s)$ は**アウター関数**とも呼ばれる．$G_I(s)$ は全域通過関数であるため，$G(s)$ と $G_O(s)$ のゲイン特性は一致する．

6章　演習問題

基 礎 問 題

問題 6.1　伝達関数 $G(s)$ が，$G(s) = \frac{K}{Ts+1}$ で与えられる系に，入力として $u(t) = A\sin\omega t$ なる正弦波を加えたときの定常状態における出力を求めよ．

問題 6.2　つぎの伝達関数 $G(s)$ に振幅 A, 周波数 ω の正弦波入力 $u(t) = A\sin\omega t$ が印加されたときの定常出力の振幅 B および位相 ϕ を求めよ．

$$G(s) = \frac{2}{3s+6},\ A = 6,\ \omega = 2$$

問題 6.3　1 次遅れ系 $G(s) = \frac{2}{3s+6}$ のベクトル軌跡を描け．

問題 6.4　つぎの伝達関数で表される系のナイキスト軌跡を描け．

$$G(s) = \frac{s+5}{s+1}$$

問題 6.5　伝達関数が

$$G(s) = \frac{10}{s(s+1)(s+5)}$$

で与えられるシステムを考える．以下の設問に答えよ．

(1)　$G(s)$ の周波数伝達関数を求めよ．

(2)　ゲイン $|G(j\omega)|$ を求めよ．

(3)　位相 $\angle G(j\omega)$ を求めよ．

(4)　入力に $\sin 2t$ を加えたときの定常状態における出力 $y(t)$ を求めよ．

(5)　ナイキスト軌跡の始点（$\omega = 0$ の点），終点（$\omega = \infty$ の点）および実軸と交わる点を求めよ．

応 用 問 題

問題 6.6　伝達関数 $G(s) = \frac{s+1}{s^2+5s+10}$ のベクトル軌跡 $(0 < \omega < +\infty)$ を描け．

問題 6.7　伝達関数が $G(s) = \frac{10}{(s+1)^4}$ のシステムを考える．以下の設問に答えよ．

(1)　このシステムの周波数伝達関数を示せ．

(2)　位相が -180° になる周波数 ω_p を求め，そのときの実軸との交点を求めよ．

(3)　ナイキスト軌跡の虚軸との交点，および始点，終点を求めよ．

【6 章　演習問題解答】

〈問題 6.1〉 周波数伝達関数 $G(j\omega)$ は

$$G(j\omega) = \frac{K}{1+T\omega j} = \frac{K}{1+(T\omega)^2} - j\frac{KT\omega}{1+(T\omega)^2}$$

となる．このときの定常出力は

$$y_s(t) = B\sin(\omega t + \phi)$$

ただし，

$$B = A|G(j\omega)| = \frac{AK}{\sqrt{1+(T\omega)^2}}\ ,\ \ \phi = \angle G(j\omega) = \tan^{-1}(-T\omega)$$

である．

〈問題 6.2〉 $G(s) = \frac{1/3}{0.5s+1}$ となる．前問 6.1 の結果を用いると

$$B = 6\frac{1/3}{\sqrt{(1)^2+1}} = \frac{2}{\sqrt{2}},\ \ \phi = \tan^{-1}(-1)$$

を得る．

〈問題 6.3〉

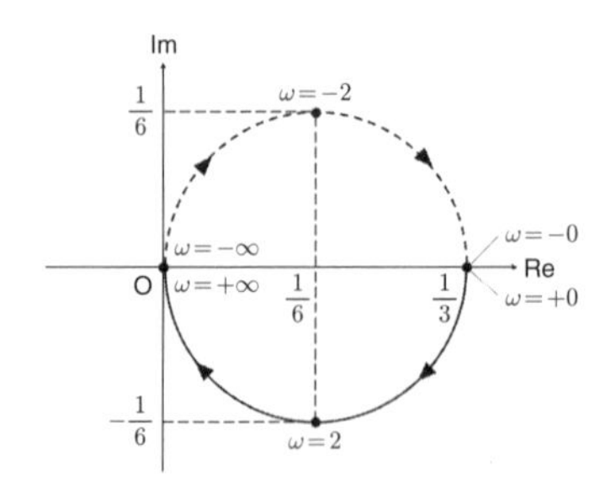

図 6.14　ベクトル軌跡

〈問題 6.4〉 $G(s) = 1 + \frac{4}{s+1}$ と表せるので，$G_1 = \frac{4}{s+1}$ とすると，$G(s) = 1 + G_1(s)$ である．$G_1(j\omega)$ のベクトル軌跡は，図 6.15(a) となる．$G(j\omega)$ のベクトル軌跡は $G_1(j\omega)$ のベクトル軌跡が実軸と平行に$+1$ 移動することになる．すなわち，図

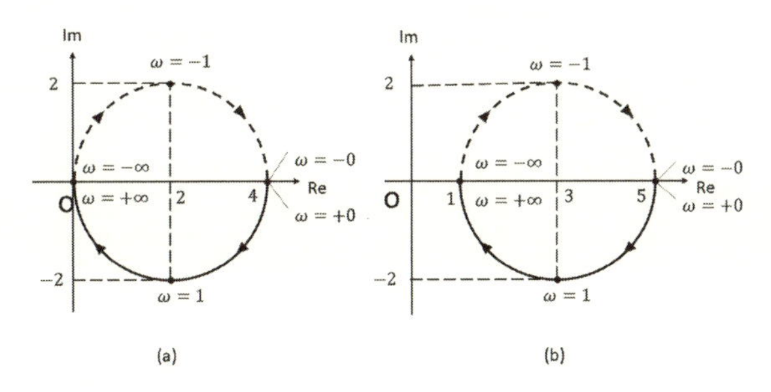

図 6.15 ベクトル軌跡

6.15(b) となる.

〈問題 6.5〉

(1) $G(j\omega)$ は次式となる.

$$G(j\omega) = \frac{10}{j\omega(1+j\omega)(5+j\omega)} = \frac{10\{-6\omega-(5-\omega^2)j\}}{\omega(1+\omega^2)(25+\omega^2)}$$
$$= -\frac{60}{(1+\omega^2)(25+\omega^2)} - j\frac{10(5-\omega^2)}{\omega(1+\omega^2)(25+\omega^2)}$$

(2) ゲイン $|G(j\omega)|$ は (1) より

$$|G(j\omega)| = \frac{10}{\omega(1+\omega^2)(25+\omega^2)}\sqrt{36\omega^2+(5-\omega^2)^2} = \frac{10}{\omega\sqrt{(1+\omega^2)(25+\omega^2)}}$$

となる.

(3) 位相 $\angle G(j\omega)$ は

$$\angle G(j\omega) = \tan^{-1}\frac{(5-\omega^2)}{6\omega}$$

となる.

(4) $\omega = 2$ より

$$|G(2j)| = \frac{10}{2\sqrt{145}} = \sqrt{\frac{5}{29}},\ \angle G(2j) = \tan^{-1}\frac{1}{12} \tag{6.51}$$

となる. したがって

$$y(t) = \sqrt{\frac{5}{29}}\sin\left(2t - \tan^{-1}\frac{1}{12}\right)$$

を得る.

(5) (1) の結果より, $\omega \geq 0$ の範囲でのベクトル軌跡の始点 $(\omega = 0)$ は

$$\mathrm{Re}(G(j0)) = -\frac{60}{25} = -2.4\ ,\quad \mathrm{Im}(G(j0)) = -\infty$$

となる．終点 $(\omega = +\infty)$ は

$$\mathrm{Re}(G(j0)) = \lim_{\omega \to +\infty} \frac{-60}{(1+\omega^2)(25+\omega^2)} = -0$$

$$\mathrm{Im}(G(j0)) = \lim_{\omega \to +\infty} \frac{-10(5-\omega^2)}{\omega(1+\omega^2)(25+\omega^2)} = +0$$

となる．また，$0 < \omega < \infty$ においてベクトル軌跡と実軸とが交わる点の座標は，$\mathrm{Im}(G(j\omega)) = 0$ が成り立つときであり，$\omega^2 = 5$ であるから

$$\mathrm{Re}(G(j\sqrt{5})) = \frac{-60}{6 \times 30} = -\frac{1}{3}$$

となる．すなわち，実軸との交点座標は $(-1/3, j0)$ である．

ちなみに，ベクトル軌跡は図 6.16 となる．なお同図 (a) は概形，(b) は原点近傍の拡大図である．

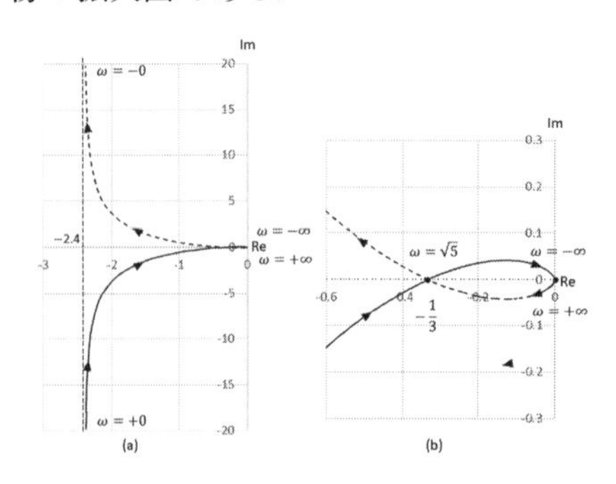

図 6.16　ベクトル軌跡

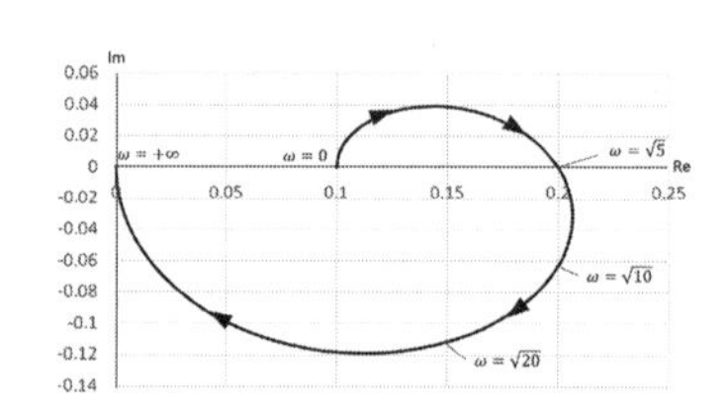

図 6.17　ベクトル軌跡

〈問題 6.6〉 ベクトル軌跡の概形は上図 6.17 となる．

〈問題 6.7〉

(1) $G(j\omega)$ は

$$G(j\omega) = \frac{10}{(j\omega+1)^4} = \frac{10(1-j\omega)^4}{(1+\omega^2)^4} = \frac{10(\omega^4 - 6\omega^2 + 1)}{(1+\omega^2)^4} - j\frac{40\omega(1-\omega^2)}{(1+\omega^2)^4}$$

となる．

(2) 位相が -180° となる周波数 ω_p では $\mathrm{Im}(G(j\omega)) = 0$ が成り立つことから，$\omega_p = 1$ である．このとき

$$\mathrm{Re}(G(j\omega_p)) = \frac{-40}{16} = -2.5$$

となり，実軸との交点は $(-2.5, j0)$ である．

(3) ベクトル軌跡が虚軸と交わるのは，$\mathrm{Re}(G(j\omega)) = 0$ が成立するときである．いま，$\omega^2 = \alpha$ とすると，$\omega^4 - 6\omega^2 + 1 = \alpha^2 - 6\alpha + 1$ であり与式 $= 0$ として 2 次方程式を解くことで，$\alpha = 3 - 2\sqrt{2}, 3 + 2\sqrt{2}$ なる 2 つの異なる実数解を得る．これより，$\omega_1 = \sqrt{3 - 2\sqrt{2}}$, $\omega_2 = \sqrt{3 + 2\sqrt{2}}$ の 2 つの周波数において虚軸と交わることがわかる．

$$\mathrm{Im}(G(j\omega))|_{\omega=\omega_1} = \frac{-40\sqrt{3 - 2\sqrt{2}}(-2 + 2\sqrt{2})}{(4 - 2\sqrt{2})^4} \fallingdotseq -7.286$$

$$\mathrm{Im}(G(j\omega))|_{\omega=\omega_2} = \frac{80\sqrt{3 + 2\sqrt{2}}(1 + 2\sqrt{2})}{(4 + 2\sqrt{2})^4} \fallingdotseq 0.2145$$

より，$(0, -7.286j)$ と $(0, 0.2145j)$ の 2 点である．

ベクトル軌跡の始点は，前問 (1) で導出した結果に $\omega = 0$ を代入して

$$\mathrm{Re}(G(j0)) = 10, \quad \mathrm{Im}(G_o(j0)) = 0$$

すなわち，実軸上の点 $(10, 0)$ であることがわかる．

ベクトル軌跡の終点は，

$$\mathrm{Re}(G(j\omega))|_{\omega\to+\infty} = \lim_{\omega\to+\infty} \frac{10(\omega^4 - 6\omega^2 + 1)}{(1 + \omega^2)^4} = 0$$

$$\mathrm{Im}(G(j\omega))|_{\omega\to+\infty} = \lim_{\omega\to+\infty} \frac{-40\omega(1 - \omega^2)}{(1 + \omega^2)^4} = 0$$

となることから原点 $(0, 0)$ である．

なお，ベクトル軌跡（ナイキスト軌跡）は次図 6.18 となる．なお，同図 (a) は全体図，(b) は原点近傍の軌跡を示している．

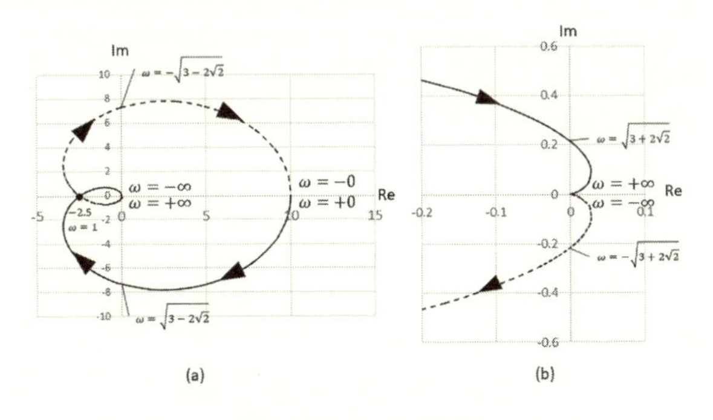

図 6.18　ベクトル軌跡

7 ボード線図

前章の周波数応答は印加される角周波数に応じてゲインと位相が変化することを学んだが，その特性を把握するためには周波数毎にゲインと位相を計算する必要があった．本章では，システムの周波数特性を表すもう 1 つの表記法である**ボード線図**について説明する．ボード線図は比較的容易に近似曲線を作図することができ，システムの基本的な特性を見た目で把握できる点で有用である．

7.1　ゲイン線図と位相線図

ボード線図は印加される角周波数の変化に応じたゲインの変化を図示した**ゲイン線図**と位相の変化を図示した**位相線図**の 2 つからなり，横軸は印加する入力の角周波数 ω [rad/s] が取られるが，一般に ω そのものではなく対数表示が用いられ，$\log_{10}\omega$ で表示される．そのため，横軸の刻み幅の 1 単位は 10 倍毎となり 1 デカード [dec] と呼ばれる．また，ゲイン線図の縦軸は $20\log_{10}|G(j\omega)|$ を表しており，単位はデシベル [dB] である．位相線図の縦軸は $\angle G(j\omega)$ [deg]（偏角：$\arg G(j\omega)$）である．

ボード線図の例として，つぎの伝達関数で表されるシステムのゲイン線図と位相線図を図 7.1 に示す．

$$G(s) = \frac{1}{(0.1s+1)(10s+1)} \tag{7.1}$$

この例では，ゲインは $\omega = 0$ [rad/s] 近傍の低周波数帯域では概ね 0 [dB] であり，$\omega = 0.1$ [rad/s] から $\omega = 10$ [rad/s] までの間は傾きが -20 [dB/dec] であり，$\omega = 10$ [rad/s] より高周波数帯域では傾きが -40 [dB/dec] となる．また，位相は低周波数帯域では概ね $0°$ であるが，周波数を増加させると徐々に遅れていき，

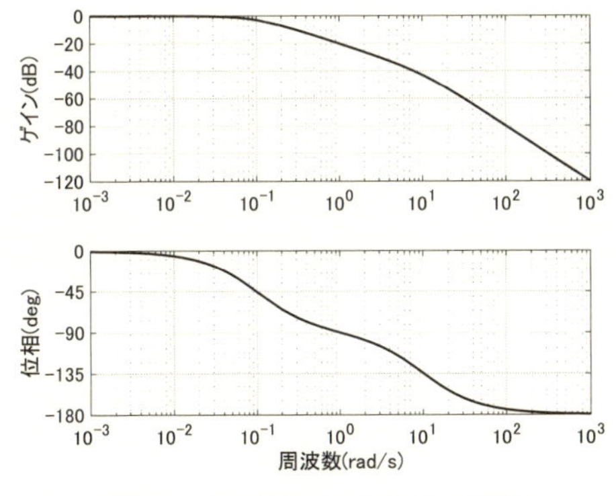

図 7.1 システム (7.1) のボード線図

最終的に $-180°$ へ収束する．

伝達関数が明示的に与えられれば，ボード線図を描画することができる．逆に，ボード線図が与えられれば伝達関数の性質を把握することができる．以下では基本的な伝達関数のボード線図について述べ，最後に一般的な伝達関数のボード線図について示す．

7.2 基本的なシステムのボード線図

7.2.1 積分と 1 次遅れ系

はじめに，以下の積分要素を考えよう．

$$G(s) = \frac{1}{Ts} \tag{7.2}$$

ここに，T は**積分時間**と呼ばれ正の定数である（13 章参照）．

この要素の周波数伝達関数，ゲイン，位相はそれぞれ以下のようになる．

$$G(j\omega) = \frac{1}{Tj\omega} = -\frac{j}{T\omega} \tag{7.3}$$

$$|G(j\omega)| = \frac{1}{\sqrt{(T\omega)^2}} = \frac{1}{T\omega} \tag{7.4}$$

$$\angle G(j\omega)| = \tan^{-1}\frac{-\frac{1}{T\omega}}{0} = \tan^{-1}(-\infty) = -90° \tag{7.5}$$

これより，ゲインは ω の増加に応じて減少し，位相は ω によらず $-90°$ で一定であることがわかる．$T = 0.1$, 1, 10 である場合のボード線図を図 7.2 に示す．ゲイン線図は傾きが -20 [dB/dec] であり，角周波数が $\omega = 1/T$ のとき 0 [dB] を

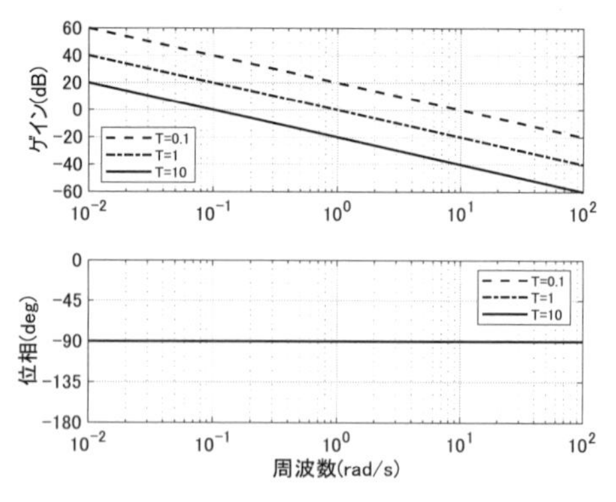

図 7.2　積分要素 (7.2) のボード線図

通る直線で表される．位相線図は T に関わらず常に $-90°$ で一定である．

つぎに以下の伝達関数で表される時定数が T である 1 次遅れ系を考えてみよう．

$$G(s) = \frac{1}{Ts+1} \tag{7.6}$$

このシステムの周波数伝達関数，ゲイン，位相はそれぞれ以下のようになる．

$$G(j\omega) = \frac{1}{Tj\omega+1} = \frac{1}{Tj\omega+1} \cdot \frac{-Tj\omega+1}{-Tj\omega+1} = \frac{-Tj\omega+1}{(T\omega)^2+1} \tag{7.7}$$

$$|G(j\omega)| = \frac{\sqrt{(T\omega)^2+1}}{(T\omega)^2+1} = \frac{1}{\sqrt{(T\omega)^2+1}} \tag{7.8}$$

$$\angle G(j\omega) = \tan^{-1}\left(\frac{-T\omega}{1}\right) = -\tan^{-1}(T\omega) \tag{7.9}$$

これより，ω が増加すればゲインが減少し，位相は遅れる傾向にあることがわかる．ボード線図を図 7.3 に示す．ただし，$T = 0.1,\ 1,\ 10$ としている．ゲイン線図は低周波領域ではほぼ 0 [dB] であるが，角周波数がおよそ $1/T$ のところから傾き -20 [dB/dec] で減少する．なお，実際には $\omega = 1/T$ の点では，ゲインはおよそ -3 [dB] となっている．位相線図は低周波領域ではほぼ $0°$ であり，角周波数の増加とともに遅れ，$\omega = 1/T$ で $-45°$ となる．このときの傾きは -45 [deg/dec] である．さらに，$\omega \to \infty$ で $-90°$ に収束する．

積分器と 1 次遅れ系では低周波領域での特性は異なるが，高周波領域ではゲインが傾き -20 [dB/dec] で減少することと位相が $-90°$ となる特性は同じである．

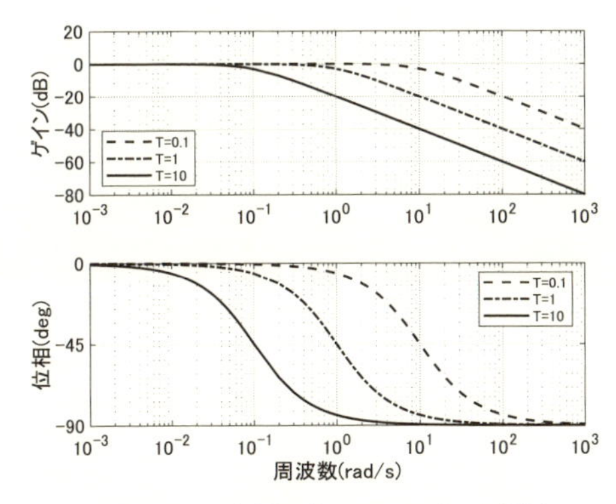

図 7.3　1 次遅れ系 (7.6) のボード線図

7.2.2　微分と近似微分

つぎの伝達関数で与えられる微分要素を考えよう．

$$G(s) = Ts \tag{7.10}$$

このときの T は，**微分時間**と呼ばれる（13 章参照）．

この微分要素の周波数伝達関数，ゲイン，位相はそれぞれ以下のようになる．

$$G(j\omega) = Tj\omega \tag{7.11}$$

$$|G(j\omega)| = \sqrt{(T\omega)^2} = T\omega \tag{7.12}$$

$$\angle G(j\omega)| = \tan^{-1}\left(\frac{T\omega}{0}\right) = \tan^{-1}(\infty) = 90^\circ \tag{7.13}$$

これより，ゲインは傾きが 20 [dB/dec] の直線となり，位相は ω によらず 90° で一定である．積分要素 (7.2) と比較すると，ゲインは逆数となり，位相は符号が反転している．$T = 0.1,\ 1,\ 10$ としたボード線図を図 7.4 に示す．このように微分要素の特性は積分要素の特性と逆の特性となることがわかる．

微分要素は一般には直接実現できず，また高周波成分のゲインが大きくなるため，微分要素を通る信号にノイズ等の高周波成分が含まれる場合はノイズの影響が増幅され悪影響を及ぼす．そこで実際には 1 次遅れ系を併用した以下の近似微分を利用する．

$$G(s) = \frac{s}{\delta s + 1} \tag{7.14}$$

ここで δ は設計パラメータであり小さければ小さいほど純粋な微分に近づく．図

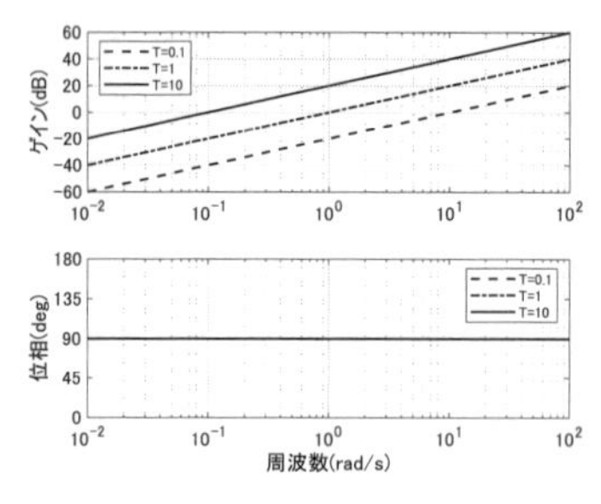

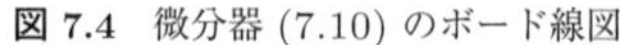
図 7.4　微分器 (7.10) のボード線図

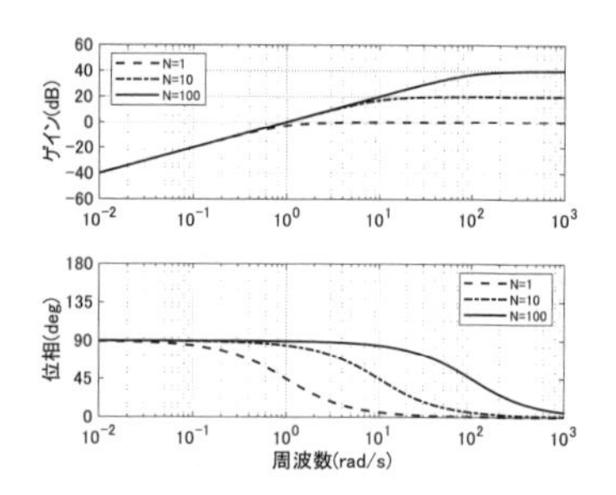

図 7.5　近似微分器 (7.14) のボード線図

7.5 に示すボード線図より，低周波領域では図 7.4 と同様の特性を示している．しかし，高周波領域になると 1 次遅れ要素の影響により，ゲインの増加は頭打ちになり，位相の進みは減少し $0°$ に収束する．この特性は δ の値によって調整できる．

7.2.3　逆系のボード線図

いま，(7.6) 式の伝達関数で表される 1 次遅れ系の逆系を考えよう．

$$G(s) = Ts + 1 \tag{7.15}$$

このシステムの周波数伝達関数，ゲイン，位相はそれぞれ以下となる．

$$G(j\omega) = Tj\omega + 1 \tag{7.16}$$

$$|G(j\omega)| = \sqrt{(T\omega)^2 + 1} \tag{7.17}$$

$$\angle G(j\omega)| = \tan^{-1}\left(\frac{T\omega}{1}\right) = \tan^{-1}(T\omega) \tag{7.18}$$

この場合も 1 次遅れ系 (7.6) と比較すると，ゲインは逆数となり，位相は符号が反転している．

つぎに一般的な逆系のボード線図を考えてみよう．

$$H(s) = G^{-1}(s) = \frac{1}{G(s)} \tag{7.19}$$

とおくと，周波数伝達関数，ゲイン，位相はそれぞれ以下のようになる．

$$H(j\omega) = \left(|G(j\omega)|e^{j\angle G(j\omega)}\right)^{-1} = \frac{1}{|G(j\omega)|}e^{-j\angle G(j\omega)} \tag{7.20}$$

$$|H(j\omega)| = \frac{1}{|G(j\omega)|} \tag{7.21}$$

$$\angle H(j\omega) = -\angle G(j\omega) \tag{7.22}$$

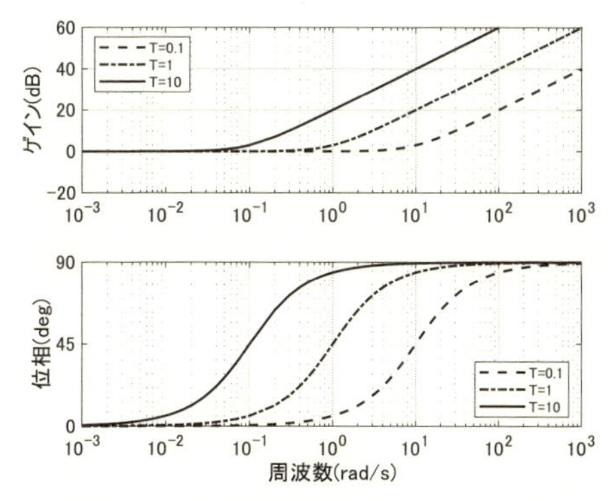

図 7.6 1 次遅れ系の逆系 (7.15) のボード線図

すなわち，$G(s)$ の逆系 $H(s)$ のゲインは $G(s)$ のゲインの逆数であり，位相は $G(s)$ の位相の符号を反転したものとなっている．

7.2.4 2 次 遅 れ 系

つぎの 2 次遅れ系を考えよう．

$$G(s) = \frac{\omega_n^2}{s^2 + 2\zeta\omega_n s + \omega_n^2} \tag{7.23}$$

このシステムの周波数伝達関数，ゲイン，位相はそれぞれ以下のようになる．

$$\begin{aligned} G(j\omega) &= \frac{\omega_n^2}{(j\omega)^2 + 2\zeta\omega_n j\omega + \omega_n^2} \\ &= \omega_n^2 \frac{(-\omega^2 + \omega_n^2) - 2\zeta\omega_n j\omega}{(-\omega^2 + \omega_n^2)^2 + (2\zeta\omega_n j\omega)^2} \end{aligned} \tag{7.24}$$

$$|G(j\omega)| = \frac{\omega_n^2}{\sqrt{(-\omega^2 + \omega_n^2)^2 + (2\zeta\omega_n\omega)^2}} \tag{7.25}$$

$$\angle G(j\omega)| = \tan^{-1} \frac{-2\zeta\omega_n\omega}{-\omega^2 + \omega_n^2} \tag{7.26}$$

この 2 次遅れ系のボード線図を図 7.7 に示す．ただし，$\omega_n = 1$ と固定し，ζ の値は 0.1, 0.5, 1.0, 1.5 と変化させた．ゲインは低周波領域では ζ の値に関わらずほぼ 0 [dB] であり，高周波領域では傾きが -40 [dB/dec] となる．周波数特性 (ゲイン特性) は固有角振動数 ($\omega = \omega_n$) 近傍で ζ の値により大きく異なり，$0 < \zeta < 1/\sqrt{2}$ の場合，$\omega = \omega_n\sqrt{1 - 2\zeta^2}$ で 0 [dB] を超える最大値（極値）となるが，$\zeta \geq 1/\sqrt{2}$ となる減衰係数比を持つシステムでは極値を持たない．位相は低周波領域では ζ の値に関わらず，ほぼ $0°$ であるが，周波数が増加するととも

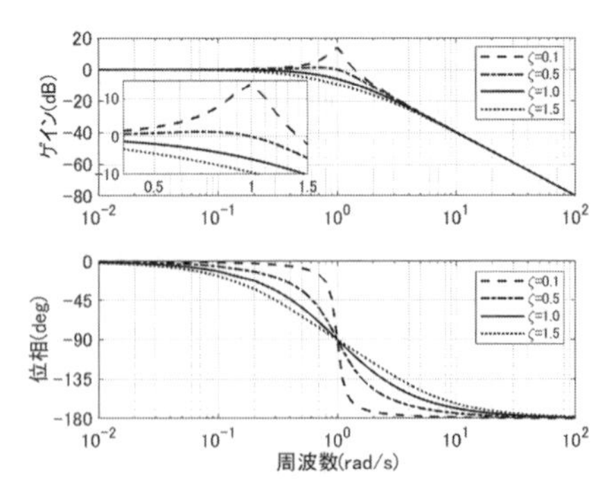

図 7.7 1 次進み系 (7.23) のボード線図

に位相が遅れ，$\omega = \omega_n$ の時に $-90°$ となり，$\omega \to \infty$ で $-180°$ へ収束する．位相の変化は周波数が ω_n 付近で ζ の値が小さいほど急激に変化する．

7.3 直列結合されたシステムのボード線図

前節までは基本的な伝達関数のボード線図について述べた．複雑なシステムの伝達関数は一般に構成要素の伝達関数の組み合わせとなる．ここでは，複数のシステムの直列結合からなるシステムのボード線図の考え方について述べる．最近では，ボード線図は様々なソフトウェアを用いて簡単に得られるため，ボード線図そのものの描画は容易となっている．ここでは基本的な伝達関数を組み合わせて表すことができる伝達関数のボード線図を簡易的に作図する方法について述べる．この方法を理解することで，ボード線図から対象の特性を読み解くことが可能となる．

7.3.1 直線近似によるボード線図の作図

1 次遅れ系とその逆系のボード線図を直線近似により作図する方法について述べる．1 次遅れ系 (7.6) において $T = 1$ とした場合のボード線図を図 7.8 に示す．

ゲインは以下のステップで近似的に作図できる．

Step 1 $\omega \ll 1/T$ では 0 [dB] の直線

Step 2 $1/T \ll \omega$ では傾き -20 [dB/dec] の直線

1 次遅れ系のゲイン線図は以上の 2 つの直線を用いて折れ線として近似すること

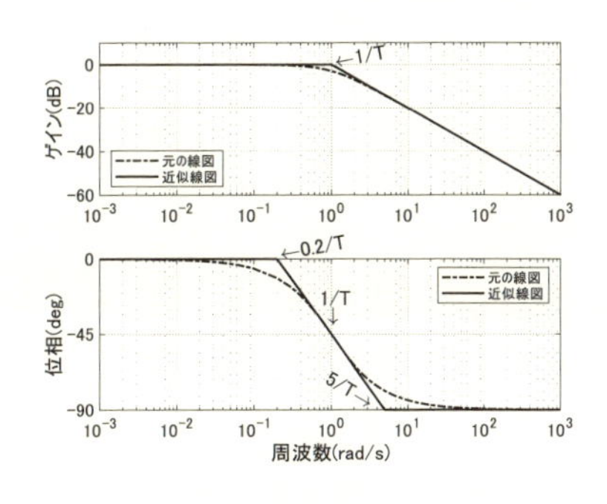

図 7.8 1 次遅れ系 (7.6)（$T = 1$）のボード線図と折れ線近似

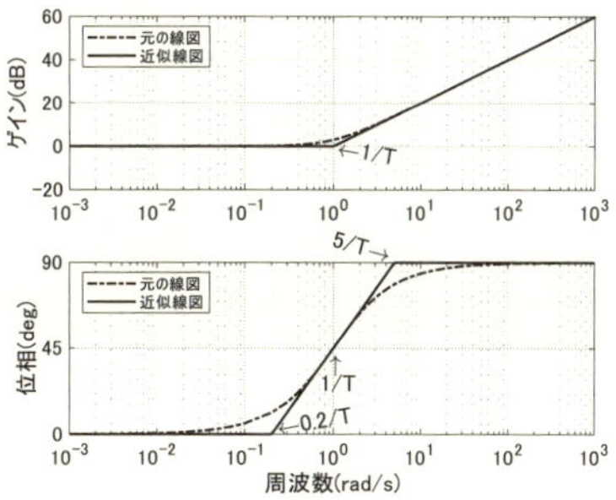

図 7.9 1 次遅れ系の逆系 (7.15)（$T = 1$）のボード線図と折れ線近似

ができる．ここで，直線が折れ曲がる点を**折れ点**，その角周波数 $1/T$ [rad/s] を**折れ点角周波数**と呼ぶ．

次に，位相は以下のステップで近似できる．

Step 1 $\omega \ll 0.2/T$ [rad/s] では $0°$ の直線

Step 2 $0.2/T$ [rad/s] と $5/T$ の間は $1/T$ [rad/s] を中心として $0°$ から $-90°$ までの直線

Step 3 $5/T \ll \omega$ [rad/s] では $-90°$ の直線

以上の 3 つの直線から位相線図が近似できる．

1 次遅れ系の逆系 (7.6) の概形は 1 次遅れ系を反転したものであり，1 次遅れ系と同様にして近似できる．図 7.9 に $T = 1$ の場合のボード線図と折れ線近似の図を示す．ゲインは $\omega \ll 1/T$ で 0 [dB] の直線と $1/T \ll \omega$ で 20 [dB/dec] の直線となる．

7.3.2 直列結合されたシステムのボード線図の作図

いま，つぎのような直列結合されたシステムを考えよう．

$$G(s) = G_1(s)G_2(s) \tag{7.27}$$

(6.29) 式より，このシステムの周波数伝達関数は

$$G(j\omega) = |G_1(j\omega)||G_2(j\omega)|e^{j(\angle G_1(j\omega)+\angle G_2(j\omega))} \tag{7.28}$$

と得られる．よって，ボード線図上のゲインは

$$\textbf{ゲイン:}\ 20\log_{10}|G(j\omega)| = 20\log_{10}|G_1(j\omega)||G_2(j\omega)|$$
$$= 20\log_{10}|G_1(j\omega)| + 20\log_{10}|G_2(j\omega)| \qquad (7.29)$$
$$\textbf{位相:}\ \angle G_1(j\omega) = \angle G_1(j\omega) + \angle G_2(j\omega) \qquad (7.30)$$

と求まる．結局，複数の基本的な伝達関数からなる直列結合されたシステムのボード線図は，基本的な伝達関数のゲインと位相をそれぞれ足し合わせることで作図することができる．

つぎの例題で，折れ線近似を利用してボード線図を作図してみよう．

例題 7.1　つぎの伝達関数を持つシステムを考えよう．

$$G(s) = \frac{10s+1}{s(0.1s+1)} \qquad (7.31)$$

この伝達関数のボード線図を図 7.10 に太い一点破線で示す．ここでは，折れ線近似を用いて太い実線として表されることを示す．

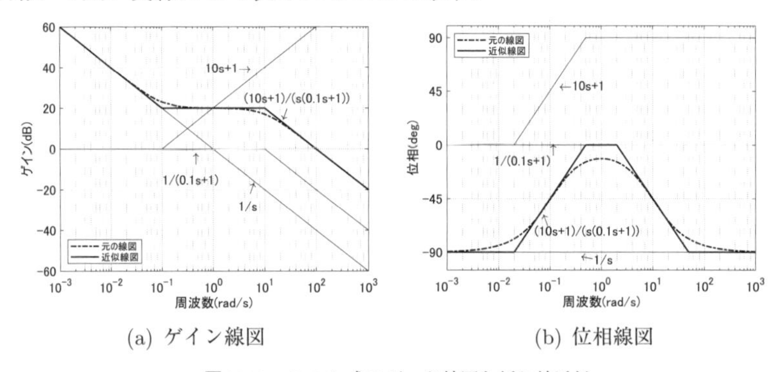

(a) ゲイン線図　　　(b) 位相線図

図 7.10　(7.31) 式のボード線図と折れ線近似

(7.31) 式を以下 3 つの伝達関数に分解して考える．

$$G_1(s) = 10s+1\ ,\ G_2(s) = \frac{1}{0.1s+1}\ ,\ G_3(s) = \frac{1}{s}$$

$G_1(s)$ のゲインは低周波領域では 0 [dB] の直線となるが，$1/T(=0.1)$ [rad/s] の時点から 20 [dB/dec] の直線に変化する．位相は，低周波領域では $0°$ の直線であり，$0.2/T(=0.02)$ [rad/s] から $5/T(=0.5)$ [rad/s] の間で $0°$ から $90°$ までの直線となる．また，$5/T(=0.5)$ [rad/s] より高周波領域は $90°$ の直線となる．

1 次遅れ系である $G_2(s)$ は $G_1(s)$ とは逆の特性となる．まず，ゲインは低周波領域では 0 [dB] の直線となるが，$1/T(=10)$ [rad/s] の時点から -20 [dB/dec]

の直線に変化する．次に，位相は低周波領域では 0° の直線であり，$0.2/T(=2)$ [rad/s] から $5/T(=50)$ [rad/s] の間で 0° から -90° までの直線となる．また，$5/T(=50)$ [rad/s] より高周波領域は -90° の直線となる．

$G_3(s)$ は積分系であるため，ゲインは $1/T(=1)$ [rad/s] を通る -20 [dB/dec] の直線であり，位相は -90° の直線である．

これらより，それぞれの線図を足し合わせることにより，全体のシステムのボード線図を図 7.10 のように簡単に作図することができる．

7.4　最小位相系のゲインと位相

前章でも述べたが，伝達関数のゲインが等しくとも位相が等しいとは限らない．以下の最小位相系と非最小位相系のシステムを考えてみよう．

$$G_1(s) = \frac{s+1}{s^2+s+1} \tag{7.32}$$

$$G_2(s) = \frac{-s+1}{s^2+s+1} \tag{7.33}$$

周波数伝達関数は以下のようになる．

$$G_1(j\omega) = \frac{1+j\omega}{1-\omega^2+j\omega} \tag{7.34}$$

$$G_2(j\omega) = \frac{1-j\omega}{1-\omega^2+j\omega} \tag{7.35}$$

これらの伝達関数のボード線図を図 7.11 に示す．ゲインは，$|1+j\omega| = |1-j\omega|$ であるため，$|G_1(j\omega)| = |G_2(j\omega)|$ であることがわかる．位相は以下のようになる．

$$\angle G_1(j\omega) = \angle(1+j\omega) - \angle(1-\omega^2+j\omega) \tag{7.36}$$

$$\angle G_2(j\omega) = \angle(1-j\omega) - \angle(1-\omega^2+j\omega) \tag{7.37}$$

これより，$\omega = 0$ では $\angle G_1(j\omega) = \angle G_2(j\omega) = 0^\circ$ であるが，ω が無限大に近づくにつれ $G_2(j\omega)$ の位相の遅れが大きくなることがわかる．

また，$G_2(s)$ は全域通過関数と $G_1(s)$ を用いて以下のように表せる．

$$G_2(s) = -\frac{s-1}{s+1}\frac{s+1}{s^2+s+1} = -\frac{s-1}{s+1}G_1(s) \tag{7.38}$$

上式からも $G_1(s)$ と $G_2(s)$ はゲインは同じであるが，$G_2(s)$ は $-\frac{s-1}{s+1}$ の位相分，すなわち，$-2\tan^{-1}(\omega)$ だけ位相が遅れることがわかる．

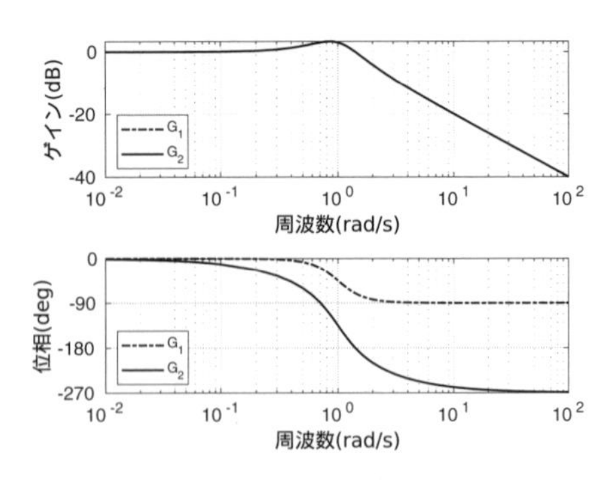

図 7.11　最小位相系と非最小位相系のボード線図

7章　演習問題

基 礎 問 題

問題 7.1　つぎの伝達関数で表される 2 次遅れ系のボード線図を折れ線近似で作成せよ.

$$G(s) = \frac{1}{(1+2s)(1+5s)}$$

問題 7.2　伝達関数 $G(s) = \frac{1}{s(s+1)}$ で表される系のボード線図を折れ線近似で描け.

問題 7.3　ある最小位相系のゲイン特性が折れ線近似で図 7.12 となる．この系の伝達関数を求めよ.

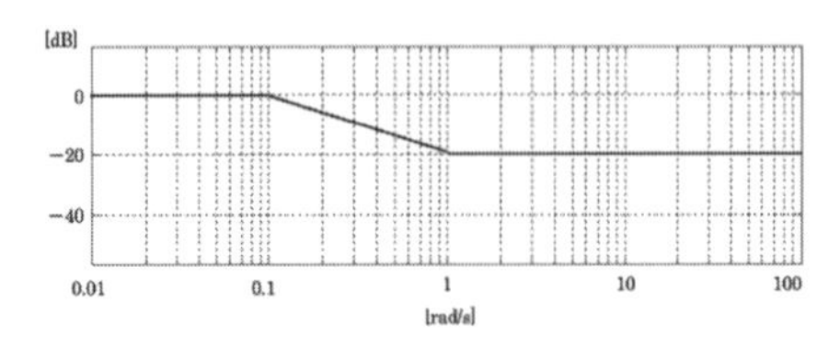

図 7.12　ボード線図（ゲイン特性の折れ線近似）

応 用 問 題

問題 7.4 ある最小位相系のゲイン特性が折れ線近似で図 7.13 となる．この系の伝達関数を求めよ．

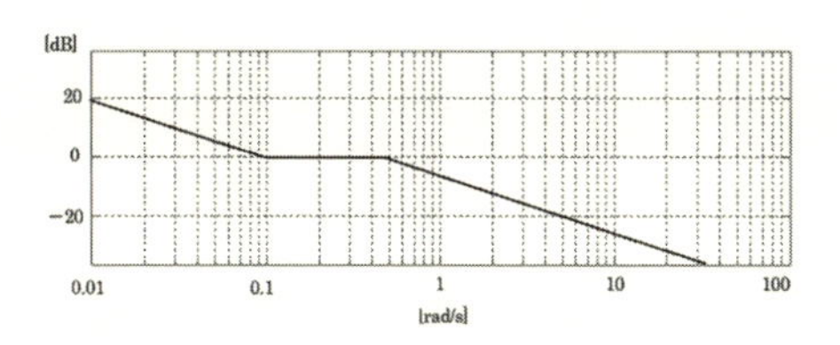

図 7.13 ボード線図（ゲイン特性の折れ線近似）

問題 7.5 図 7.14 のフィードバック制御系において $K = 2$ である場合の一巡伝達関数のゲイン線図を描け（フィードバック制御に関しては 8 章参照）．

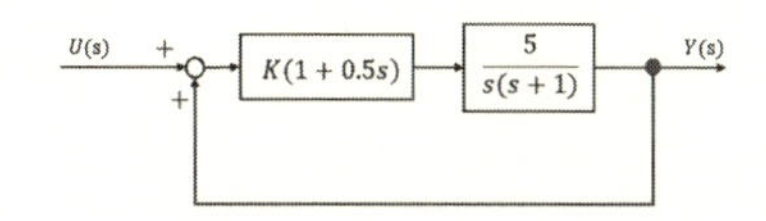

図 7.14 フィードバック制御系

【7 章 演習問題解答】

〈問題 7.1〉 $G(s) = G_1(s)G_2(s)$ ここに，$G_1(s) = \frac{1}{1+5s}$, $G_2(s) = \frac{1}{1+2s}$ とする．各要素の周波数特性（ボード線図）は，図 7.15 となる．ボード線図上で重ね合わせると $G(s)$ の周波数特性が得られ，図 7.16 となる．

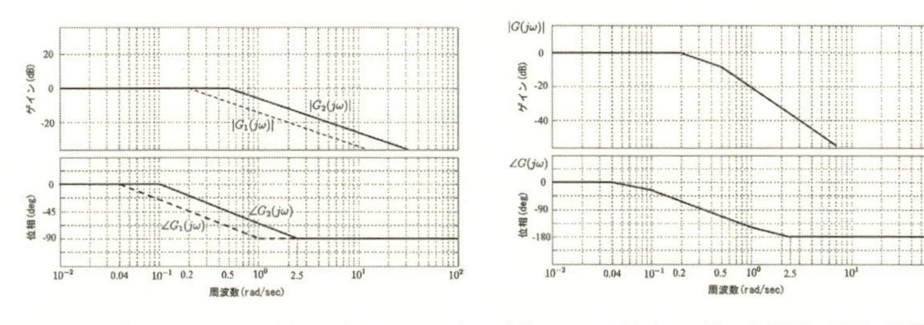

図 7.15 各要素のボード線図（折れ線近似） **図 7.16** $G(s)$ のボード線図（折れ線近似）

〈問題 7.2〉 $G(s)$ を $G(s) = G_1(s)G_2(s)$, $G_1(s) = \frac{1}{s}$, $G_2(s) = \frac{1}{s+1}$ と表すとき，$G_1(s)$ および $G_2(s)$ のボード線図（折れ線近似）は図 7.17 に示す破線および一点鎖線となる．これらを図上で重ね合わせると，図 7.18 の実線に示すように $G(j\omega)$

のボード線図（折れ線近似）が得られる．

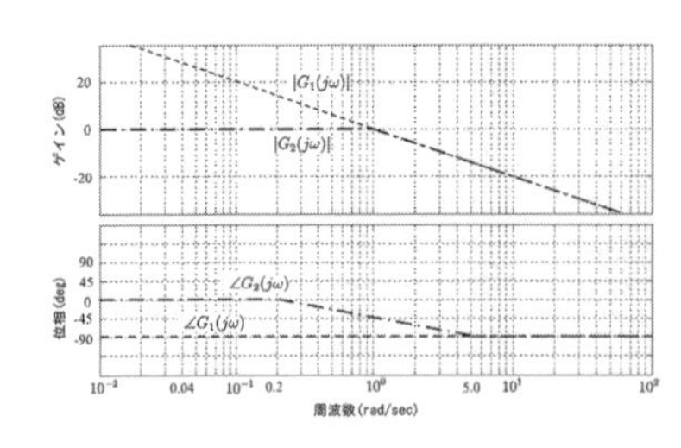

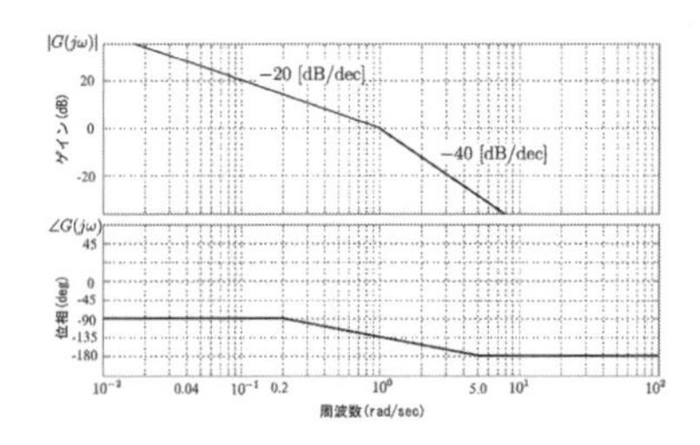

図 7.17　各要素のボード線図（折れ線近似）　**図 7.18**　$G(s)$ のボード線図（折れ線近似）

〈問題 7.3〉 この系の伝達関数 $G(s)$ は $G_1(s) = \frac{1}{1+10s}$ と $G_2(s) = 1 + s$ の直列結合で得られる．

$$G(s) = G_1(s)G_2(s) = \frac{1+s}{1+10s}$$

〈問題 7.4〉 この系の伝達関数を $G(s)$ とすると，以下の 3 要素（ゲイン要素，積分要素，1 次遅れ要素）による直列結合要素で表される．

$$G(s) = 0.1 \cdot \frac{1}{s} \cdot \frac{1}{2s+1} = \frac{0.1}{s(2s+1)}$$

〈問題 7.5〉 一巡伝達関数を $L(s)$ とすると，

$$L(s) = \frac{5K(1+0.5s)}{s(s+1)}$$

となる．$K = 2$ のとき

$$L(s) = G_1(s)G_2(s)G_3(s)G_4(s)$$
$$G_1(s) = 10,\ G_2(s) = 1 + 0.5s,\ G_3(s) = \frac{1}{s}, G_4(s) = \frac{1}{s+1}$$

と 4 つの直列要素に分解することができ，各要素のボード線図は図 7.19 となる．

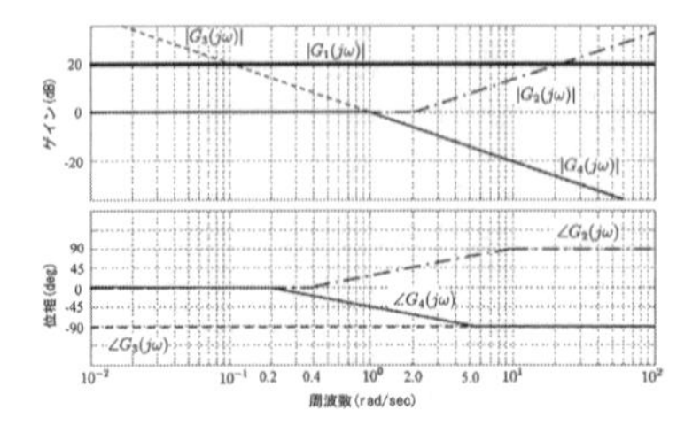

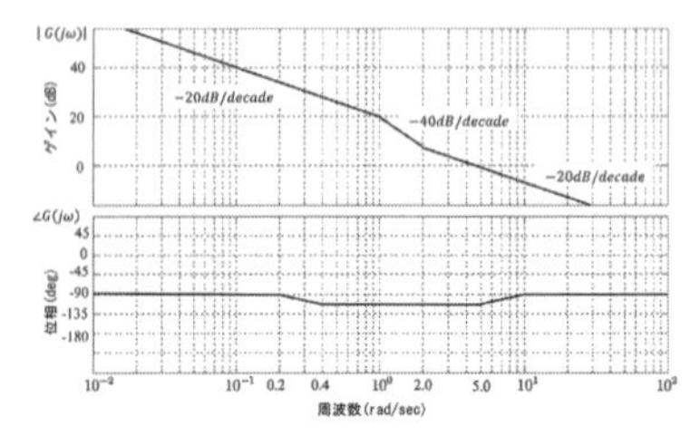

図 7.19　各要素のボード線図（折れ線近似）　**図 7.20**　$L(s)$ のボード線図（折れ線近似）

8 フィードバック制御とフィードフォワード制御

制御の対象となるシステムは，システムを駆動するアクチュエーターに制御信号（制御入力）を印加し，アクチュエーターを適切に動作させることにより制御される．よって，図 8.1 に示すように一般にアクチュエーターを含めたシステム全体が制御対象システムとなる．

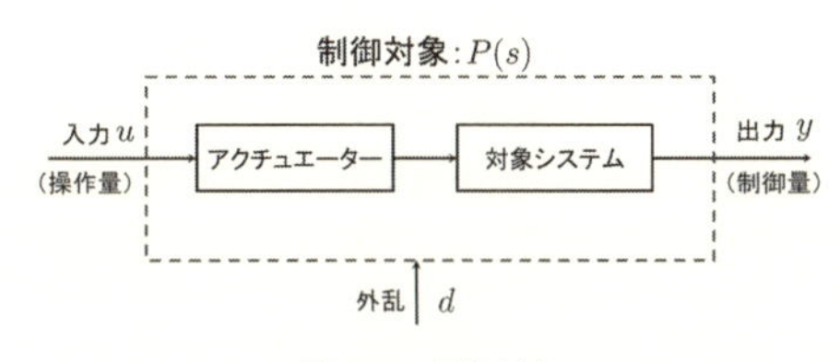

図 8.1　制御対象

制御の目的は，大きく分けてつぎの 4 つの目的がある．

1. 適切な制御器を設計することで構成された制御系を安定化する．
2. ある設定された目標値に出力（制御量とも呼ばれる）を追従させる．
3. 外乱の影響を抑える．
4. 制御対象の特性の変化（経年変化や環境の変化など）の影響を抑える．

本章では，上記の制御目的を達成するための制御系の基本構成である**フィードフォワード制御**と**フィードバック制御**について概説する．

8.1　フィードフォワード制御

8.1.1　フィードフォワード制御の構成

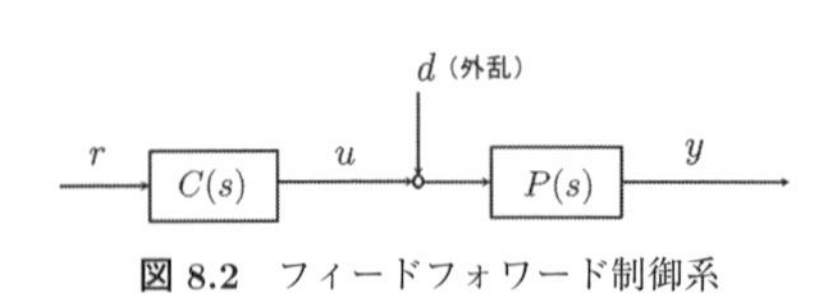

図 8.2　フィードフォワード制御系

フィードフォワード制御は，図 8.2 に示すように，制御器（コントローラ）$C(s)$ を制御対象 $P(s)$ に対して直列に施し，目標値 $r(t)$ に出力 $y(t)$ を追従させる制御手法である．すなわち，$y(t)=r(t)$ となる $C(s)$ を設計することが制御系設計の目的となる．図 8.2 のように構成されたフィードバック結合を持たない制御系は**開ループ制御系**とも呼ばれる．

8.1.2　フィードフォワード制御の解析

a.　外乱：$d(t)=0$（$d(s)=0$）のとき

$d(s)=0$ のとき，フィードフォワード制御により構成された制御系は

$$y(s)=P(s)C(s)r(s) \tag{8.1}$$

と表される．このときの $P(s)C(s)$ は**開ループ伝達関数**と呼ばれる．この開ループ伝達関数が例えば $P(s)C(s)=1$ となるように，すなわち，$C(s)=P(s)^{-1}$ と設計できれば目的は達成できる．問題は，$C(s)=P(s)^{-1}$ と設計することがいつでも可能か，ということである．当然，構成された開ループ制御系は安定でなければならない．言い換えると，$P(s)C(s)=1$ となるように設計された $C(s)$ を持つ開ループ伝達関数 $P(s)C(s)$ が安定かという問題になる．$P(s)C(s)$ が安定になるのであれば，$C(s)=P(s)^{-1}$ と設計すれば，目標値追従は達成される．なお，$C(s)$ は，開ループ伝達関数 $P(s)C(s)$ が理想の特性 $G_o^*(s)$ を持つように，すなわち，$P(s)C(s)=G_o^*(s)$ と設計されてもよい．この場合は，$C(s)=P(s)^{-1}G_o^*(s)$ と設計でき，かつ，$P(s)C(s)$ が安定であれば目的が達成できる．

開ループ伝達関数 $P(s)C(s)$ の安定性について，以下の例題で考えてみよう．

例題 8.1　いま，図 8.2 において $d\equiv 0$ とした開ループ制御系を考えよう．

対象システムの伝達関数および開ループの理想伝達関数がそれぞれ

$$P(s) = \frac{1}{s-1}, \quad G_o(s)^* = \frac{1}{s+1} \tag{8.2}$$

と与えられているとする．$P(s)C(s) = G_o^*(s)$ を達成するフィードフォワード制御器 $C(s)$ は

$$C(s) = P(s)^{-1}G_o^*(s) = \frac{s-1}{s+1} = 1 - \frac{2}{s+1} \tag{8.3}$$

と設計できる．このとき，構成される開ループ $P(s)C(s)$ は安定かどうか調べてみよう．当然，

$$P(s)C(s) = \frac{1}{s-1} \cdot \frac{s-1}{s+1} = \frac{1}{s+1}$$

なので，見かけ上は安定である．

ここで，対象とする制御系を微分方程式で記述してみよう．(8.3) 式より，

$$\begin{aligned}
&y(s) = P(s)u(s)\\
&u(s) = C(s)r(s) = (1 - C_1(s))r(s) = r(s) - x(s),\ C_1(s) = \frac{2}{s+1}\\
&x(s) = C_1(s)r(s)
\end{aligned}$$

と表されることを考慮すると，

$$\begin{aligned}
&\dot{y}(t) = y(t) + u(t),\ y(0) = y_0\\
&u(t) = r(t) - x(t)\\
&\dot{x}(t) = -x(t) + 2r(t),\ x(0) = x_0
\end{aligned}$$

を得る．上式をラプラス変換して，入力 $r(s)$ から出力 $y(s)$ までの関係を求めると

$$\begin{aligned}
y(s) =& \frac{y_0}{s-1} - \frac{x_0}{(s-1)(s+1)} + \frac{1}{s+1}r(s)\\
=& \frac{y_0}{s-1} - \frac{1}{2}\frac{x_0}{s-1} + \frac{1}{2}\frac{x_0}{s+1} + \frac{1}{s+1}r(s)
\end{aligned} \tag{8.4}$$

を得る．よって，これを逆ラプラス変換することで出力 $y(t)$ の挙動がつぎのように得られる．

$$y(t) = (y_0 - \frac{1}{2}x_0)e^t + \frac{1}{2}x_0e^{-t} + \int_0^t e^{-\tau}r(t-\tau)d\tau \tag{8.5}$$

明らかに $y_0 - \frac{1}{2}x_0 = 0$ でない限り $y(t)$ は発散する．よって，見かけ上安定と見えるこのシステムは，実際は不安定であることがわかる．

上記の例のように，2 つの伝達関数間の関係により，結合されたシステムは見かけ上は安定でも不安定になる場合があるので，制御器は注意して設計しなければならない．詳しくは後述の 8.2 節を参照されたい．

b. 外乱：$d(t) \neq 0$（$d(s) \neq 0$）のとき

図 8.2 において，$d \neq 0$ のとき，フィードフォワード制御により構成された制御系は，

$$y(s) = P(s)C(s)r(s) + P(s)d(s) \tag{8.6}$$

と表される．明らかに外乱 $d(s)$ が未知である場合，$C(s)$ を $P(s)C(s)$ が希望する特性を持つように設計していても $d(s)$ の影響は抑制できない．すなわち，一般にフィードフォワード制御では外乱は抑制できないことがわかる．なお，外乱が観測でき直接制御入力の設計に利用できる場合は，その観測した外乱を用いて外乱を打ち消す適切な補償器を設計することでフィードフォワード制御により外乱を抑制できるが，一般には外乱は未知であるので，外乱が存在する場合はフィードフォワード制御のみにより出力を目標値に追従させることはできない．

8.2　極・零消去（極・零相殺）

例題 8.1 で示したように，結合されたシステムでは，見かけ上の伝達関数は安定でも実際は不安定となる場合がある．これは不安定な極が不安定な零点により消去されたためである．例題 8.1 では $s = 1$ の不安定極が零点により**極・零相殺**（**極・零消去**）され，見かけ上安定に見えている．このように伝達関数において零点により相殺された極を**影のモード**という．影のモードが不安定なら，見かけ上の伝達関数が安定でもシステムは不安定となる．逆に，極・零消去が起こっても相殺された極が安定であれば，その影のモードが存在してもそのシステムは安定である．

さて，前節で示したようにフィードフォワード制御器 $C(s)$ は，希望する制御系特性を $G_o^*(s)$ とすると $C(s) = P(s)^{-1}G_o^*(s)$ と設計できる．上述の極・零消去の議論から，このフィードフォワード制御器が設計できるためには，少なくとも制御対象 $P(s)$ は最小位相でなければならないことがわかる．

なお，極・零消去は伝達関数の直列結合以外にも並列結合やフィードバック結合の場合にも起こり得る．

図 8.3 のように 2 つのシステムが結合されている場合，$G_1(s)$ と $G_2(s)$ とで極・零消去が起きていなければ

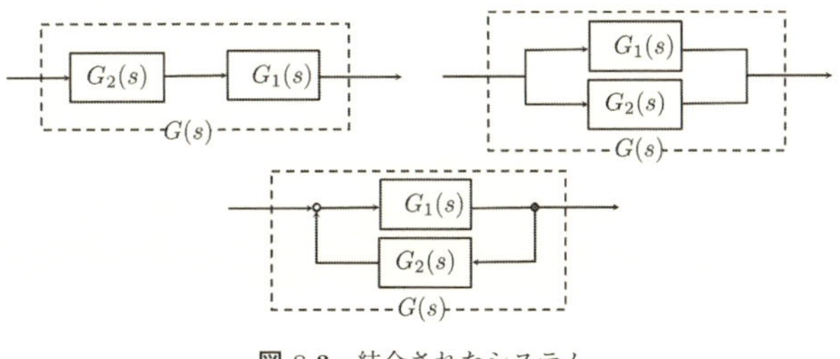

図 8.3　結合されたシステム

$$G(s)\ \text{の次数} = G_1(s)\ \text{の次数} + G_2(s)\ \text{の次数}$$

が成り立つので，それぞれの次数を把握することで，構成されたシステムにおいて極・零消去が起こっているかどうか判断できる．

8.3　フィードバック制御

前節で述べたフィードフォワード制御は，目標値のみに応じて印加する制御入力が決まるので速応性という観点では優れた制御である．しかし，対象システムが不安定であったり，不確かさや未知外乱が存在する場合は，フィードフォワード制御のみでは出力を目標値に追従させることはできない．このような場合は，図 8.4 に示すような出力（または追従誤差）をフィードバックして制御系を構成する**フィードバック制御**により制御系を設計するのが基本となる．このとき，構成された制御系は**閉ループ制御系**とも呼ばれる．

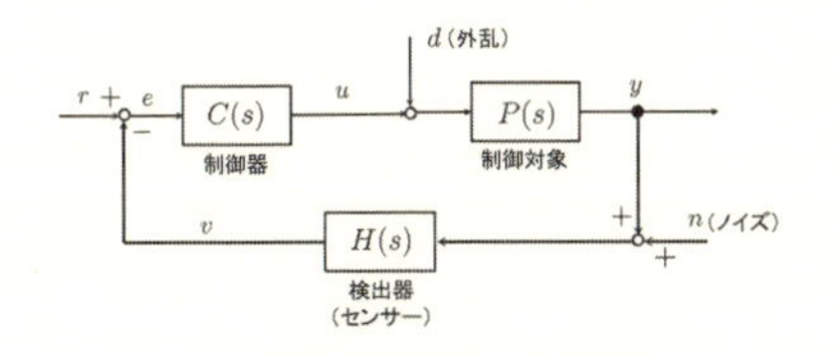

図 8.4　閉ループ制御系

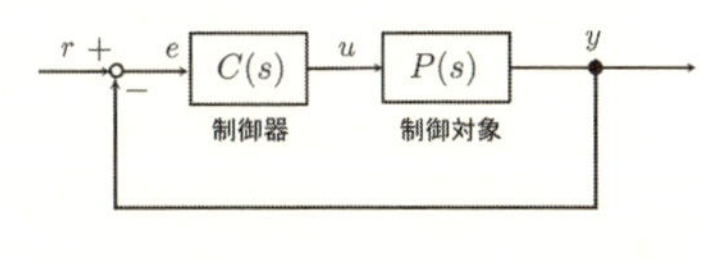

図 8.5　基本的なフィードバック制御

8.3.1　閉ループ伝達関数

はじめに，図 8.4 において，外乱 $d(t)$，ノイズ $n(t)$ がなく，さらにセンサーの特性が無視できる（$H(s) = 1$）場合の図 8.5 で表される基本的なフィードバック制御系を考えよう．図 8.5 のブロック線図で表されるフィードバック制御系は単一フィードバック制御系とも呼ばれる．この制御系の $r(t)$ から $y(t)$ までの伝達関数は図 8.5 よりつぎのように求めることができる．

$$y(s) = P(s)C(s)e(s) \tag{8.7}$$

$$e(s) = r(s) - y(s) \tag{8.8}$$

より，

$$(1 + P(s)C(s))y(s) = P(s)C(s)r(s) \tag{8.9}$$

すなわち，

$$y(s) = \frac{P(s)C(s)}{1 + P(s)C(s)} r(s) = \frac{L(s)}{1 + L(s)} r(s)\ , \quad L(s) = P(s)C(s) \tag{8.10}$$

を得る．このときの $L(s) = P(s)C(s)$ を**一巡伝達関数**（または**開ループ伝達関数**）と呼ぶ．また，$r(s)$ から $y(s)$ までのつぎの伝達関数

$$T_{ry}(s) = \frac{P(s)C(s)}{1 + P(s)C(s)} = \frac{L(s)}{1 + L(s)} \tag{8.11}$$

を**閉ループ伝達関数**と呼ぶ．

8.3.2　閉ループ系の特性

a.　外乱やノイズに対する特性

いま，$H(s)$ および外乱 $d(t)$，ノイズ $n(t)$ が存在する図 8.4 の場合を考えよう．このときの閉ループ系は

$$y(s) = P(s)[u(s) + d(s)] \tag{8.12}$$

$$u(s) = C(s)[r(s) - v(s)] \tag{8.13}$$

$$v(s) = H(s)[y(s) + n(s)] \tag{8.14}$$

なる関係から，$r(s)$，$d(s)$ および $n(s)$ から $y(s)$ までの伝達関数を求めると

$$\begin{aligned} y(s) = {} & \frac{P(s)C(s)}{1 + P(s)C(s)H(s)} r(s) + \frac{P(s)}{1 + P(s)C(s)H(s)} d(s) \\ & - \frac{P(s)C(s)H(s)}{1 + P(s)C(s)H(s)} n(s) \end{aligned} \tag{8.15}$$

と表すことができる．センサーの特性 $H(s)$ が無視できないときは，

$$L(s) = P(s)C(s)H(s) \tag{8.16}$$

が**一巡伝達関数**（または**開ループ伝達関数**）となる．また，

$$S(s) = \frac{1}{1+P(s)C(s)H(s)} = \frac{1}{1+L(s)} \tag{8.17}$$

をフィードバック系の**感度関数**と呼び，

$$T(s) = \frac{P(s)C(s)H(s)}{1+P(s)C(s)H(s)} = \frac{L(s)}{1+L(s)} \tag{8.18}$$

を**相補感度関数**と呼ぶ．感度関数と相補感度関数との間には (8.17) 式と (8.18) 式より

$$S(s) + T(s) = 1 \tag{8.19}$$

の関係がある．(8.15) 式より，閉ループ伝達関数（$r(s)$ から $y(s)$ までの伝達関数）は

$$T_{ry}(s) = \frac{P(s)C(s)}{1+P(s)C(s)H(s)} = \frac{1-S(s)}{H(s)} \tag{8.20}$$

と表すことができる．

また，このときの $r(s)$，$d(s)$ および $n(s)$ から追従誤差 $e(s) = r(s) - y(s)$ までの関係は

$$e(s) = r(s) - y(s) = \Big(1 - T_{ry}(s)\Big) r(s) - S(s)P(s)d(s) + T(s)n(s) \tag{8.21}$$

と表せる．(8.21) 式の左辺第 1 項目の $(1 - T_{ry}(s))r(s)$ が目標値から誤差への影響，第 2 項目の $S(s)P(s)d(s)$ が外乱による誤差，そして第 3 項目の $T(s)n(s)$ がノイズによる誤差となる．これらの誤差の影響を小さくすることができれば，誤差を小さくすることができる．ただ，これらをすべての周波数帯域で同時に小さくすることは難しい．

例えば，検出部（センサー）の特性が無視できる $H(s) = 1$ の場合を考えてみよう．このときの一巡伝達関数，感度関数，相補感度関数および閉ループ伝達関数はそれぞれ，

$$\text{一巡伝達関数}: L(s) = P(s)C(s)$$

$$\text{感度関数}: S(s) = \frac{1}{1+P(s)C(s)} = \frac{1}{1+L(s)}$$

$$\text{相補感度関数}: T(s) = 1 - S(s) = \frac{L(s)}{1+L(s)}$$

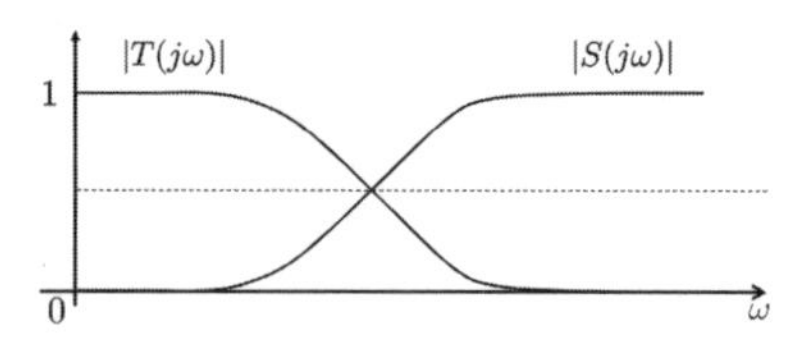

図 8.6　理想的な $S(s)$ と $T(s)$ のゲイン線図

$$\text{閉ループ伝達関数}:T_{ry}(s) = \frac{P(s)C(s)}{1+P(s)C(s)} = \frac{L(s)}{1+L(s)} = T(s)$$

となり，追従誤差は (8.21) 式より

$$e(s) = S(s)r(s) - S(s)P(s)d(s) + T(s)n(s) \tag{8.22}$$

と表すことができる．これより，構成された閉ループ系の安定性を保ちながら $S(s)$ のゲインが小さくなるように十分大きなゲインを持つ $C(s)$ が設計できれば，目標値と外乱による誤差を小さくすることができる．しかし，$S(s)+T(s)=1$ の関係から，$S(s)$ と $T(s)$ のゲインを同時に小さくすることはできない．すなわち，ある周波数帯域で目標値と外乱の影響を抑えるように制御系を設計するとその周波数帯域ではノイズの影響は抑えられないことになる．ただ，一般に目標値と外乱は低周波数帯域の信号であり，ノイズは高周波数帯域の信号であることから，図 8.6 のように低い周波数帯域では $|S(j\omega)|$ を小さく，高い周波数帯域では $|T(j\omega)|$ が小さくなるようにコントローラ $C(s)$ が設計できれば，外乱やノイズの影響を抑えながら目標値追従を達成する制御が可能となる．

b.　システム変化に対する特性

いま，対象とするシステムが $P(s)$ から $\tilde{P}(s)$ へと変化したとしよう．このとき，閉ループ伝達関数は

$$T_{ry}(s) = \frac{P(s)C(s)}{1+P(s)C(s)}$$

から

$$\tilde{T}_{ry}(s) = \frac{\tilde{P}(s)C(s)}{1+\tilde{P}(s)C(s)}$$

へ変化する．このときの閉ループ伝達関数の相対的な変化は

$$\frac{\tilde{T}_{ry}(s) - T_{ry}(s)}{\tilde{T}_{ry}(s)} = S(s)\frac{\tilde{P}(s) - P(s)}{\tilde{P}(s)} \tag{8.23}$$

と得られる．すなわち，感度関数 $S(s)$ が小さくなるようにフィードバック系が設計されていれば，システムの相対的な変化の大きさに対して構成された閉ループ系の相対的な変化を小さく抑えることができるとわかる．

なお，フィードバックがない場合，開ループの特性は一巡伝達関数 $L(s)$ を用いて

$$\frac{\tilde{L}(s)-L(s)}{\tilde{L}(s)}=\frac{\tilde{P}(s)-P(s)}{\tilde{P}(s)} \tag{8.24}$$

と評価できることから，システムの相対変化がそのまま開ループの相対変化となることがわかる．

8章　演習問題

基 礎 問 題

問題 8.1　図 8.2 において $d=0$ とした開ループ制御系において，制御対象が

$$P(s)=\frac{1}{(s-1)(s+2)}$$

なる不安定系であるとする．開ループ制御系伝達関数 $G_o(s)$ が

$$G_o(s)=\frac{2}{s^2+3s+2}$$

となるようフィードフォワード制御器 $C(s)$ を求めよ．また，このときの開ループ制御系 $P(s)C(s)$ の安定性について述べよ．

問題 8.2　図 8.5 の閉ループ制御系において

$$P(s)=\frac{1}{s(s+10)},\quad C(s)=\frac{s+5}{s+1}$$

であるとき，(1) 一巡伝達関数　(2) 閉ループ伝達関数　(3) 感度関数　(4) 相補感度関数　を求めよ．

問題 8.3　(8.23) 式を導出せよ．

応 用 問 題

問題 8.4　図 8.7 に示す (a), (b) の制御系について以下の問に答えよ．

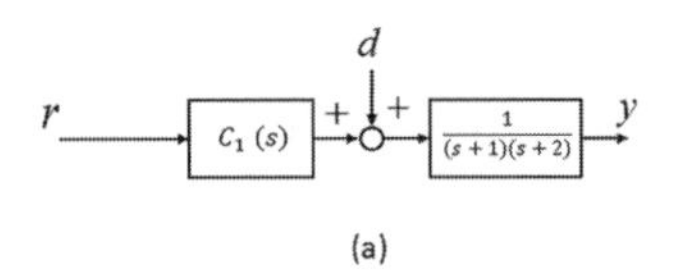

(a)

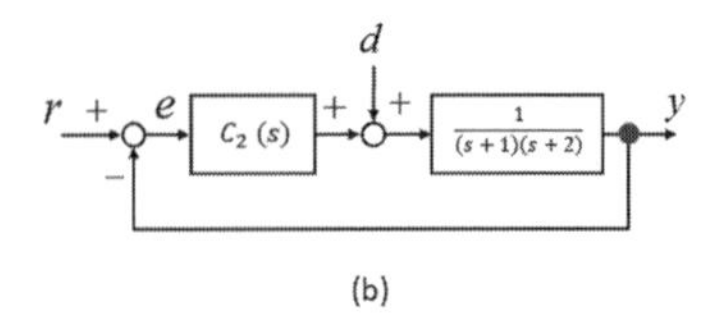

(b)

図 8.7　フィードフォワード/フィードバック制御系

(1) $r(s)$ から $y(s)$ までの伝達関数 $T_{ry}(s)$ が

$$T_{ry}(s) = \frac{K}{(s+2)^2}$$

となる制御器 $C_1(s)$, $C_2(s)$ を求めよ．

(2) 前問で求めた制御器を用いるとき，$d(s)$ から $y(s)$ までの伝達関数 $T_{dy}(s)$ をそれぞれ求めよ．

(3) $d(s) = 1/s$(単位ステップ信号）であるとき，$K = 1, K = 4$ と変化させた場合の出力 y への外乱 d の影響を調べよ．

【8 章　演習問題解答】

〈問題 8.1〉 $G_o(s) = P(s)C(s)$ であるので，与式より

$$C(s) = P(s)^{-1}G_o(s) = \frac{2(s-1)(s+1)}{(s+1)(s+2)} = \frac{2(s-1)}{s+1}$$

となる．また，このシステムは見かけ上安定であるが，$s = 1$ の不安定な極零相殺を起こしているので，実際は不安定である．

〈問題 8.2〉

(1)

$$L(s) = P(s)C(s) = \frac{1}{s(s+10)}\frac{s+5}{s+1} = \frac{s+5}{s(s+1)(s+10)}$$

(2)

$$T_{ry}(s) = \frac{L(s)}{1+L(s)} = \frac{s+5}{s^3+11s^2+11s+5}$$

(3)

$$S(s) = \frac{1}{1+L(s)} = \frac{s(s+1)(s+10)}{s^3+11s^2+11s+5}$$

(4)　$T(s) = 1 - S(s)$ より

$$T(s) = 1 - S(s) = \frac{s+5}{s^3+11s^2+11s+5}$$

〈問題 8.3〉 $T_{ry}(s) = \frac{P(s)C(s)}{1+P(s)C(s)}$ および $\tilde{T}_{ry}(s) = \frac{\tilde{P}(s)C(s)}{1+\tilde{P}(s)C(s)}$ より

$$\tilde{T}_{ry}(s) - T_{ry}(s) = \frac{C(s)(\tilde{P}(s) - P(s))}{(1+\tilde{P}(s)C(s))(1+P(s)C(s))}$$

となる．よって，

$$\frac{\tilde{T}_{ry}(s) - T_{ry}(s)}{\tilde{T}_{ry}(s)} = \frac{\tilde{P}(s) - P(s)}{(1+P(s)C(s))\tilde{P}(s)} = S(s)\frac{\tilde{P}(s) - P(s)}{\tilde{P}(s)}$$

〈問題 8.4〉

(1) 図 (a) の場合：

$$T_{ry}(s) = \frac{K}{(s+2)^2} = C_1(s)\frac{1}{(s+1)(s+2)}$$

より，

$$C_1(s) = \frac{K(s+1)}{s+2}$$

図 (b) の場合：

$$T_{ry}(s) = \frac{K}{(s+2)^2} = \frac{C_2(s)}{(s+1)(s+2) + C_2(s)}$$

よって，

$$(s+2)^2 C_2(s) = K(s+1)(s+2) + KC_2(s)$$

より

$$C_2(s) = \frac{K(s+1)(s+2)}{(s+2)^2 - K}$$

(2) 図 (a) の場合：

$$T_{dy}(s) = \frac{1}{(s+1)(s+2)}$$

図 (b) の場合：

$$T_{dy}(s) = \frac{1}{(s+1)(s+2) + C_2(s)} = \frac{(s+2)^2 - K}{(s+1)(s+2)^3}$$

(3)

$d(s) = \frac{1}{s}$ であることから

$$y(s) = T_{dy}(s)\frac{1}{s}$$

となる．

図 (a) の場合：$y(s) = \frac{1}{s(s+1)(s+2)}$ となり，ラプラス変換の最終値定理（付録 A.5 参照）を適用すると，十分に時間が経過したときの出力値 $y(\infty)$ は

$$y(\infty) = \lim_{s \to 0} s\frac{1}{s(s+1)(s+2)} = 0.5$$

となり，K に依存せず外乱の影響は常に生ずる．

図 (b) の場合：$y(s) = \frac{(s+2)^2-K}{s(s+1)(s+2)^3}$ となり，$y(\infty)$ は

$$y(\infty) = \lim_{s \to 0} s\frac{(s+2)^2-K}{s(s+1)(s+2)^3} = \frac{4-K}{8}$$

であるので，$K=1$ のとき $y(\infty) = \frac{3}{8}$，$K=4$ のとき $y(\infty) = 0$ となる．なお，このとき $C_2(s)$ は 1 型の制御器となっている（11 章参照）．

9 フィードバック制御系の安定性

伝達関数で表現されたシステムの安定性として，5 章では BIBO 安定の定義およびフルヴィッツの安定判別法を示した．本章では，5 章で示されたシステムの安定性に基づいたフィードバック制御系（閉ループ系）の基本的な安定性について述べ，さらに周波数領域でのナイキストの安定判別法やボード線図による安定性の判別法および評価・解析法を示す．

9.1 フィードバック制御系の安定性の基本

図 9.1 で表されるフィードバック制御系を考えよう．前章で求めたようにこのフィードバック制御系の閉ループ伝達関数 $T_{ry}(s)$ は

$$T_{ry}(s) = \frac{P(s)C(s)}{1+P(s)C(s)} = \frac{L(s)}{1+L(s)} \tag{9.1}$$

$$L(s) = P(s)C(s) \text{（一巡伝達関数）}$$

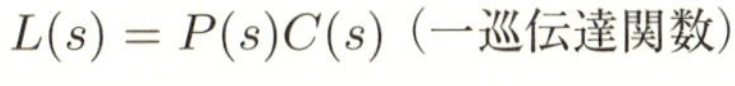
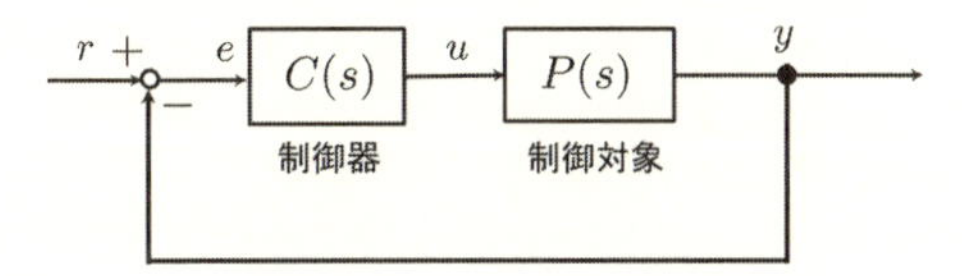

図 9.1 フィードバック制御系

と求められる．いま，

$$P(s) = \frac{n_p(s)}{d_p(s)}, \quad C(s) = \frac{n_c(s)}{d_c(s)}$$

とおくと，閉ループ伝達関数 $T_{ry}(s)$ は

$$T_{ry}(s) = \frac{\frac{n_p(s)}{d_p(s)} \cdot \frac{n_c(s)}{d_c(s)}}{1 + \frac{n_p(s)}{d_p(s)} \cdot \frac{n_c(s)}{d_c(s)}}$$

$$= \frac{n_p(s)n_c(s)}{d_p(s)d_c(s) + n_p(s)n_c(s)} = \frac{n(s)}{d(s)} \tag{9.2}$$

$$n(s) = n_p(s)n_c(s)\ ,\ \ d(s) = d_p(s)d_c(s) + n_p(s)n_c(s)$$

と表すことができる．よって，フィードバック制御系の安定性は定理 5.2 より，以下となる．

定理 9.1（フィードバック制御系が安定であるための必要十分条件）
$P(s)C(s)$ の間に不安定な極零相殺が存在せず，かつ，閉ループ伝達関数 $T_{ry}(s)$ の特性方程式 $d(s) = d_p(s)d_c(s) + n_p(s)n_c(s) = 0$ の根がすべて負の実部を持つことである．言い換えると，フィードバック制御系が安定であるための必要十分条件は $1 + P(s)C(s) = 1 + L(s) = 0$ の根，すなわち，$1 + P(s)C(s) = 1 + L(s)$ の零点がすべて左半面に存在することである．

9.2 ナイキストの安定判別法

定理 9.1 より，図 9.1 の閉ループ系の安定性は，一巡伝達関数が不安定な極零相殺を持たないという仮定のもと，r から y までの閉ループ系 $T_{ry}(s)$ の特性多項式のすべての根の実部が負であることを確認すれば良い．しかし，次数が大きなシステムに対して，閉ループ系の特性多項式の根，すなわち $1 + L(s)$ の零点を手計算で求めることは非常に面倒である．さらに，実際のシステムにおいては，制御対象であるシステムの伝達関数が必ずしも正確に得られているとは限らない．このような場合，どの程度の誤差までは安定性が保証されるのか？ という情報も得られると非常にうれしい．

このような状況を考えると，具体的な閉ループ系の極を求めることなく閉ループ系の安定性を確認したい．そのような方法の１つとして，ナイキストの安定判別法が知られている．この判別法は一巡伝達関数 $L(s)$ のナイキスト軌跡（6 章参照）の特徴により閉ループ系の安定性判別を行うものである．

この判別法に関して，以下の定理が知られている

定理 9.2（ナイキストの安定判別法）
いま，一巡伝達関数 $L(s)$ に不安定な極零相殺，すなわち実部が非負の極零相殺はないと仮定する．このとき，以下が成り立つ．

- 「$1+L(s)$ が持つ不安定極，すなわち実部が正の極の数 (P) から $1+L(s)$ が有する不安定零点の数（Z）を引いた $P-Z$」と「$1+L(s)$ が複素平面の原点を反時計回りに回る回数（N）」に関して，$N=P-Z$ が成り立つ．
- 上記から，$1+L(s)$ が不安定零点を持たない，すなわち $Z=0$ が成り立つことと $N=P$ は等価である．すなわち「閉ループシステムが安定であること」と「$1+L(s)$ が持つ不安定極の数だけ $1+L(s)$ が複素平面の原点を反時計回りに回る」ことは等価である．

この証明は少し複雑であるが，以下の点が理解できれば，理解可能だろう．

1）一巡伝達関数 $L(s)$ を用いた $1+L(s)$ は，

$$1+L(s)=\frac{\prod_{i=1}^{m}(s-z_i)}{\prod_{i=1}^{n}(s-p_i)}$$

と重複度を含めて因数分解できる．ただし，一般的には，z_i も p_i も複素数となる．

2）図 9.2 に示すように，s はナイキスト経路である閉曲線 C 上の点であるので，$s-z_i$ は「零点 z_i から閉曲線 C 上の点 s までのベクトル」を表す．同様に，$s-p_i$ は「極 p_i から閉曲線 C 上の点 s までのベクトル」を表す．

3）図 9.2 の左図に示すように，零点 z_i が右半平面に存在する場合，閉曲線 C 上の s が右半平面を時計方向に回転するため，z_i のまわりの点線で示されたように，$s-z_i$ の偏角 $\angle(s-z_i)$ は $-360°$ 変化する．一方，右図のように z_i が左半平面に存在する場合，z_i の右側の点線で示されたように，偏角 $\angle(s-z_i)$ は，初期偏角から $+90°$ まで増えるものの，その後 $-90°$ まで減り再び増え，最終的には元の偏角に戻るため，総偏角変化は $0°$ である．

4）分母の極に関しては，$\frac{1}{s-p_i}=(s-p_i)^{-1}$ より，零点の位相変化と逆の値になる．すなわち，極 p_i が右半平面に存在する場合，$(s-p_i)^{-1}$ の偏角 $\angle(s-p_i)^{-1}$ は $+360°$ 変化するが，p_i が左半平面に存在する場合，偏角 $\angle(s-p_i)^{-1}$ の総変化は $0°$ である．

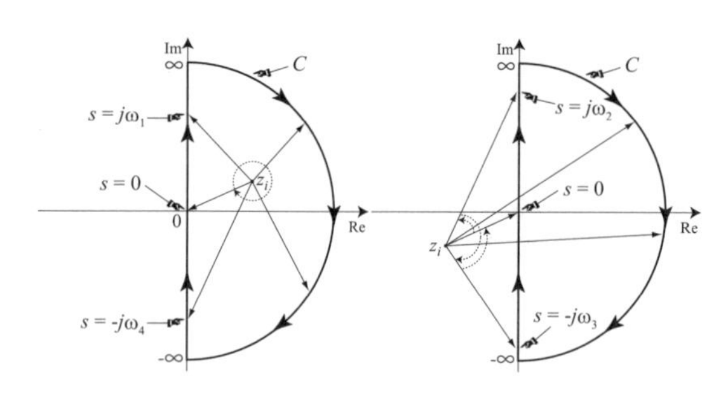

図 9.2　閉曲線 C を表す複素平面上に記した零点 z_i と，$s-z_i$ が表す零点 z_i から閉曲線 C 上の点 s を結んだベクトルの偏角変化の様子

上記の事項から，s が閉曲線 C を時計回りに一回転するとき，$1+L(s)$ のナイキスト軌跡（閉曲線 C に対する $L(s)$ の写像）の偏角の変化 *1) に関して，以下のことがわかる．

- 不安定零点の数（Z）分だけ $360° \times Z$ 位相が減少し（時計回りに Z 回回転する），不安定極の数（P）分だけ $360° \times P$ 位相が増加する（反時計回りに P 回回転する）．結局，総位相変化は $-360° \times Z + 360° \times P = 360°(P-Z)$ である．すなわち，$1+L(s)$ のナイキスト軌跡は原点を $N = P - Z$ 回だけ反時計回りに回ることになる．

さらに，$1+L(s)$ の零点は閉ループシステム $\frac{L(s)}{1+L(s)}$ の極であることから，閉ループ系が安定であることは $Z=0$ であることを意味し，$1+L(s)$ が持つ不安定極の数だけ $1+L(s)$ が複素平面の原点を反時計回りに回ることと等価であることがわかる．

定理 9.2 は，$1+L(s)$ が不安定極を持つ場合，すなわち $L(s)$ が不安定極を持つ場合を想定しており，かつ閉曲線 C に対する $1+L(s)$ のナイキスト軌跡（$L(s)$ のナイキスト軌跡ではない）を用いた表現である．もし一巡伝達関数 $L(s)$ が不安定極を持たない，すなわち $P=0$ ならば，先の安定判別法は，$L(s)$ のナイキスト軌跡を用いて以下のように簡単化される．

---

*1)　偏角，位相ともに反時計回りの方向が正であるが，「位相が遅れる」とは位相が負の方向に増加することであり，「位相が進む」とは位相が正の方向に増加することである．

定理 9.3（ナイキストの安定判別法の簡易版）

今，一巡伝達関数 $L(s)$ に不安定な極零相殺はなく，かつ $L(s)$ は不安定極を持たないと仮定する．このとき，以下が成り立つ．

- 閉ループシステムが安定であることは，一巡伝達関数 $L(s)$ のナイキスト軌跡が複素平面の $-1+j0$ の点を回らない．

この定理は，$1+L(s)$ が複素平面の原点を回ることと $L(s)$ が複素平面の $-1+j0$ を回ることが等価であることから理解できるだろう．結局，定理 9.3 は ω が 0 から $+\infty$ に変化するとき，$-1+j0$ を常に左に見ながら $L(s)$ のベクトル軌跡（ナイキスト軌跡）が描かれることを意味している．

例題 9.1　図 9.1 において，2 次の安定なシステム $P(s)=\frac{1}{s^2+s+1}$ に制御器 $C(s)=\frac{k}{s+2}$ を用いた閉ループ系を考える．このとき，一巡伝達関数 $L(s)$ は $L(s)=\frac{k}{(s^2+s+1)(s+2)}=\frac{k}{s^3+3s^2+3s+2}$ である．

このとき，いくつかのゲイン k に対して描いた一巡伝達関数 $L(s)$ のナイキスト軌跡を図 9.3 に示す．

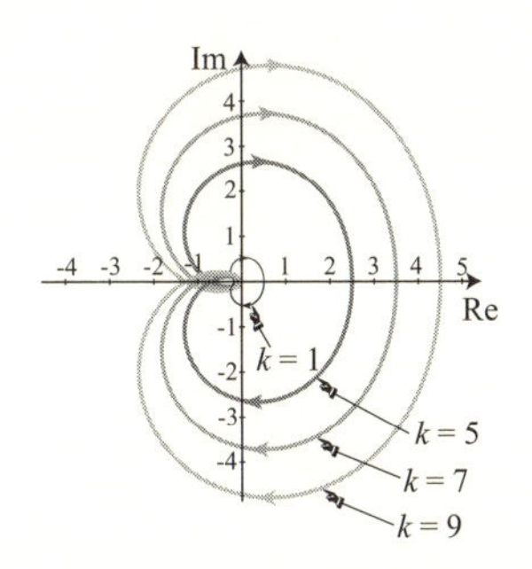

図 9.3　$P(s)=\frac{1}{s^2+s+1}$ および $C(s)=\frac{k}{s+2}$ を用いた一巡伝達関数 $L(s)$ のナイキスト軌跡（負の周波数に対応する軌跡は線を細くしている）

ゲインが 1 のときは，$1+L(s)$ は $\frac{s^3+3s^2+3s+3}{s^3+3s^2+3s+2}$ となり，閉ループシステムの極は $s=-2.26,-0.37\pm j1.09$ と安定である．このとき，図 9.3 に描いた $L(s)$ のナイキスト軌跡は複素平面の $-1+j0$ の点を回らない（ベクトル軌跡が常に左に見ながら原点に向かう）．同様に，$k=5$ のときの閉ループシステムの極は $s=-2.82,-0.09\pm j1.57$ と安定であり，このときも $L(s)$ のナイキスト軌跡は $-1+j0$ の点を回らない．

一方，$k = 9$ のときは，閉ループシステムの極は $s = -3.15, 0.08 \pm j1.87$ と不安定である．このとき，図 9.3 に描いた $L(s)$ のナイキスト軌跡は複素平面の $-1 + j0$ の点を回っている（右に見ながら原点に向かう）ことが確認できる．

最後に，ゲインが 7 のとき，閉ループシステムの極は $s = \pm j\sqrt{3}$ および $s = -3$，すなわち，閉ループシステムは安定限界である．実際に，このとき，$L(s)$ のナイキスト軌跡は複素平面の $-1 + j0$ を通っていることが図 9.3 より確認できる．□

9.3 安 定 余 裕

前節で，線形時不変な閉ループ系の安定性は $1 + L(s)$ または $L(s)$ のナイキスト軌跡によって判別できることがわかった．しかし，実際のシステムが寸分の狂いもなく $P(s)$ と表現されることはあり得ない．例えば，自分自身の体重を考えても日々変化することがわかるように，外部環境の変化や経年劣化などに応じてシステムの動特性も変化する．このことから，「閉ループ系は，どの程度安定なのか？」という情報は非常に重要である．

定理 9.3 において，一巡伝達関数 $L(s)$ が安定である場合には，閉ループ系が安定であることと $L(s)$ のナイキスト軌跡が複素平面上の $-1 + j0$ を回らないことが等価であることがわかった．このことから，どのくらい余裕をもって安定なのかがナイキスト軌跡と $-1 + j0$ との距離によって測れることがわかる．すなわ

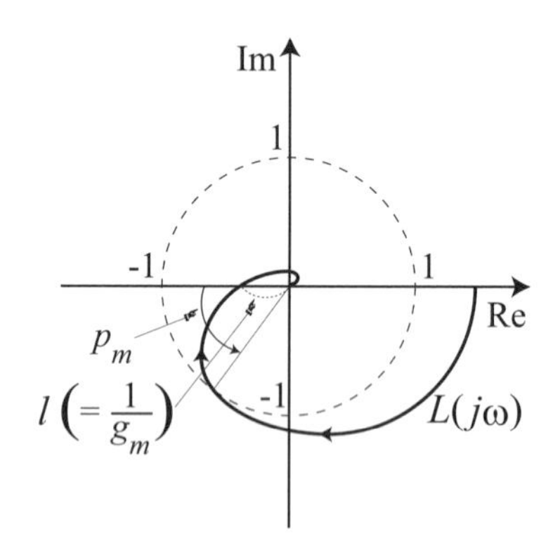

図 9.4　一巡伝達関数 $L(s)$ のベクトル軌跡を用いたゲイン余裕 g_m と位相余裕 p_m（閉ループ系が安定である場合）

ち，ナイキスト軌跡と $-1+j0$ との距離が遠いほどより安定であることになる．このことより，ナイキスト軌跡と $-1+j0$ との距離を不安定になるまでのマージン（余裕）という意味で，**安定余裕**と呼んでいる．

しかし，ナイキスト軌跡は $L(s)$ で表現されることから複素数であり，ナイキスト軌跡と $-1+j0$ との距離をどう測るかが問題となる．そこで，以下の2つの安定余裕（図 9.4 参照）が広く用いられている．

定義 9.1（ゲイン余裕と位相余裕）　一巡伝達関数 $L(s)$ に不安定な極零相殺はなく，かつ $L(s)$ が不安定極を持たない場合，一般に，一巡伝達関数のベクトル軌跡は図 9.4 のように描かれる．このとき，以下を定義する．

- **位相交差周波数** ω_{cp}：ベクトル軌跡 $L(j\omega)$ が実軸の負側と交差するときの周波数，すなわち $\angle L(j\omega_{cp}) = -180^\circ$ となる周波数 ω_{cp}.
- **ゲイン交差周波数** ω_{cg}：ベクトル軌跡 $L(j\omega)$ が原点を中心とした半径 1 の円と交差するときの周波数，すなわち，$|L(j\omega_{cg})| = 1$ を満たす周波数 ω_{cg}.

このとき，位相余裕およびゲイン余裕は以下に定義される．

- **位相余裕**：$p_m := 180 + \angle L(j\omega_{cg})$
- **ゲイン余裕**：$g_m := \dfrac{1}{|L(j\omega_{cp})|}$

なお，位相余裕は図 9.4 の p_m（ベクトル軌跡が単位円と交わる点と負側の実軸となす角）であり，ゲイン余裕はベクトル軌跡が負側の実軸と交わる点から原点までの距離を $l = |L(j\omega_{cp})|$ 用いた $g_m := \frac{1}{l}$ である．

図 9.4 からわかるように，位相余裕は「一巡伝達関数 $L(s)$ の位相が遅れた場合（すなわち，$\angle L(j\omega)$ が負側に大きくなった場合）に，どこまで遅れたら $-1+j0$ を通過するか？」を表しており，ゲイン余裕は「一巡伝達関数 $L(s)$ のゲインが大きくなった場合（すなわち，$|L(j\omega)|$ が大きくなった場合）に，どこまで大きくなったら $-1+j0$ を通過するか？」を表している．

このようにして，ゲイン余裕および位相余裕はナイキスト軌跡から求めることが可能であるが，ベクトル軌跡においては周波数 ω が明示されない．そこで，周波数も同時に知る必要があれば，ボード線図を用いて安定余裕を求めるほうが簡単である．以下に，その具体的な方法を示す．

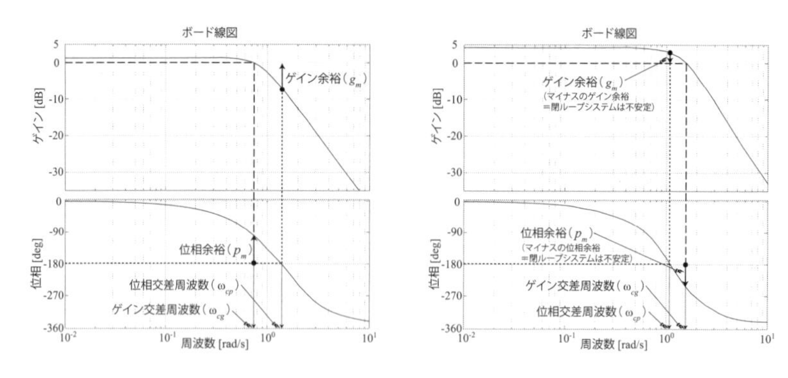

図 9.5　一巡伝達関数 $L(s)$ のボード線図によるゲイン余裕と位相余裕の例（左図：安定な閉ループ系の場合，右図：不安定な閉ループ系の場合）

一巡伝達関数 $L(s)$ のボード線図が図 9.5 のように得られたとする．このとき，定義 9.1 より，位相が $-180°$ となった周波数におけるゲインを l とした場合，ゲイン余裕 g_m は $\frac{1}{l}$ であり，ゲインが $1(=0\ [\mathrm{dB}])$ となった周波数から $-180°$ までの位相差が位相余裕 p_m であるから，ゲイン余裕と位相余裕は図 9.5 のように求められる．

注意してほしいのは，以下の点である（図 9.5 参照）．

- ゲインが $1(=0\ [\mathrm{dB}])$ となる周波数，すなわちゲイン交差周波数（ω_{cg}）において，位相が $-180°$ より遅れていたら，位相余裕はマイナス，すなわち閉ループシステムは不安定である．
- 位相が $-180°$ となる周波数，すなわち位相交差周波数（ω_{cp}）において，ゲインが $1(=0\ [\mathrm{dB}])$ より大きければ，ゲイン余裕はマイナス，すなわち閉ループシステムは不安定である．

なお，ゲイン余裕および位相余裕は，それぞれが独立に変動した場合の安定余裕を表しており，同時に変動することを想定していない．そのため，現実的な変動を考えているとは言いがたいが，現在でも安定余裕の重要な指標として用いられている．一方，ゲインと位相の同時変動に対する安定余裕を “disk margin” として定義して，より現実的な安定余裕を計算する方法[7]も既に知られている．

9.4　ロバスト安定性・ロバスト安定化

前節までに，図 9.1 に示されたフィードバック制御により閉ループ系を安定化するためには，制御器の伝達関数 $C(s)$ を用いて一巡伝達関数 $L(s)$ を整形すればよいことを確認した．また，閉ループシステムが安定から不安定に変化するまでの余裕を表す安定余裕には，ゲイン余裕と位相余裕という概念があることも示した．しかし，実際のシステムに対して安定化を行おうとすると，制御対象であるシステムの動特性は，本当に $P(s)$ と記述できるのだろうかという疑問がわくはずである．これは，モデリングを行う際に適用した線形化などを思い起こせば，様々な仮定の上で得られたモデルである $P(s)$ は必ずしも現実のシステムを正確に表現しているとは言い切れないことは容易に想像がつくだろう．しかし，線形化したシステムが局所的には現実のシステムをよく表現することは広く一般に理解されているので，制御対象であるシステムの動特性は $P(s)$ に少し摂動が加わった程度であると仮定してもあながち間違いではない．

このように，制御対象の完璧なモデルはないという状況においては，どのような考えを用いて安定化を行えば良いだろうか？　その解の 1 つが，**ロバスト安定性・ロバスト安定化**と呼ばれる概念である．これは，前節までのように制御対象であるシステムは単一のモデルを用いて正確に表現されていると考えるのではなく，制御対象であるシステムは，構成している係数や伝達関数のゲイン/位相などが有限の幅で変動し得る不確かさを有するシステムであると考え，想定され得るシステム全体に対して安定化を達成しようという考えである．

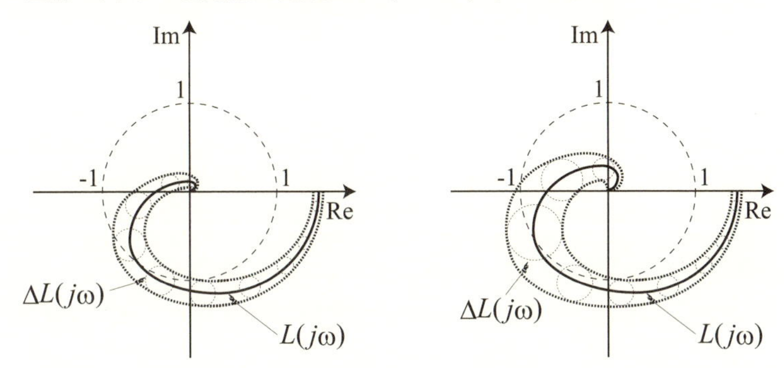

図 9.6　ロバスト安定性が保証される場合（左図）と保証されない場合（右図）：ノミナル一巡伝達関数 $L(s)$（太実線）と想定されうる $\Delta L(s)$（細点線）を用いて表現した一巡伝達関数 $L(s) + \Delta L(s)$ の範囲（太点線）

例えば，図 9.1 のシステム $P(s)$ が，実際には $P(s)$ ではなく，$\Delta P(s) \in \mathbb{C}$ を用いて $P(s)+\Delta P(s)$ と表現され，結果として，一巡伝達関数 $L(s)$ が $\Delta L(s) \in \mathbb{C}$ を用

いて $L(s)+\Delta L(s)$ と表現できたとする [*2]．このとき，一巡伝達関数 $L(s)+\Delta L(s)$ のベクトル軌跡，すなわち $L(j\omega)+\Delta L(j\omega)$ の想定され得る範囲を描いた図が図 9.6 である．左図では，ベクトル軌跡が $-1+j0$ を常に左に見ながら原点に向かうため安定であることが確認できるが，右図では，$L(s)+\Delta L(s)$ で表現された実際の一巡伝達関数を用いたベクトルが $-1+j0$ 上を通る可能性が確認できる．すなわち，想定された不確かさを有するシステムは不安定になり得るということである．これでは，実際のシステムに適用できないため，左図のように，想定され得る一巡伝達関数のベクトル軌跡 $L(j\omega)+\Delta L(j\omega)$ が $-1+j0$ を通らないような閉ループシステムを設計する必要がある．これがロバスト安定化である．

では，$L(j\omega)+\Delta L(j\omega)$ をどのように整形すればよいかは，$L(j\omega)$ と $-1+j0$ との距離である $|L(j\omega)-(-1+j0)|$ が，想定され得る不確かさ $\Delta L(j\omega)$ の大きさ（$|\Delta L(j\omega)|$）よりも長くなればよい．すなわち，ノミナルの $L(s)$ を用いた閉ループシステムが安定であり，かつ以下を満たすように $L(j\omega)$ を整形すればよい．

$$|L(j\omega)+1| > |\Delta L(j\omega)| \tag{9.3}$$

このロバスト安定化に関しては，14 章で詳しく説明する．

9章　演習問題

基 礎 問 題

問題 9.1　図 9.7 はある制御系の一巡伝達関数について，ベクトル軌跡を描いたものである．なお，(a)〜(e) のすべてにおいて，一巡伝達関数の極がすべて複素

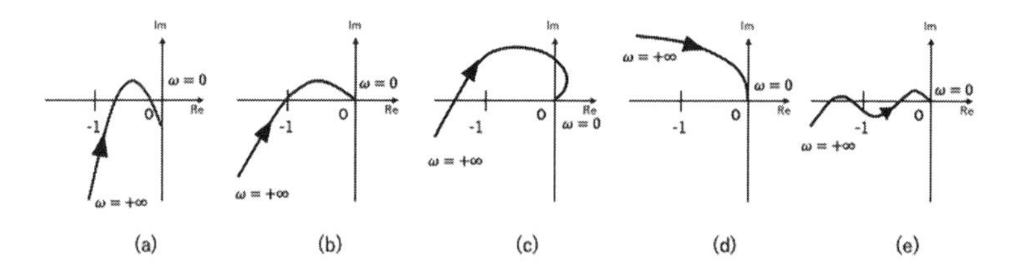

図 9.7　ナイキストの安定判別（一巡伝達関数が安定な場合）

[*2] 実際には，想定されうる変動をどのように求め，$\Delta L(s)$ と表現するのか？という問題がつきまとうが，ここでは，一旦この問題から離れて，「$\Delta L(s)$ が得られた」と考えて話を進める．

平面の虚軸を含む左半平面に存在する．このとき，(a)〜(e) についてナイキストの方法に従って安定判別を行え．

問題 9.2 一巡伝達関数の周波数特性がボード線図として下図 9.8 のように得られた．この場合の単一フィードバック制御系の安定性を判別せよ．

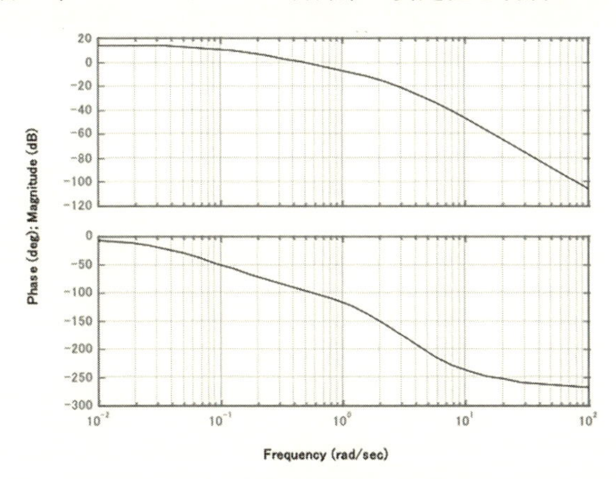

図 9.8 一巡伝達関数のボード線図

問題 9.3 一巡伝達関数が $L(s) = \frac{K}{s-1}$ となるフィードバック制御系について，$K = 2$, $K = 0.5$ のぞれぞれの場合のナイキスト軌跡を描き，ナイキストの方法を用いて安定判別せよ．

応 用 問 題

問題 9.4 開ループ伝達関数が $\frac{K}{(s+1)^2(s+2)}$ である単一フィードバック系が安定限界となるパラメータ $K(>0)$ をナイキストの方法で求めよ．

問題 9.5 一巡伝達関数が $\frac{1}{s^3-3s^2+3s-1}$ となるフィードバック制御系について，ナイキストの安定判別法により安定判別せよ．

問題 9.6 つぎの一巡伝達関数 $L(s)$

$$\frac{15.1}{(s+1)(s+2)(s+3)}$$

をもつ単一フィードバック制御系がある．ゲイン余裕 g_m[dB] と位相余裕 p_m [deg] を求めよ．なお，ゲイン交差周波数 $\omega_{cg} = 1.5$ [rad/s] である．

【9章　演習問題解答】

〈問題 9.1〉 定理 9.3 に基づき安定判別でき，それぞれ以下となる．

(a) 安定，(b) 安定限界，(c) 不安定，(d) 不安定，(e) 安定

〈問題 9.2〉 ボード線図より位相交差周波数 $\omega_{cp} \approx 4$ [rad/s] であり，$|L(j\omega_{cp})| \approx -25$ [dB] と読み取れる．また，ゲイン交差周波数 $\omega_{cg} \approx 0.5$ [rad/s] であり，$\angle L(j\omega_{cp}) \approx -100^\circ$ と読み取れる．すなわち，ゲイン余裕は $g_m = 25$ [dB]，位相余裕は $p_m = 80^\circ$ と，共に正値であることから，この単一フィードバック系は安定といえる．

〈問題 9.3〉 $L(j\omega)$ のベクトル軌跡は図 9.9(a) となる．$K = 0.5$ および $K = 2$ の場合は図 9.9 (b) のようになる．$1 + L(s)$ のナイキスト軌跡は，これらの軌跡を実軸の正方向に $+1$ 平行移動させたものとなる．$L(s)$ は不安定極を一つ有するので，$P = 1$．それに対し，$K = 0.5$ では $1 + L(s)$ のナイキスト軌跡が原点を反時計回りに回らないことから $N = 0$ であるので，$P \neq N$ となることから定理 9.3 より不安定と判別される．一方，$K = 2$ では $N = 1$ となり，$P = N$ であることからフィードバック制御系は安定と判別される．

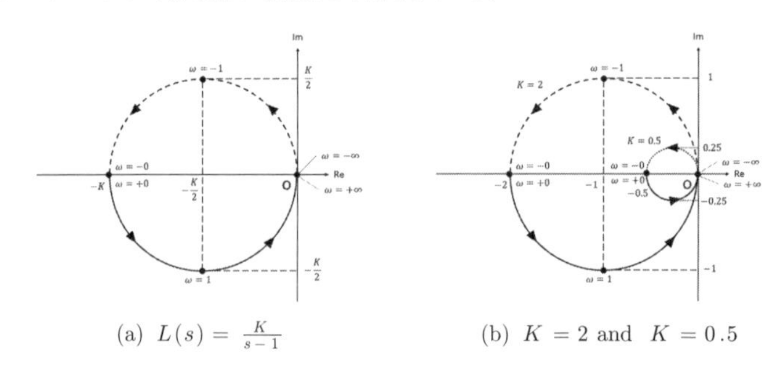

図 9.9　$L(j\omega)$ のベクトル軌跡

〈問題 9.4〉 単一フィードバック系であることから，一巡伝達関数は $L(s) = \frac{K}{(s+1)^2(s+2)}$ である．

$$L(j\omega) = \frac{K}{(1 + j\omega)^2(2 + j\omega)} = \frac{K(1 - j\omega)^2(2 - j\omega)}{(1 + \omega^2)^2(4 + \omega^2)}$$

より，ナイキスト軌跡の概形は，図 9.10 となる．$\omega = \sqrt{5}$ のとき，$L(j\omega) = \frac{-K}{18}$ となる．よって，$L(s)$ は不安定極を有していないので，定理 9.3 より，$0 < K < 18$ であれば単一フィードバック制御系は安定となる．すなわち，安定限界は，$K = 18$

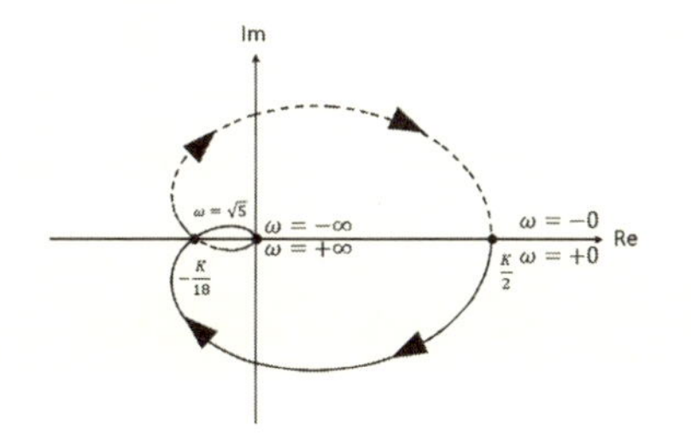

図 9.10 問題 9.4 の $L(j\omega)$ のベクトル軌跡

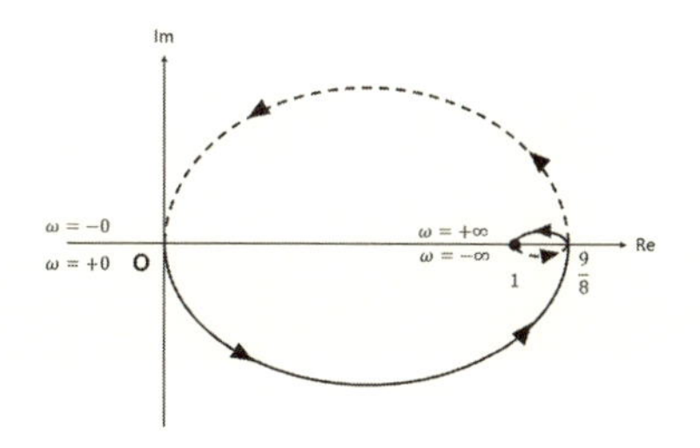

図 9.11 問題 9.5 の $1 + L(j\omega)$ のナイキスト軌跡

となる.

〈問題 9.5〉 $L(s)$ の分母多項式は $(s-1)^3$ となり，不安定極が 3 つ（重根）あるので，$P = 3$. $1 + L(s)$ のナイキスト軌跡の概形は，図 9.11 に示すものとなり，$N = 0$ となることが分かる．$P \neq N$ なので，定理 9.2 よりフィードバック制御系は不安定である.

〈問題 9.6〉 $L(s)$ の極はすべて安定であり，

$$L(j\omega) = \frac{15.1(1-j\omega)(2-j\omega)(3-j\omega)}{(1+\omega^2)(4+\omega^2)(9+\omega^2)} = \frac{15.1\left(6(1-\omega^2) - j\omega(11-\omega^2)\right)}{(1+\omega^2)(4+\omega^2)(9+\omega^2)}$$

となる．このとき，位相交差周波数は $\omega_{cp} = \sqrt{11}$ であり，このときの実軸との交点は

$$L(j\omega_{cp}) \fallingdotseq -0.25$$

である．よって，ゲイン余裕 g_m は，$g_m = 20\log_{10}\left\{\frac{1}{L(j\omega_{cp})}\right\} \fallingdotseq 12.0$ [dB] となる.

また，ゲイン交差周波数は $\omega_{cg} = 1.5$ であり，このときの位相は

$$\angle L(j\omega_{cg}) = \tan^{-1}\frac{\omega_{cg}(\omega_{cg}^2 - 11)}{6(1-\omega_{cg}^2)} \fallingdotseq -120^\circ$$

と求まる．よって，位相余裕は $P_m \fallingdotseq 60^\circ$ となる.

10 フィードバック制御系の設計仕様

あるシステムを用いて所望の応答を実現させたいと思ったとき，設計者の意図と全く同一の動きを最初から実現できることはほぼないだろう．そのような場合，制御を施すことにより所望の応答の実現が可能となる．

所望の応答を実現するためには，どのような応答が望まれているのかを定量的に定義しておかないと後々大きな問題になってしまう．そこで，本章では，実際のシステムに対して制御系を設計する際の設計仕様について確認する．もちろん，制御対象ごとに，細かい設計仕様は異なる場合が多いため，比較的一般に要求される事項を述べる．その後，閉ループ系の特性と極の関係について確認し，制御ゲインと閉ループ系の根の関係を図的に表現する根軌跡についても学習する．

10.1 設 計 仕 様

制御対象であるシステムに制御を施す主な理由は以下の 2 つであろう．

安定化：システムが安定でなければ当然出力が無限大に発散したり振動的な挙動を示してしまう．そこで，まずは安定化を達成する必要がある．

所望の制御性能達成：安定化を達成したとしても，目標値への追従が悪いようでは実用的ではない．そこで，設計者が望むような制御性能を達成させる必要がある．

「安定化」が必要であることは容易に想像ができるだろうが，「所望の制御性能達成」とは具体的にどのようなことであろうか？ 漠然と良い制御性能といっても，速い応答を示すが振動的

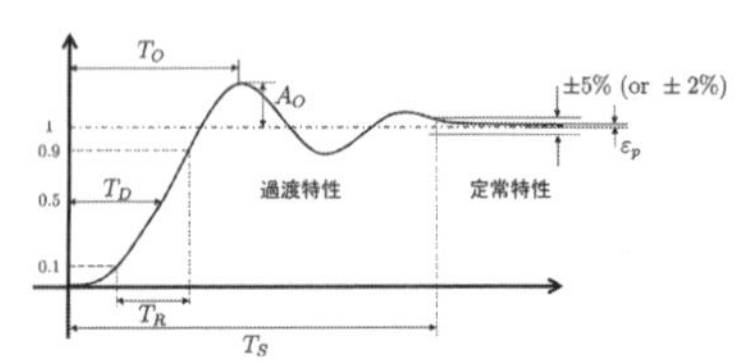

図 10.1 単位ステップ応答による様々な制御仕様

な挙動を示す閉ループシステムが良い場合もあれば，多少ゆっくりな応答でも目標値を一度も超えることなく漸近的に目標値に近づいてほしい場合もある．そこで，これらを定量的に計る必要がある．

目標値がステップ入力で与えられた場合の出力であるステップ応答に対する下記の代表的な指標は既に4.4節でも述べられているが，これらが代表的な制御系設計仕様となる（図10.1参照）．

立ち上がり時間（T_R）**：**出力が定常値（最終値）の10%から90%（または，0%から100%）に達するまでの時間

遅れ時間（T_D）**：**出力が最終値の50%に至るまでの時間

最大オーバーシュート（A_O）**：**出力の最終値からの最大行き過ぎ量

行き過ぎ時間（T_O）**：**出力がオーバシュートに到達するまでの時間

整定時間（T_S）**：**出力が最終値（定常値）から5%もしくは2%以内に落ち着くまでの時間

定常偏差（ε_p）**：**時間が十分経過した時の出力と目標値の差

これらの仕様に関して，具体的な数値を用いて定義することで，漠然とした制御仕様を具体的に定義できる．

制御系設計仕様

速応性：出力が目標値に速やかに近づく（T_R, T_D, T_O をできるだけ小さくする）

減衰特性：出力が目標値から外れた場合，速やかに減衰させ定常値に収束させる（A_O, T_S をできるだけ小さくする）

定常特性：定常偏差 ε_p をできるだけ小さくする（理想は $\varepsilon_p \to 0$）

なお，ここでは，制御システムが既知（わかっている）という暗黙の前提で，制御仕様を記述したが，14章で学ぶように，実際のシステムは正確に表現できるとは限らない．そのような場合は，想定されるすべてのシステムが制御仕様を満たす，すなわち最悪の応答でも制御仕様を満たすことが求められる．

10.2 閉ループシステムの特性と極の関係

設計仕様として，上述したように立ち上がり時間などが定められると，次に，それらを満たすような制御器を求めることがタスクとなる．しかし，闇雲に制御

器を選んでも，定められた制御仕様を満たすことはなかなか難しい．そこで，閉ループ系の特性と極の関係を定性的に捉え，設計の指針としたい．

いま，図 9.1 のような閉ループ系が得られているとしよう．このとき，目標値 r から y までの応答を，何かを媒体に定性的に捉えることができれば，その「何か」をチューニングすることで望みの応答に近い閉ループ系が設計できることになる．この何かというものの 1 つが閉ループ系の極である．これは，ラプラス変換が分母多項式と非常に密接な関係を持っていることからも想像に難くない．

既に，1 次系および 2 次系の応答と極の具体的な関係については 4 章で学習済みであるため，ここでは定性的な話として図 10.2 にまとめておく．ただし，実際には，制御対象に応じて望ましい特性が異なるため，制御対象に応じて望ましい閉ループ極の位置も異なる．具体的な設計例は次章で示しているので参照されたい．

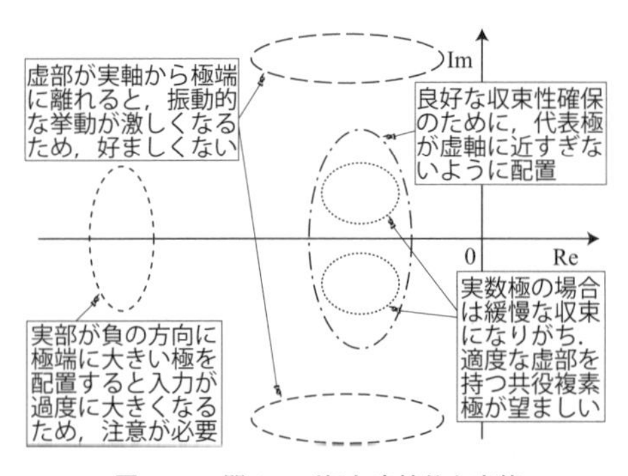

図 10.2 閉ループ極と定性的な応答

10.3 フィードバック制御による極の配置と根軌跡

図 10.3 の単純なフィードバック系を設計する問題を考えてみよう．制御器はスカラー k を用いた $u(t) = ky(t)$ と単純だが，もし伝達関数 $C(s)$ とスカラー k を用いた $u = kC(s)y$ のような少し複雑な制御器を用いている場合は，図 10.3 の $P(s)$ を $P(s)C(s)$ と置き換えれば，本節の方法が適用可能である．

10.2 節で述べたように，閉ループ系の特性と極には深い関係がある．いま，図 10.3 の閉ループ系について，プラントの伝達関数が $P(s) = \frac{n(s)}{d(s)}$（ただし，$n(s)$ および $d(s)$ は，それぞれ m 次および最高位係数が 1 の n 次の多項式と

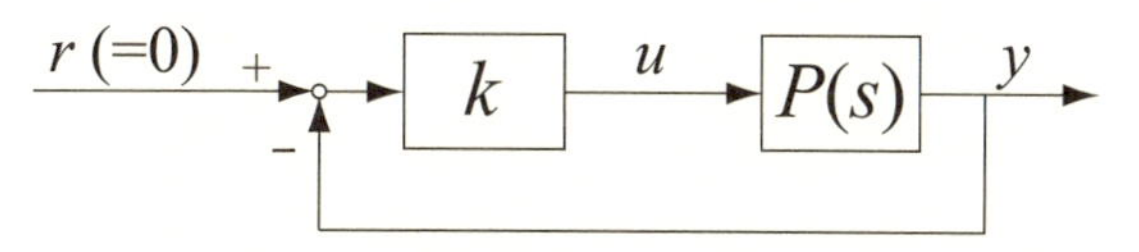

図 10.3 根軌跡を考える際の閉ループ系

する）と表現されたとすると，閉ループ系の極は $d(s) + kn(s) = 0$ を満たす複素数 s となる．フィードバックゲイン k を変化させたときに，この閉ループ系の極がどのように変化するかを視覚的に知りたい．そこで，ゲイン k を 0 から ∞ まで変化させたときの閉ループ系の極を複素平面上に描くことを考える．このゲイン k を変化させたときの閉ループ系の極の軌跡を**根軌跡**と呼ぶ．根軌跡は，MATLAB® などを用いて容易に描くことができるため，以下では，根軌跡の特徴を中心に解説する．

4 次のプラント $P(s) = \frac{1}{s^3+3s^2+3s+2}$ に対してゲイン k を用いた $u = ky$ による閉ループ系（図 10.3）を考える．この場合の根軌跡を図 10.4 に示す．

次に，分母多項式は同一だが，相対次数が 2 および 1 の場合のプラントに対する根軌跡の例を図 10.5 および図 10.6 に示す．

これらの図に示すように，$k = 0$ の場合の閉ループ系の極は「×」で示し，$k = \infty$ の場合の閉ループ系の極は「○」で示し，途中に矢印を用いることで閉ループ系の極の移動する方向を表している．

図 10.4 からは，ゲイン k を大きくしていくと元々は安定だった共役複素極が不安定な共役複素極へ変わることがわかる．これに対して，図 10.5 からは，ゲイン k を大きくしていっても閉ループ系の安定性は変わらないことがわかる．一方，図 10.6 からは，ゲイン k が非常に小さい範囲では閉ループ系は安定である

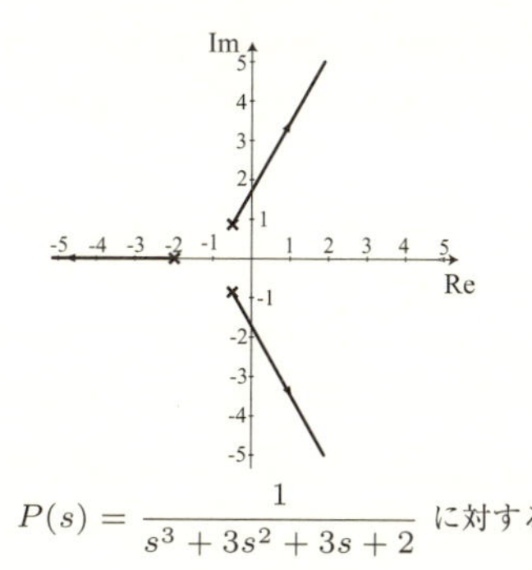

図 10.4 $P(s) = \dfrac{1}{s^3 + 3s^2 + 3s + 2}$ に対する根軌跡

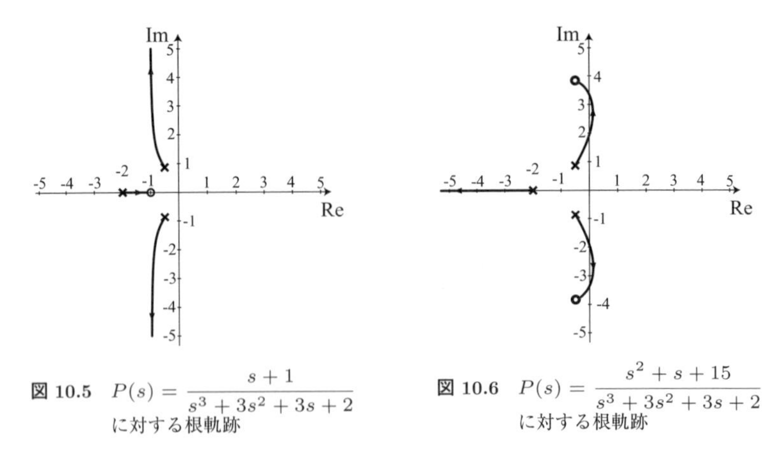

図 10.5　$P(s) = \dfrac{s+1}{s^3+3s^2+3s+2}$ に対する根軌跡

図 10.6　$P(s) = \dfrac{s^2+s+15}{s^3+3s^2+3s+2}$ に対する根軌跡

が，ある程度大きなゲインを用いると不安定な共役複素極を有するようになり，さらに大きなゲインを用いると安定極に変わることがわかる．このように，根軌跡を用いることで，ゲイン k に応じた閉ループ系の安定性を視覚的に理解することが可能となる．

根軌跡の主な特徴は以下の通りである．

1）根軌跡は実軸に関して対称である．

2）根軌跡の n 個の始点である「×」はプラント $P(s)$ の極であり，m 個の終点である「○」はプラント $P(s)$ の零点である．

3）根軌跡は n 本の線から構成されるが，そのうち m 本はプラント $P(s)$ の零点に向かい，残りの $n-m$ 本は無限遠点に向かう．

4）分母多項式と分子多項式の最高次係数がともに正の場合，実軸上の点で，その右側に存在する $P(s)$ の零点と極の合計数が重複度を含めて奇数個存在するならば，その点は根軌跡上の点である．

5）分母多項式と分子多項式の最高次の係数がともに正の場合，無限遠点に向かう極の漸近線の角度 γ は以下で与えられる．

$$\gamma = -\frac{(2k+1)\pi}{n-m}, k = 0, 1, \ldots, n-m-1$$

上記の 1)〜3) の特徴について簡単に説明する．4), 5) については，文献[17] を参照されたい．また，その他の条件については，演習問題 10.5 を参照されたい．

1) については，根軌跡は $d(s) + kn(s) = 0$ を満たす複素数 s であるが，この $d(s)$ および $n(s)$ は実係数多項式である．そのため，$d(s) + kn(s) = 0$ を満たす

s は実数もしくは共役複素数となり，実軸に関して対称な位置に存在する．

2) については，$k=0$ の場合，$d(s)+kn(s)=0$ を満たす複素数 s は $d(s)=0$ を満たす複素数であるから，n 個の始点がプラントの極である．$k=\infty$ の場合，$d(s)+kn(s)=0$ を満たす複素数 s は $\frac{d(s)}{k}+n(s)=0$ において $k=\infty$ となった式は $n(s)=0$ を満たす必要があることから，m 個の終点がプラントの零点となる．

3) の前半については，上述した 2) の理由より n 本の根軌跡のうち m 本はプラント $P(s)$ の零点に向かう．後半の $n-m$ 本は無限遠点に向かうことは，次のように考えることができる．閉ループシステムの極は $d(s)+kn(s)=0$ を満たす複素数 s であるが，$d(s)$ および $n(s)$ を

$$
\begin{aligned}
d(s) &= s^n + d_{n-1}s^{n-1} + \cdots + d_1 s + d_0 \\
n(s) &= n_m \prod_{i=1}^{m}(s - z_i)
\end{aligned}
$$

と記述する（ただし，z_i $(i=1,\ldots,m)$ は零点である）と，$d(s)+kn(s)=0$ の両辺を s^m で割った式は以下となる．

$$
s^{n-m}\left(1+\frac{d_{n-1}}{s}+\cdots+\frac{d_0}{s^n}\right)+kn_m\prod_{i=1}^{m}\left(1-\frac{z_i}{s}\right)=0
$$

いま，$k\to\infty$ となったときの上式を満たす複素数 s のうち，プラントの零点以外の解 s がどのような特徴を有するのか調べてみよう．s はプラントの零点ではないので，右辺の $\prod_{i=1}^{m}\left(1-\frac{z_i}{s}\right)$ は零とはならない．そのため，$\left|kn_m\prod_{i=1}^{m}\left(1-\frac{z_i}{s}\right)\right|$ は k を大きくすると同様に大きな値となる．よって，$\left|s^{n-m}\left(1+\frac{d_{n-1}}{s}+\cdots+\frac{d_0}{s^n}\right)\right|$ も同様に大きな値を持つ必要があり，結果として，$k\to\infty$ のとき $|s^{n-m}|\to\infty$ となることがわかる．

なお，4), 5) に関して，図 10.4，図 10.5 および図 10.6 においてその成立が確認できる．

10.4　周波数領域での設計指標

前節では時間領域での応答（過渡応答）特性における制御系の設計仕様（速応性，減衰特性，定常特性）について述べた．周波数応答は，正弦波入力に対する制御系出力の定常状態でのゲインおよび位相の変化を解析したものであるが，両

者の関係性を検討しておくことは制御系設計において有用である.

10.4.1　閉ループ系の周波数応答と過渡特性

実在する振動的な振る舞いを示す閉ループ系 $T_{ry}(s)$ のボード線図（ゲイン線図）の概形は図 10.7 に示すようなものとなる．そのゲイン特性は低周波数領域では 0 [dB] であるが，周波数 ω_p でゲインが上昇しピーク値 M_p を示し，高周波数帯域では減衰する．このような周波数特性を示す系は自然界には多く存在する．ゲインが $T(j0)$ の $1/\sqrt{2}$ 倍，すなわち約 -3 [dB] になる角周波数 ω_b を**遮断角周波数**（**カットオフ角周波数**）といい，ω_b 以下の低周波数領域（$0〜\omega_b$ の周波数帯域）を**バンド幅**と呼ぶ．バンド幅は，この帯域に周波数成分を有する入力信号に対して閉ループ系 $T_{ry}(s)$ の出力がほぼ同じ大きさの振幅を持つ信号となることを意味しており，ω_b のときの位相 ϕ_b が 0 に近いほど目標信号への追従性が期待できる．このように，バンド幅 ω_b は速応性に係る設計指標となる．

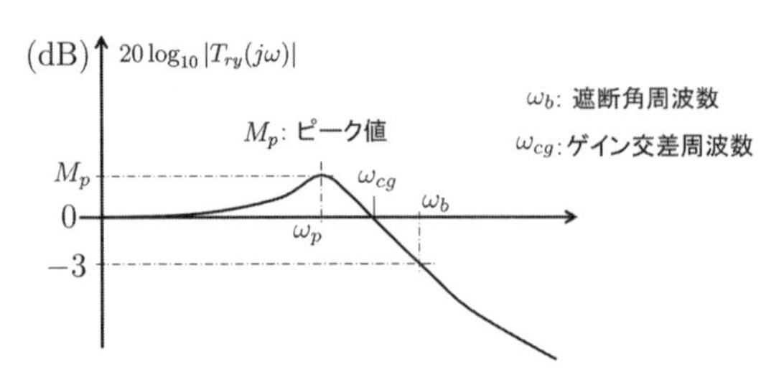

図 10.7　閉ループ系のボード線図（ゲイン線図）

時間領域では速応性に係る設計指標として立ち上がり時間 T_R および遅れ時間 T_d を挙げられるが，これらと ω_b および ϕ_b との間に一般的な解析的関係式は残念ながら得られない．しかし，立ち上がり時間 T_R および遅れ時間 T_D がともに $\frac{1}{\omega_b}$ とおよそ比例関係にあることはよく知られており，このことから，カットオフ角周波数 ω_b が大きい（バンド幅が広い）ほど速応性が増すことがわかる．

また，$T_{ry}(s)$ が (7.23) 式で表される 2 次遅れ系である場合には，周波数応答は

$$|T_{ry}(j\omega)| = \frac{\omega_n^2}{\sqrt{(-\omega^2+\omega_n^2)^2+(2\zeta\omega_n\omega)^2}} \tag{10.1}$$

$$\angle T_{ry}(j\omega)| = \tan^{-1}\frac{-2\zeta\omega_n\omega}{-\omega^2+\omega_n^2} \tag{10.2}$$

となるので，$d|T_{ry}(j\omega)|/d\omega = 0$ を解くと，ピーク周波数 ω_p は

$$\omega_p = \omega_n \sqrt{1 - 2\zeta^2} \tag{10.3}$$

と得られる．また，$0 < \zeta < 1/\sqrt{2}$ の場合のみにピーク M_p が発生し，(10.1) 式に $\omega = \omega_n \sqrt{1 - 2\zeta^2}$ を代入することで

$$M_p = 20 \log_{10} \left(\frac{1}{2\zeta\sqrt{1 - \zeta^2}} \right) \tag{10.4}$$

が得られ，ピーク値は ζ にのみ依存することがわかる．

10.4.2　開ループ系の周波数応答と設計仕様

フィードバック制御系の安定性を周波数応答に基づいて解析する際は，一巡伝達関数の周波数応答を評価するナイキストの安定判別法が用いられる．その場合，制御系の安定度がゲイン余裕 g_m および位相余裕 p_m として定義されることを既に9章で述べた．ゲイン余裕および位相余裕は後述するサーボ制御系とレギュレータ制御系設計（11章参照）のそれぞれの場合で表10.1のように設定することが望ましいとされている（図10.8参照）．

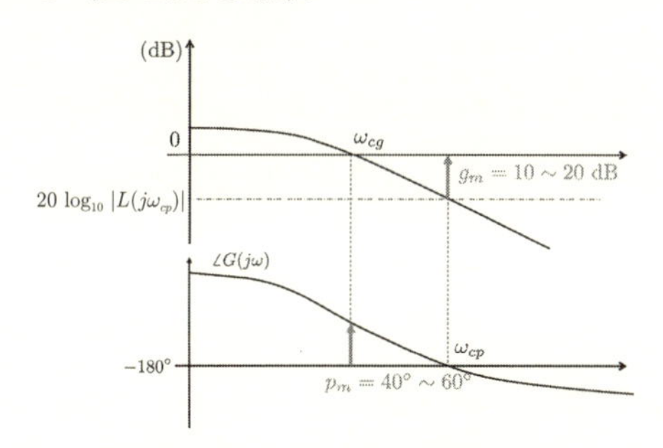

図 10.8　ゲイン余裕と位相余裕

表 10.1　ゲイン余裕および位相余裕の設定目安

制御問題	ゲイン余裕 g_m	位相余裕 p_m
サーボ制御系	10〜20 [dB]	40〜60°
レギュレータ制御系	3〜10 [dB]	20° 以上

以下では，一巡伝達関数 $L(s) = P(s)C(s)$ を持つフィードバック制御（図9.1参照）により閉ループ系が (7.23) 式で与えられる2次遅れ系となる場合について，位相余裕を示すゲイン交差角周波数 ω_{cg} および遮断角周波数 ω_b と減衰係数 ζ および固有角周波数 ω_n との関係性について整理しておく．

いま，フィードバック系の一巡伝達関数 $L(s)$ が

$$L(s) = \frac{{\omega_n}^2}{s(s+2\zeta\omega_n)} \tag{10.5}$$

であるとき，閉ループ系は 2 次遅れ系となる．この一巡伝達関数 $L(s)$ のゲインと位相は

$$|L(j\omega)| = \frac{\omega_n^2}{\sqrt{\omega^4 + 4\zeta^2\omega_n^2\omega^2}} \tag{10.6}$$

$$\angle L(j\omega)| = \tan^{-1}\frac{2\zeta\omega_n}{\omega} \tag{10.7}$$

となり，ゲイン交差周波数 ω_{cg} では $|L(j\omega_{cg})| = 1$ なので，

$$\omega_{cg}^4 + 4\zeta^2\omega_n^2\omega_{cg}^2 = \omega_n^4$$

を解くことにより

$$\omega_{cg} = \omega_n\sqrt{\sqrt{4\zeta^4+1} - 2\zeta^2} \tag{10.8}$$

を得る．また，位相余裕 p_m は

$$p_m = \tan^{-1}\left(\frac{2\zeta\omega_n}{\omega_{cg}}\right) = \tan^{-1}\left(\frac{2\zeta}{\sqrt{\sqrt{4\zeta^4+1} - 2\zeta^2}}\right) \tag{10.9}$$

により求められる．さらに，(10.1) 式より遮断角周波数 ω_b について $|T_{ry}(j\omega)| = 1/\sqrt{2}$ となればよいので

$$\left(\omega_n^2 - \omega_b^2\right)^2 + (2\zeta\omega_n\omega_b)^2 = 2\omega_n^4$$

が成り立つ．よって，

$$\omega_b = \omega_n\sqrt{1 - 2\zeta^2 + \sqrt{(1-2\zeta^2)^2 + 1}} \tag{10.10}$$

を得る．したがって，ω_n を一定とすると，ζ が大きくなると ω_{cg}，ω_b はともに小さくなり，減衰度と速応性とはトレードオフであることがわかる．

10 章　演習問題

基 礎 問 題

問題 10.1　一巡伝達関数 L(s) が

$$L(s) = \frac{10}{s(0.1s+1)}$$

で与えられる単一フィードバック制御系について，周波数応答に関する以下の指標の値を求めよ．

(1) ピーク周波数 ω_p, (2) ピーク値 M_p (dB), (3) 位相余裕 P_m, (4) 遮断周波数 ω_b

問題 10.2　つぎの 2 種類の伝達関数

$$G_1(s) = \frac{100}{s^2+4s+100}\ ,\quad G_2(s) = \frac{50}{s^2+4s+25}$$

で与えられる制御系について，つぎの特性 (a) 行き過ぎ量，(b) 行き過ぎ時間，(c) 整定時間，(d) 遅延時間，(e) 立ち上がり時間，を図 10.9 より読み取れ．

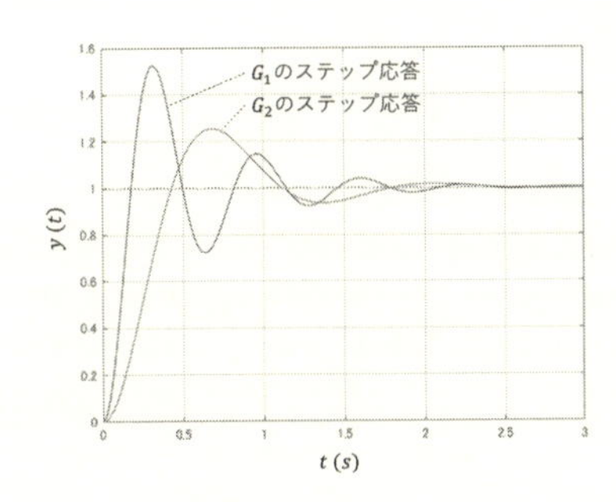

図 10.9　ステップ応答

問題 10.3　図 10.3 に示したフィードバック系において $P(s) = \frac{1}{(s+1)(s+2)}$ とする．次の手順により根軌跡を求めなさい．

(1) 根軌跡の本数を求めよ，(2) 出発点を求めよ，(3) 終点を求めよ，(4) 根軌跡が実軸上にある区間を求めよ，(5) 実軸から根軌跡が分岐する点を求めよ，(6) 根軌跡の概形を示せ．

応　用　問　題

問題 10.4　　一巡伝達関数 L(s) が

$$L(s) = \frac{K}{(s+1)(2s+1)(3s+1)}$$

で与えられるフィードバック制御系について，ゲイン余裕が 20 [dB] となるようにゲイン K を設定しなさい．

問題 10.5　開ループ伝達関数 $P(s)C(s) = \frac{1}{s(s+1)(s+2)}$ に対して根軌跡の概形を描け。

問題 10.6　図 10.10 に示す直結フィードバック系がある．ゲインパラメータ K を 0 から$+\infty$に変化させた場合の根軌跡の概形を描け。

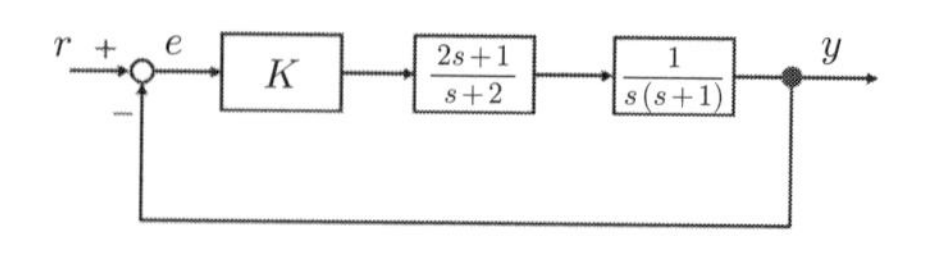

図 10.10　フィードバック制御系

【10 章　演習問題解答】

〈問題 10.1〉 フィードバック系の伝達関数 $T_{ry}(s)$ は

$$T_{ry}(s) = \frac{100}{s^2 + 10s + 100}$$

となり，固有角振動数 $\omega_n = 10$, 減衰係数比 $\zeta = 0.5$ である．これより，

(1) $\omega_p = \omega_n\sqrt{1-2\zeta^2} = 1 - \sqrt{0.5} \fallingdotseq 7.07$ [rad/s]

(2)

$$M_p = 20\log\left(\frac{1}{2\zeta\sqrt{1-\zeta^2}}\right) = 20\log\left(\frac{1}{\sqrt{0.75}}\right) \fallingdotseq 1.249 \text{ [dB]}$$

(3)

$$\omega_{cg} = \omega_n\sqrt{\sqrt{4\zeta^4+1} - 2\zeta^2} = 10\sqrt{\sqrt{1.25} - 0.5} \fallingdotseq 7.86 \text{ [rad/s]}$$

得られたゲイン交差周波数 ω_{cg} を (10.9) 式に代入すると

$$p_m = \tan^{-1}\left(\frac{2\zeta\omega_n}{\omega_{cg}}\right) = \tan^{-1}\left(\frac{10}{7.86}\right) \fallingdotseq 51.8 \text{ [deg]}$$

(4)

$$\omega_b = \omega_n\sqrt{1 - 2\zeta^2 + \sqrt{(1-2\zeta^2)^2 + 1}} = 10\sqrt{0.5 + \sqrt{1.25}} \fallingdotseq 12.7 \text{ [rad/s]}$$

〈問題 10.2〉 実際の値は表 10.2 と得られている．

表 10.2 過渡応答の特性指標値

伝達関数	$T_R[s]$	$T_O[s]$	$A_O[\%]$	$T_s[s]$	
				5[%]	2[%]
G_1	0.181	0.308	52.7	1.51	1.97
G_2	0.433	0.576	25.4	1.54	2.00

〈問題 10.3〉

(1) 根軌跡の本数は $P(s)$ の次数 $n=2$ と一致するので，2 本.

(2) 始点は $P(s)$ の極：$(-1, j0)$, $(-2, j0)$ である.

(3) $P(s)$ の零点がない（$m=0$）ので，2 本の軌跡の終点は無限遠点となる.

(4) 実軸上の点でその右側に存在する $P(s)$ の零点と極の合計数が奇数であるとき根軌跡の上にある．したがって，実軸区間 $[-2, -1]$ に根軌跡がある.

(5) 閉ループ系の極は，$1 + P(s) = 0$ なる特性方程式解であるので，$s^2+3s+2+K=0$ を解くことで，$s = \frac{-3\pm\sqrt{9-4(2+K)}}{2}$ と求められる．$K=1/4$ のとき，$s=-1.5$ の重根が得られ，$K>1/4$ では，解は共役複素数となる．したがって，$(-1.5, j0)$ が根軌跡の分岐点である.

なお，K をさらに増大させると，共役複素数の虚数部が増大し実部は -1.5 のまま変化しない．前問 (3) の 2 つの終点は，$(-1.5, j\infty)$ および $(-1.5, -j\infty)$ となることが分かる.

(6) (1)〜(5) の結果より，求める根軌跡は図 10.11 となる.

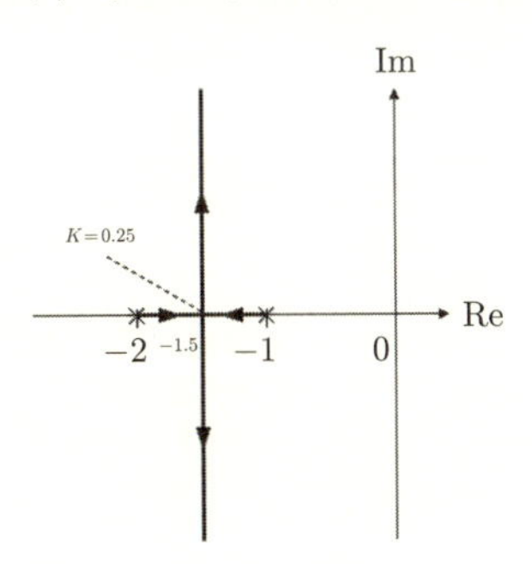

図 10.11 根軌跡

〈問題 10.4〉 周波数伝達関数 $L(j\omega)$ は

$$
\begin{aligned}
L(j\omega) &= \frac{K}{(j\omega+1)(2j\omega+1)(3j\omega+1)} \\
&= \frac{K}{(1+\omega^2)(1+4\omega^2)(1+9\omega^2)}\left\{(1-11\omega^2)+j6\omega(1-\omega^2)\right\}
\end{aligned}
$$

となる．ナイキスト軌跡が原点以外で実軸と交わるのは $\omega = 0$ の始点 $(K, j0)$ と，$\omega = 1$ のときの点 $(-K/10, j0)$ である．

ゲイン余裕は，$g_m = -20\log(-K/10)$ であり，20 [dB] となるには $K = 1$ であればよいことが分かる．

〈問題 10.5〉 $P(s)C(s)$ の次数は $n = 3$ であるので，根軌跡は 3 本である．$P(s)C(s)$ の極および零点は，それぞれ根軌跡の始点および終点となる．極と零点の個数の差 $(n - m = 3)$ から，3 本の根軌跡は無限遠点に向かう．

始点： $(0, j0), (-1, j0), (-2, j0)$

終点： 3 つの無限遠点

そして，実軸上に根軌跡が存在する区間は，$[-\infty, 0]$ および $[-1, 0]$ である．すなわち，原点および $(-1, j0)$ の二つの極から出発する根は実軸上を対向して移動し分岐点に達し，その後は漸近線に沿って無限遠点に向かうこととなる．残りの 1 本は $(-2, j0)$ を出発し，実軸上を負の無限遠点に向かう．

この実軸上の分岐点 α では，

$$\frac{d}{ds}\left[\frac{1}{P(s)C(s)}\right]_{s=\alpha} = 0$$

を解くことにより求めることができる[13),17),21)]．すなわち

$$\frac{d}{ds}\{s(s+1)(s+2)\} = 3s^2 + 6s + 2$$

となることから，$3s^2 + 6s + 2$ を解き $s = -0.423, -1.577$ を得る．実軸上に根軌跡がある区間内に α が存在することを考慮すると，$\alpha = -0.423$ であることが分かる．

つぎに，p_i を $P(s)C(s)$ の極，z_j を零点とすると，漸近線と実軸との交点を β は

$$\beta = \frac{\sum_{i=1}^{n} p_i - \sum_{j=i}^{m} z_j}{n - m}$$

で求められることから，$\beta = \frac{(0-1-2)-0}{3} = -1$ となる．また，無限遠点に向かう根軌跡の漸近線のなす角を γ とすると

$$\gamma = -\frac{(2k+1)\pi}{n-m},\ k = 0, 1, 2, \cdots, n - m - 1$$

である．これより，$\gamma = -\pi/3, -\pi, -5\pi/3$ を得る．

以上より，根軌跡の概形は図 10.12 となる．

この場合，K を増大させるとやがてフィードバック系の極が複素平面の右半面に存在することとなり，$K=6$ において虚軸上に特性根 $\pm j\sqrt{2}$ を持つことから，これが安定限界ゲインとなる．

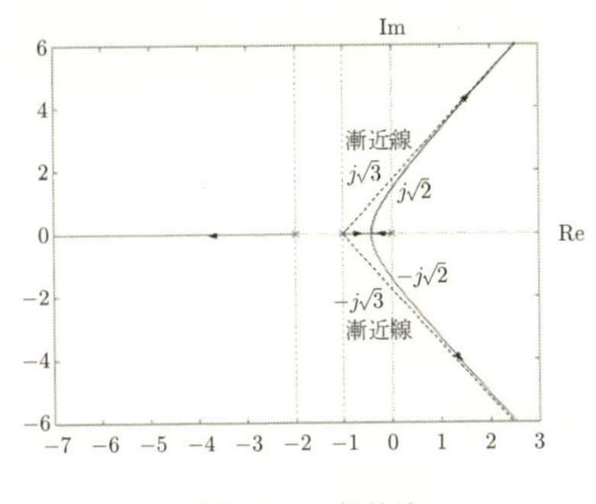

図 10.12　根軌跡

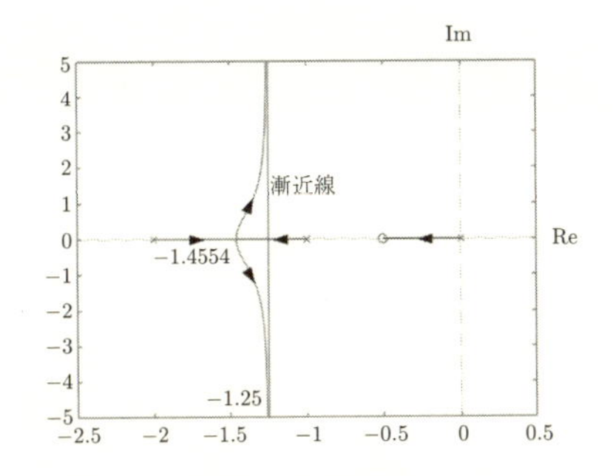

図 10.13　根軌跡

〈問題 10.6〉$P(s)C(s)$ の次数は $n=3$ であるので，根軌跡は 3 本である．$P(s)C(s)$ の極および零点は，それぞれ根軌跡の始点および終点となる．極と零点の個数の差 $(n-m=2)$ から，残りの 2 本の根軌跡は無限遠点に向かう．

始点： $(0,0),(-1,j0),(-2,j0)$

終点： $(-0.5,j0)$ および 2 つの無限遠点

そして，実軸上に根軌跡が存在する区間は，$[-0.5,0]$ および $[-2,-1]$ である．すなわち，原点にある極から出発する根は実軸上を移動し零点 $(-0.5,j0)$ へと向かうことが分かる．残りの 2 本は $(-1,j0),(-2,j0)$ を出発し，実軸上を推移した後に分岐点に達し，その後は虚軸と平行な漸近線に沿って無限遠点に向かうこととなる．

この実軸上の分岐点 α は

$$\frac{d}{ds}\left\{\frac{s(s+1)(s+2)}{2s+1}\right\}=\frac{4s^3+9s^2+6s+2}{(2s+1)^2}$$

となり，$4s^3+9s^2+6s+2=0$ を数値計算によって解くと $s=-1.4554,-0.3973\pm j0.4309$ を得ることから，$\alpha=-1.4554$ であることが分かる．また，漸近線と実軸との交点を β は $\beta=\frac{(0-1-2)-(-0.5)}{3-1}=-1.25$ を得る．以上より，根軌跡の概形は図 10.13 となる．

11 制御系の設計指針

11.1　制御目的と応答特性

制御系を設計する主たる目的としては (1) システムの安定化 (2) 出力 (制御量) の目標値への一致，すなわち，**制御誤差**（**制御偏差**）の低減もしくは除去が挙げられる．制御対象が不安定系である場合，フィードバック制御を施すことで制御系の安定性を確保することは必須要件となる．安定な制御対象に対してもフィードバック制御を施して応答性を改善しようとする場合，フィードバック制御系の安定性が損なわれることがあってはならない．このような制御は，その制御目的に応じて以下の二つに大別される．一つは変化することを想定しない一定の目標値に出力を保つことを目的とした**レギュレータ制御**（**定値制御**）であり，もう一つは，時間とともに変化する目標値に誤差なく出力を追従させることを目的とした**サーボ制御**である．

レギュレータ制御における制御目的は，外乱の影響により制御誤差が生じても，時間が十分に経過した定常状態では出力が元の一定値に保たれた状態にすることである．一方，サーボ制御の場合は，変化する目標値に対して出力を素早く追従させることが制御目的となる．

また，制御対象は，時間経過や環境変化によって動特性の変化がしばしば生じる．このような変化のほかにも，想定していない（モデル化していない）動特性（**非モデル化動特性**）や外乱の影響が存在する．このような状況下でも期待する安定性，定常性，速応性が保持できる**頑健性**（**ロバスト性**）が制御系設計において必要とされる．

11.2 制御系の設計手順

一般的に制御系の設計は以下の手順で行われる．

ステップ 1：仕様の決定　構成しようとする制御系の性能に関する仕様をシステムの特性（安定性，定常性，速応性，ロバスト性）を表す指標を用いて決定する．

ステップ 2：構造決定　設計仕様に対し制御系の構造と構成要素を決定する．

ステップ 3：特性解析　安定性，過渡特性（時間応答），周波数特性などの制御系の特性を解析する．

ステップ 4：制御系設計　ステップ 1 で決定された設計仕様を満たすように，制御器のパラメータの値を調節する．設計仕様を満足させるパラメータが決定できない場合は，必要に応じてステップ 2 に戻り制御系の構造や構成要素を変更する．

11.3 過渡特性（時間応答）に関する設計指針

11.3.1 安定性に関する指針

5.2 節で記述したように制御系の（BIBO）安定性は制御系のすべての極（特性根）の実部が負となることで保証される．複素平面上での極の位置とインパルス応答（4.3 節）との関係性は図 11.1 に示すものとなる．

虚軸から負の実軸方向に遠く離れている極による応答成分は速く減衰するため，過渡応答に大きな影響は及ぼさない．逆に最も虚軸に近い極が応答の減衰性を支配するといえる．この極は**代表極**（**代表根**）と呼ばれる．代表極の複素平面上の配置は応答の安定性（減衰性）を表す重要な指標のひとつである．10 章において制御器ゲインの増加によって制御系の極が複素平面上で移動して描かれる根軌跡の性質を解説した．代表極の配置すべき領域が設計仕様として設定された場合に，根軌跡法は前述した設計手順のステップ 3 およびステップ 4 で用いられる解析および設計手法となる．

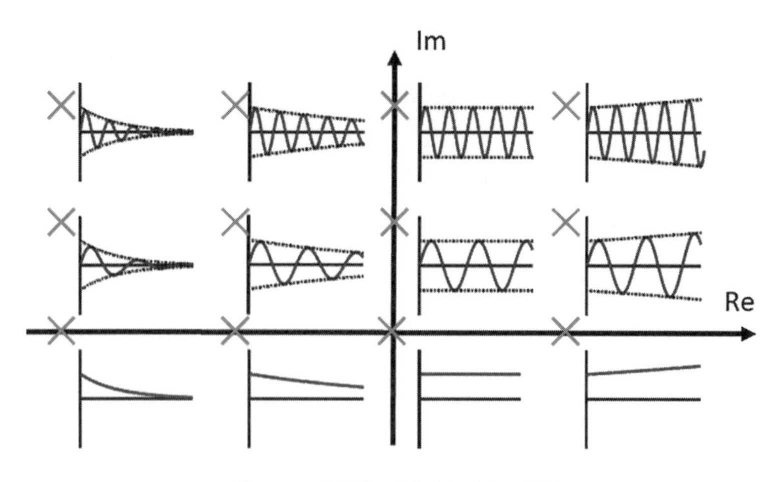

図 11.1　制御系の極とインパルス応答

11.3.2　速応性に関する指針

10 章で述べたように，システムのステップ応答に関連して定義された指標である立ち上がり時間 T_R，遅れ時間 T_D，行き過ぎ時間 T_O は速応性を定量的に表現する重要な指標である．また，オーバーシュート A_O は減衰特性を表現する指標であるといえる．一般的な高次系のパラメータからこれらの指標との厳密な関係式を求めることは難しいが，(4.28) 式で表される 2 次遅れ系については，関連を導くことができる．なお，$\zeta \geq 1$ の場合は，オーバーシュートは発生せず非振動的な応答となることに注意されたい．

いま，$0 < \zeta < 1$ の場合を考えよう．この場合のステップ応答は (4.32) 式より，

$$y(t) = 1 - \frac{1}{\sqrt{1-\zeta^2}} e^{-\zeta\omega_n t} \sin\left(\sqrt{1-\zeta^2}\omega_n t + \varphi\right)$$

と与えられる．ただし，$\varphi = \tan^{-1}\left(\frac{\sqrt{1-\zeta^2}}{\zeta}\right)$，または，$\cos\varphi = \zeta$，$\sin\varphi = \sqrt{1-\zeta^2}$ である．このとき，0 から 100%に達するまでの立ち上がり時間 T_R (%) に対して

$$y(T_R) = 1 - \frac{1}{\sqrt{1-\zeta^2}} e^{-\zeta\omega_n T_R} \sin\left(\sqrt{1-\zeta^2}\omega_n T_R + \varphi\right) = 1 \tag{11.1}$$

が成立するので，$\sin\left(\sqrt{1-\zeta^2}\omega_n T_R + \varphi\right) = 0$ である．したがって，

$$\sqrt{1-\zeta^2}\omega_n T_R + \varphi = \pi \tag{11.2}$$

すなわち

$$T_R = \frac{\pi - \varphi}{\sqrt{1-\zeta^2}\omega_n} \tag{11.3}$$

なる関係式が得られる．

行き過ぎ時間 T_O は，$\frac{dy(t)}{dt} = 0$ を満たす t として求めることができる．すなわち，

$$\begin{aligned}
\frac{dy(t)}{dt} &= \frac{1}{\sqrt{1-\zeta^2}}\Big\{\zeta\omega_n e^{-\zeta\omega_n t}\sin(\sqrt{1-\zeta^2}\omega_n t + \varphi) \\
&\qquad - \sqrt{1-\zeta^2}\omega_n e^{-\zeta\omega_n t}\cos(\sqrt{1-\zeta^2}\omega_n t + \varphi)\Big\} \\
&= \frac{\omega_n}{\sqrt{1-\zeta^2}} e^{-\zeta\omega_n t}\Big\{\cos\varphi\sin(\sqrt{1-\zeta^2}\omega_n t + \varphi) \\
&\qquad - \sin\varphi\cos(\sqrt{1-\zeta^2}\omega_n t + \varphi)\Big\} \\
&= \frac{\omega_n}{\sqrt{1-\zeta^2}} e^{-\zeta\omega_n t}\sin(\sqrt{1-\zeta^2}\omega_n t) = 0
\end{aligned}$$

より，

$$T_O = \frac{\pi}{\omega_n\sqrt{1-\zeta^2}} \tag{11.4}$$

となる．よって，オーバーシュート A_O は，$A_O = y(T_O) - 1$ より

$$\begin{aligned}
y(T_O) - 1 &= -\frac{1}{\sqrt{1-\zeta^2}} e^{-\zeta\omega_n T_O}\sin(\sqrt{1-\zeta^2}\omega_n T_O + \varphi) \\
&= \frac{1}{\sqrt{1-\zeta^2}} e^{-\zeta\omega_n T_O}\sin(\varphi) \\
&= e^{-\zeta\omega_n T_O}
\end{aligned}$$

すなわち，

$$A_O = e^{\frac{-\zeta\pi}{\sqrt{1-\zeta^2}}} \times 100\ [\%] \tag{11.5}$$

と求められる．

また，整定時間 T_S については

$$\frac{|y(T_S) - y(\infty)|}{|y(\infty)|} \le \varepsilon_p \tag{11.6}$$

が成り立つ．ここで，$y(\infty)$ はステップ応答の最終値を表す．また，$\varepsilon_p = 0.05$ もしくは 0.02 である．2 次遅れ系では，単位ステップ入力の場合 $y(\infty) = 1$ である

ので，この場合は

$$\left|\frac{e^{-\zeta\omega_n T_S}}{\sqrt{1-\zeta^2}}\sin\left(\sqrt{1-\zeta^2}\omega_n T_S+\varphi\right)\right|\le\varepsilon_p \tag{11.7}$$

となる．(11.7) 式を解いて T_S を求めることは困難である．いま，

$$\left|\sin\left(\sqrt{1-\zeta^2}\omega_n T_s+\varphi\right)\right|\le 1$$

であるので，

$$\frac{e^{-\zeta\omega T_s}}{\sqrt{1-\zeta^2}}\le\varepsilon_p$$

であればよい．よって，T_S は次式により求められる．

$$T_S\ge-\left(\frac{\ln(\varepsilon_p\sqrt{1-\zeta^2})}{\zeta\omega_n}\right) \tag{11.8}$$

例題 11.1　$T_{ry}(s)$ が (7.23) 式で表される 2 次遅れ系を考えよう．

$$T_{ry}(s)=\frac{\omega_n^2}{s^2+2\zeta\omega_n s+\omega_n^2} \tag{11.9}$$

このとき，最大行き過ぎ量（オーバーシュート）A_O を 5%以内，整定時間を任意の T_S 以下に設定したい．ζ，ω_n はどのように設定すればよいか．

解答例

$$A_O=e^{\frac{-\zeta\pi}{\sqrt{1-\zeta^2}}}<0.05$$

より，

$$\zeta=\cos\varphi>0.69 \tag{11.10}$$

と求まる．この ζ を用いて，ω_n は

$$\omega_n\ge-\left(\frac{\ln(\varepsilon_p\sqrt{1-\zeta^2})}{\zeta T_S}\right) \tag{11.11}$$

と設定すればよい．なお，$T_{ry}(s)$ の極は，

$$p,\bar{p}=-\zeta\omega_n\pm j\sqrt{1-\zeta^2}\omega_n$$

である（図 11.2 参照）．(11.10) より，$\varphi=46^\circ$ であり（図 11.3(a) 参照），(11.11) 式の関係より，

$$-\zeta\omega_n\le\frac{\ln(\varepsilon_p\sqrt{1-\zeta^2})}{T_S}$$

を得る（図 11.3(b) 参照）ので，仕様を満たす極は，図 11.4 のように配置すればよいことがわかる．

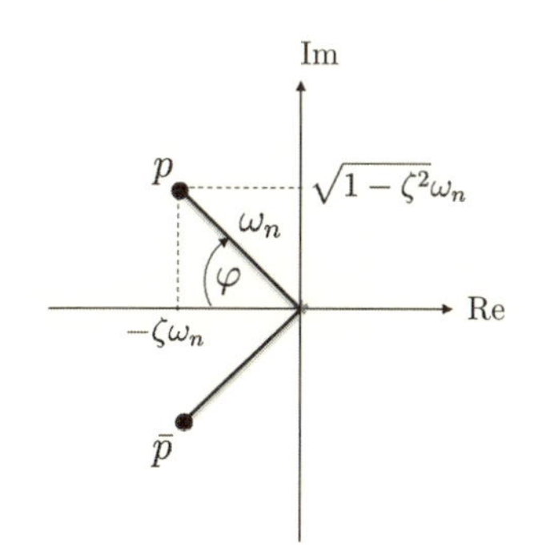

図 11.2 2 次遅れ系の極

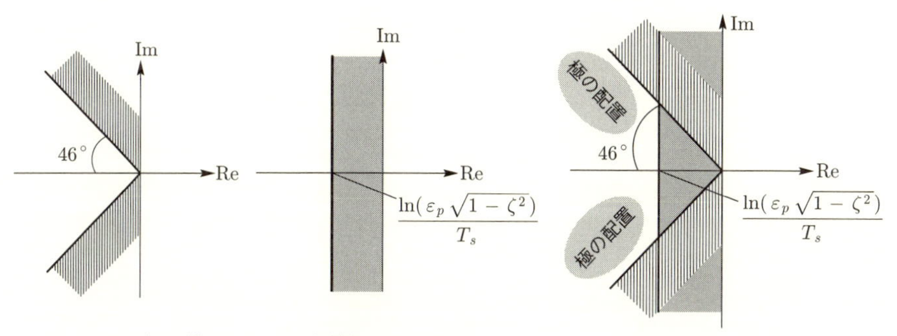

(a) φ による極の範囲　(b) 実数部の極の範囲

図 11.3 極の配置の目安

図 11.4 極の配置

11.3.3 定常特性に関する指針

a. 定常偏差

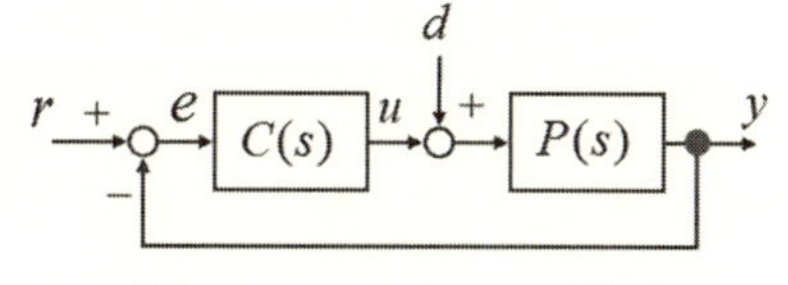

図 11.5 フィードバック制御系

図 11.5 のような制御対象の入力側で外乱信号が混入するフィードバック制御系の定常特性を考える．制御器を $C(s) = K$，制御対象を $P(s) = 1/(Ts+1)$ とし，まず $d = 0$ の外乱の影響がない場合に K の調整によって目標値に対する定常特性への影響を調べてみよう．

目標値 $r(s)$ から制御量 $y(s)$ への閉ループ系伝達関数を $G_c(s)$ で表すこととすると

$$G_c(s) = \frac{P(s)C(s)}{1+P(s)C(s)} = \frac{K}{Ts+1+K} \tag{11.12}$$

となる．単位ステップ応答は 4 章で既に解説したように

$$y(t) = \frac{K}{1+K}\left(1 - e^{\frac{(1+K)}{T}t}\right) \tag{11.13}$$

で表される．ゲイン K を $K=1$ から徐々に増加させると図 11.6 のように定常値 $y(\infty)$ と目標値 $r(t)=1$ との誤差（すなわち定常偏差）は減少し，$K\to\infty$ で $y(\infty)\to 1$ となる．

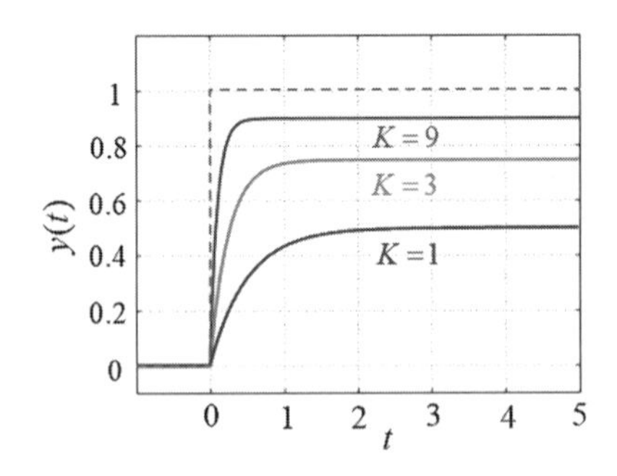

図 11.6 ゲイン K による定常偏差の変化

しかし，現実的には K を無限大とすることは不可能なので定常偏差を $C(s)=K$ では完全に取り除くことはできない．8.3 節において記述したように，一般的には追従誤差 $e(s)$ は，(8.21) 式より，$n(s)=0$ とすると

$$e(s) = S(s)r(s) - S(s)P(s)d(s) \tag{11.14}$$

と表される．ここに，$S(s)$ は感度関数であり一巡伝達関数 $L(s)=P(s)C(s)$ を用いて $S(s)=1/(1+L(s))$ で与えられる．$d(s)=0$ の場合，誤差の最終値が唯一に決まるとき，定常偏差 e_s は最終値定理より

$$e_s = \lim_{t\to\infty} e(t) = \lim_{s\to 0} se(s) = \lim_{s\to 0}\frac{s}{1+L(s)}r(s) \tag{11.15}$$

によって得られ，定常偏差は一巡伝達関数 $L(s)$ と目標値 $r(s)$ の種類（構造とパラメータ）に依存して変化することがわかる．種々の目標信号 $r(t)$ に対する定常偏差について整理してみよう．

b. 定常位置偏差

まず，$r(t)=1$（単位ステップ関数）に対する定常偏差（**定常位置偏差**という）ε_p は (11.15) 式より

$$\varepsilon_p = \lim_{s\to 0}\frac{1}{1+L(s)} = \frac{1}{1+\lim_{s\to 0}L(s)} \tag{11.16}$$

となる．そこで，

$$K_p = \lim_{s\to 0}L(s) = L(0) \tag{11.17}$$

とすると，$\varepsilon_p = 1/(1+K_p)$ と表せる．K_p は**位置偏差定数**と呼ばれる．

c. 定常速度偏差

つぎに，$r(t)=t$（単位ランプ関数）に対する定常偏差（**定常速度偏差**という）ε_v は $K_v = \lim_{s\to 0} sL(s)$ とおくとき，

$$\varepsilon_v = \lim_{s\to 0}\frac{1}{s(1+L(s))} = \frac{1}{\lim_{s\to 0} sL(s)} = \frac{1}{K_v} \tag{11.18}$$

となる．このときの K_v を**速度偏差定数**という．

d. 定常加速度偏差

そして，$r(t)=t^2$（パラボラ関数）に対する定常偏差（**定常加速度偏差**という）ε_a は $K_a = \lim_{s\to 0} s^2L(s)$ とおくとき，

$$\varepsilon_a = \frac{2}{\lim_{s\to 0} s^2L(s)} = \frac{2}{K_a} \tag{11.19}$$

となる．このときの K_a を**加速度偏差定数**という．

以上より，これらの偏差定数 K_p, K_v および K_a が増大すると定常偏差が低減できることがわかる．

例題 11.2 図 11.5 のフィードバック系において，$P(s)=1/s(Ts+1)$, $C(s)=K_1$, $d(t)=0$ とする．K_1 を 0.1, 1, 10 と変化させたとき，定常位置偏差，定常速度偏差，定常加速度偏差はどのように変化するか調べてみよう．

位置偏差定数 $K_p = L(0) = \infty$ となるので，すべての K_1 に対して定常位置偏差 $\varepsilon_p = 0$ となる．つぎに，速度偏差定数 K_v はそれぞれ

$$K_v = \lim_{s\to 0}\frac{K_1}{Ts+1} = K_1$$

となることから定常速度偏差 ε_v は次表 11.1 のように変化する．

そして，定常加速度偏差定数 K_a は

$$K_a = \lim_{s \to 0} \frac{K_1 s}{Ts + 1} = 0$$

となることから，K_1 によらず定常加速度偏差 $\varepsilon_a = \infty$ となることがわかる．

表 11.1　定常速度偏差 ε_v

$K_v(K_1)$	0.1	1	10
ε_v	10	1	0.1

11.3.4　制御系の型

$L(s)$ を一般的に

$$L(s) = \frac{b_m s^m + b_{m-1} s^{m-1} + \cdots + b_0}{s^l (s^n + a_{n-1} s^{n-1} + \cdots + a_0)} \tag{11.20}$$

と表すとしよう．ここに，l は 0 以上の整数であり，制御対象および制御器に合計して l 個の積分器が含まれる構造をフィードバック制御系が有していることを意味している．これまでと同様の検討を行うことで，l に対して定常偏差は表 11.2 に示すものとなる．

表 11.2　制御系の型と定常偏差

l（制御系の型）	$r(t) = 1$ $(r(s) = 1/s)$	$r(t) = t$ $(r(s) = 1/s^2)$	$r(t) = t^2$ $(r(s) = 2/s^3)$
0	$\frac{1}{1+K_p}$	∞	∞
1	0	$\frac{1}{K_v}$	∞
2	0	0	$\frac{1}{K_a}$
3	0	0	0

一巡伝達関数に含まれる積分器の数 l は，**制御系の型**と呼ばれ，制御系の構造を表す重要な指標である．表 11.2 に示すように制御系が 3 型であれば，目標信号がステップ信号，ランプ信号、パラボラ信号のいずれに対しても定常偏差なく追従する．目標信号の種類に対応した制御系の型を設計仕様に設定することで定常特性を指定できることがわかる．

なお，2 型以上の制御器は特に不安定性が強いことから，この制御器を用いた制御系設計には特に注意が必要である．

11.3.5　外乱に対する定常偏差

つぎに，外乱信号に対する定常偏差について考える．いま，$d(t) = 1$（ステップ状外乱）の外乱が印加されたとする．(11.14) 式の右辺第 2 項 $S(s)P(s)d(s)$ が外乱による影響項なので，この項の定常値を e_{ds} とすると，最終定理より

$$e_{ds} = \lim_{s\to 0} s\frac{P(s)}{1+L(s)}d(s) = \frac{\displaystyle\lim_{s\to 0} P(s)}{1+K_p} \tag{11.21}$$

となる．この場合，$L(s)$ が 1 型で $\lim_{s\to 0} L(s) = K_p = \infty$ であっても，$\lim_{s\to 0} P(s)$ も ∞ となる場合は，$e_{ds} \to 0$ となるとは限らない．実際，例題 11.2 のフィードバック系の場合，1 型であるにも関わらず

$$e_{ds} = \lim_{s\to 0} \frac{1}{s(Ts+1)+K_1} = \frac{1}{K_1}$$

となり定常偏差が生じてしまう．制御器 $C(s)$ を $C(s) = K_1\left(1+\frac{1}{T_I s}\right)$ と積分器構造を持たせる（制御器を 1 型で構成する）ことで 2 型の制御系を構成すると，

$$e_{ds} = \lim_{s\to 0} \frac{T_I s}{T_I s^2(Ts+1)+K_1(T_I s+1)} = 0$$

となり定常偏差が除去できることがわかる．この例のように，外乱が存在する場合は，一巡伝達関数ではなく制御器が型を満足していなければならないので注意を要する．

11 章　演習問題

基 礎 問 題

問題 11.1　一巡伝達関数 $L(s)$ が

$$L(s) = \frac{32}{(1+0.2s)(1+4s)}$$

で与えられるフィードバック制御系に，入力として単位ステップ信号を加えたときの定常偏差を求めよ。

問題 11.2　開ループ伝達関数が

$$L(s) = \frac{40}{s(1+0.4s)}$$

であるとき，入力信号として $t \geq 0$ において，$r(t) = 5+2t$ で与えられる単一フィードバック系における定常偏差を求めよ．

問題 11.3　開ループ伝達関数が

$$L(s) = \frac{4}{s(1+0.1s)(1+s)}$$

であるとき，単一フィードバック制御系は何型の制御系か．また，偏差定数（位置偏差定数，速度偏差定数，加速度偏差定数）をそれぞれ求めよ．

応 用 問 題

問題 11.4　一巡伝達関数 $L(s)$ が

$$L(s) = \frac{K}{s(s+1)}$$

で与えられるフィードバック制御系について，単位ランプ入力に対する定常速度偏差が 0.1 以内となるようゲイン K を決定せよ。

問題 11.5　図 11.7 のフィードバック制御系について以下の設問に答えなさい.

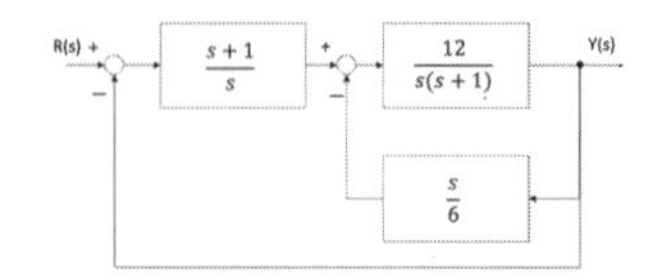

図 11.7　フィードバック制御系

(1) 一巡伝達関数 $L(s)$ を求めよ.

(2) このフィードバック制御系の型を求めよ.

(3) 速度偏差定数 K_v を求めよ.

(4) 定常加速度偏差 ϵ_a を求めよ。

【11 章　演習問題解答】

〈問題 11.1〉 定常位置偏差 ε_p は

$$\varepsilon_p = \frac{1}{1 + \lim_{s \to 0} L(s)} = \frac{1}{1 + K_p} = \frac{1}{33}$$

となる.

〈問題 11.2〉

$$e_s = \lim_{s \to 0} \frac{s}{1 + L(s)} \left(\mathcal{L}[5] + \mathcal{L}[2t]\right)$$

により求めることができる. したがって,

$$e_s = \lim_{s \to 0} \left\{ \frac{5s(1+0.4s)}{0.4s^2 + s + 40} + \frac{2(1+0.4s)}{0.4s^2 + s + 40} \right\} = \frac{1}{20}$$

となる.

〈問題 11.3〉 制御系の型は，一巡伝達関数（単一フィードバック制御系なので開ループ伝達関数となる）に積分器を 1 個含んでいるので，1 型である.

位置偏差定数 K_p：

$$K_p = \lim_{s\to 0} L(s) = \lim_{s\to 0} \frac{4}{s(1+0.1s)(1+s)} = \infty$$

速度偏差定数 K_v：

$$K_v = \lim_{s\to 0} sL(s) = \lim_{s\to 0} \frac{4}{(1+0.1s)(1+s)} = 4$$

加速度偏差定数 K_p：

$$K_a = \lim_{s\to 0} s^2L(s) = \lim_{s\to 0} \frac{4s}{(1+0.1s)(1+s)} = 0$$

〈問題 11.4〉 定常速度偏差 ε_v は

$$\varepsilon_v = \frac{1}{K_v}$$

$$K_v = \lim_{s\to 0} sL(s) = \lim_{s\to 0} \frac{K}{s+1} = K$$

であるから，$\varepsilon_v = 1/K$．したがって，$K \geq 10$ と決定すればよい．

〈問題 11.5〉

(1) $L(s) = \frac{s+1}{s} \cdot \frac{\frac{12}{s(s+1)}}{1+\frac{12s}{6s(s+1)}} = \frac{s+1}{s} \cdot \frac{12}{s(s+3)} = \frac{12(s+1)}{s^2(s+3)}$

(2) $L(s)$ に積分器を 2 個含むので，2 型.

(3) $K_v = \lim_{s\to 0} sL(s) = \lim_{s\to 0} \frac{12(s+1)}{s(s+3)} = \infty$

(4) $K_a = \lim_{s\to 0} s^2L(s) = \lim_{s\to 0} \frac{12(s+1)}{s+3} = 4$

となる．定常加速度偏差は，$\varepsilon_a = 1/K_a = 1/4$　となる．

12

制御器（補償器）の設計

フィードバック制御系の設計仕様が具体的に与えられると，それを満足するように制御器（補償器）を設計することになる．本章では，一巡伝達関数（開ループ伝達関数）が所望の周波数特性を持つように制御器を設計する具体的な方法について説明する．特に，ループ整形と呼ばれる手法を中心に，制御器を用いて一巡伝達関数（開ループ伝達関数）のゲインと位相が仕様を満たすように調整する方法を紹介する．

12.1　制御系の設計手順

一般的なフィードバック制御系の設計手順は以下の通りである．

（1）制御目的を把握し，安定性や過渡特性，定常特性，周波数特性など，制御系が備えるべき特性をまとめ，設計仕様を設定する．

（2）センサーやアクチュエーターなど，フィードバック制御に必要な制御要素を選定し，それらが制御目的を達成できるような性能をもっているか調べる．

（3）制御系に含まれるすべての制御要素について，それらの伝達関数を求め特性を理解する．伝達関数が求められない場合は，実験により入出力データを入手し，伝達関数を推定する．

（4）制御器（補償器）を導入したフィードバック制御系を構成し，その特性を調べ，上記（1）の仕様を満足するように制御器を設計・調整する．

（5）フィードバック制御系の制御性能を評価し，満足のいくものであれば実装し，そうでなければ必要な手順にまで戻り，制御系を再設計する．

上記の手順で（1）と（3）についてはこれまでの章で述べた．（2）はハードウエアに関する仕様である．本章では，（4）の手順について具体的な方法を説明する．

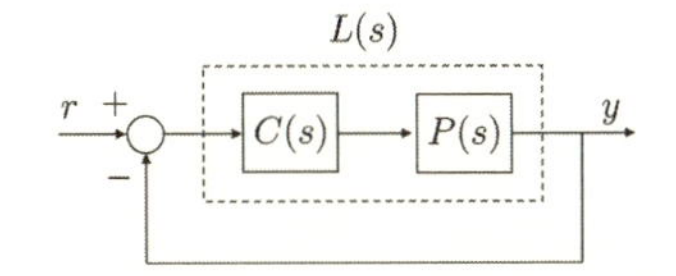

図 12.1 直列補償によるフィードバック制御系

いま，図 12.1 に示すようなフィードバック制御系を考えよう．ここでは制御対象 $P(s)$ に対して制御器（補償器）$C(s)$ が直列に導入されている．このような補償を**直列補償**という．10 章および 11 章で述べたように，閉ループ系の望ましい特性から一巡伝達関数 $L(s)$ の仕様が与えられるので，それを満足するように $C(s)$ を求めることができれば，見通しよく設計を行うことができる．次節ではこの方法について紹介する．

12.2 ル ー プ 整 形

図 12.1 に示すフィードバック制御系（閉ループ系）の伝達関数，すなわち，目標値 r から出力（制御量）y までの伝達関数 $G_c(s)$ は次式のようになる．

$$G_c(s) = \frac{y(s)}{r(s)} = \frac{L(s)}{1+L(s)} \tag{12.1}$$

ただし，$L(s) = P(s)C(s)$ は制御対象 $P(s)$ と制御器 $C(s)$ からなる一巡伝達関数（開ループ伝達関数）である．

10 章では，この $L(s)$ の望ましい周波数特性として，サーボ系ではゲイン余裕は 10~20 [dB]，位相余裕は $40^\circ \sim 60^\circ$ [deg] がよいとされていた．$L(s)$ のゲインと位相は，

$$20\log_{10}|L(j\omega)| = 20\log_{10}|G(j\omega)| + 20\log_{10}|C(j\omega)| \tag{12.2}$$

$$\angle L(j\omega) = \angle G(j\omega) + \angle C(j\omega) \tag{12.3}$$

であるから，うまく $C(s)$ を設計・調整することで，$L(s)$ が上記の仕様を満たすようにする．このように，一巡伝達関数 $L(s)$ が所望の周波数特性を持つように $C(s)$ を設計・調整する方法を**ループ整形**という．

さて，最も簡単な補償はつぎに示す**ゲイン補償**である．

$$C(s) = K,\ K > 0 \tag{12.4}$$

ただし，K は定数である．この補償器（制御器）の周波数伝達関数は $C(j\omega) = K$ であるので，補償後の $L(s)$ のゲインと位相はつぎのようになる．

$$20\log_{10}|L(j\omega)| = 20\log_{10}|G(j\omega)| + 20\log_{10}K \tag{12.5}$$

$$\angle L(j\omega) = \angle G(j\omega) + 0 = \angle G(j\omega) \tag{12.6}$$

すなわち，位相に変化を与えず，ゲインのみを $20\log_{10}K$ [dB] だけ上昇させることができる．この性質を利用して，低周波領域でゲイン $|L(j\omega)|$ が大きくなるように K を調整すれば，閉ループ系の定常特性が向上する．しかし，ゲイン交差周波数が高くなるため，位相余裕には注意が必要である．

例題 12.1（ゲイン補償）　次式を開ループ伝達関数に持つフィードバック制御系を考える．

$$L(s) = \frac{K}{s(s+1)(s+4)},\ K > 0 \tag{12.7}$$

$K=1$ とした場合と $K=10$ とした場合のボード線図を描き，特性を比較せよ．

解答 12.1　図 12.2 にボード線図を示す．K の値を 10 倍にしたことでゲイン $|L(j\omega)|$ が 20 [dB] 増えている．一方，位相 $\angle L(j\omega)$ には変化がなく，そのため，ゲイン交差周波数が高く（ω_{cg} が大きく）なり，位相余裕 p_m が小さくなっている．$K=10$ とした補償では位相余裕は 17° ほどとなっている．

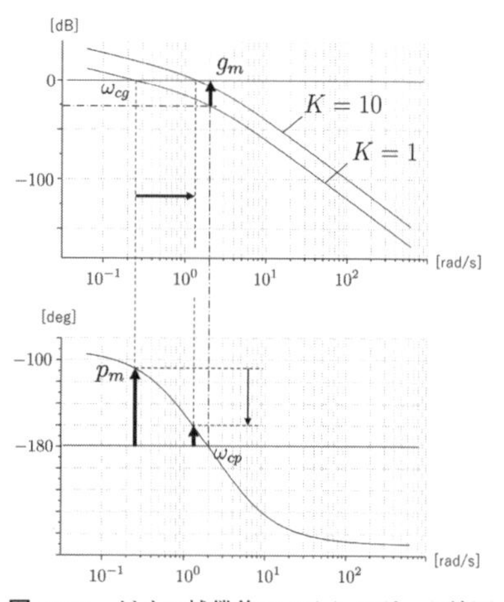

図 12.2　ゲイン補償後の $L(s)$ のボード線図

上の例題からもわかるように，ゲイン補償のみでは定常特性を改善できても位相余裕に影響を与えてしまう．したがって，位相特性を改善する別の補償が必要となる．以降では，位相特性に変化を与える補償について紹介する．

12.3　位相進み補償

いま，つぎの伝達関数で表される補償器を考えよう．

$$C(s) = \frac{1+T_2 s}{1+T_1 s},\ T_1 < T_2 \tag{12.8}$$

ただし，T_1，T_2 は設計パラメータである．この補償器の周波数伝達関数は，

$$C(j\omega) = \frac{1 + j\omega T_2}{1 + j\omega T_1} = \frac{\sqrt{1 + (\omega T_2)^2}}{\sqrt{1 + (\omega T_1)^2}} e^{j\varphi} \tag{12.9}$$

となる．ここに

$$\varphi = \varphi_2 - \varphi_1 \tag{12.10}$$

$$\varphi_1 = \tan^{-1}(\omega T_1), \quad \varphi_2 = \tan^{-1}(\omega T_2)$$

である．$T_1 < T_2$ より，すべての ω で $\varphi > 0$ であることから，位相が進むことがわかる．

ここで，φ が最大となる点は，$d\varphi/d\omega = 0$ となる ω である．このとき，

$$\frac{d \tan\varphi}{d\omega} = \frac{d \tan\varphi}{d\varphi} \frac{d\varphi}{d\omega} = (1 + \tan^2\varphi) \frac{d\varphi}{d\omega}$$

より，

$$\frac{d\varphi}{d\omega} = \frac{1}{(1 + \tan^2\varphi)} \frac{d \tan\varphi}{d\omega}$$

となることを用いると

$$\begin{aligned} \frac{d\varphi}{d\omega} &= \frac{d\varphi_2}{d\omega} - \frac{d\varphi_1}{d\omega} \\ &= \frac{T_2}{1 + (\omega T_2)^2} - \frac{T_1}{1 + (\omega T_1)^2} = 0 \end{aligned}$$

となる ω で φ は最大となることがわかる．すなわち，$T_2 \neq T_1$ を考慮すると

$$\omega = \omega_M = (T_1 T_2)^{-\frac{1}{2}} \tag{12.11}$$

で位相 $\varphi = \angle C(j\omega)$ は最大となる．このときの位相は

$$\varphi_M = \angle C(j\omega_M) = \tan^{-1}\left(\frac{T_2 - T_1}{2\sqrt{T_1 T_2}}\right)$$

または，

$$\varphi_M = \angle C(j\omega_M) = \sin^{-1}\left(\frac{T_2 - T_1}{T_2 + T_1}\right)$$

となる．また，このときのゲインは

$$\gamma_M = 20 \log_{10} |C(j\omega_M)| = 10 \log_{10}\left(\frac{T_2}{T_1}\right) > 0$$

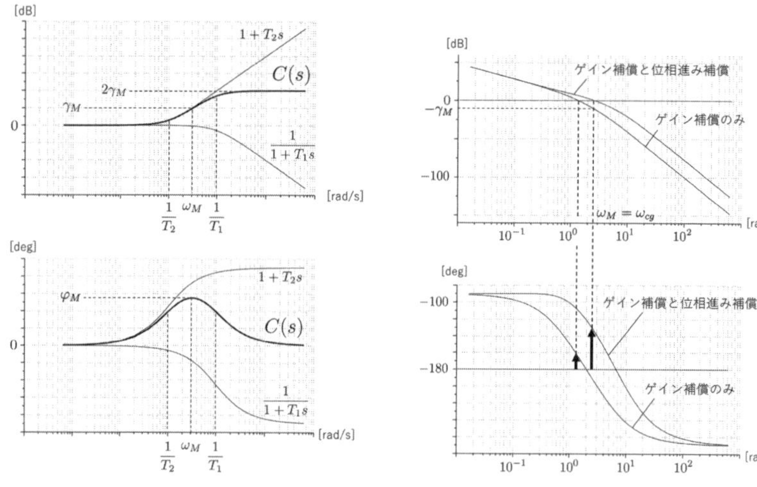

図 12.3 位相進み補償器のボード線図

図 12.4 位相進み補償後の $L(s)$ のボード線図

となる．

図 12.3 は位相進み補償器のボード線図の概略である．なお，図には $1/(1+T_1s)$ と $1+T_2s$ のボード線図も併せて表示している．$1/T_2 < \omega < 1/T_1$ の周波数領域で位相が最大値を取り，$\omega_M = (T_1T_2)^{-1/2}$ で最大となっていることがわかる．ゲインもこの周波数領域で $2\gamma_M$ へと大きくなる．

この位相進み補償器を用いて位相を進ませることで位相余裕が大きくなり，また，ゲイン交差周波数も高くなる（近似的にバンド幅が広がる）ため速応性が改善できる．

例題 12.2（位相進み補償） 例題 12.1 の開ループ伝達関数 $L(s)$ に対して，$K = 10$ としたゲイン補償に加え，(12.8) 式で与えられる位相進み補償を行い特性を改善せよ．

解答 12.2 先の結果から，ゲイン補償のみの $L(s)$ の位相余裕はおよそ $17°$ である．望ましい位相余裕を $40°$ 以上として，ここでは位相進み量をやや多めに見積もり，$\varphi_M = 60°$ とする．このとき，$T_2/T_1 \fallingdotseq 13.9$ となり，$\gamma_M \fallingdotseq 11.4$ [dB] となる．位相進み補償を加えた $L(s)$ のゲインは $\omega = \omega_M$ で γ_M だけ増えるので，これを見越して，元のゲインが $-\gamma_M$ となる周波数を $\omega_M = (T_1T_2)^{-\frac{1}{2}} \fallingdotseq 2.68$ [rad/s] とする（位相進み補償後は ω_M がおよそのゲイン交差周波数となる）．これより，$T_1 \fallingdotseq 0.10$，$T_2 \fallingdotseq 1.39$ と定まる．

ゲイン補償と位相進み補償を行なった開ループ伝達関数 $L(s)$ は次式である．

$$L(s) = \frac{10(1+1.39s)}{s(s+1)(s+4)(1+0.10s)} \tag{12.12}$$

このボード線図は図 12.4 のようになる．位相余裕が 40° 以上になっており，さらに，ゲイン交差周波数が高くなっている（バンド幅が広がっている）．

12.4 位相遅れ補償

次式は**位相遅れ補償**の伝達関数である．

$$C(s) = \frac{1+T_2 s}{1+T_1 s},\ T_1 > T_2 \tag{12.13}$$

ただし，T_1，T_2 は設計パラメータである．周波数伝達関数は，位相進み補償と同じく (12.9)，(12.10) 式で与えられる．ただ，$T_1 > T_2$ より，この場合は常に $\varphi < 0$ となることから，位相は遅れることになる．

位相が最小となる周波数は，位相進み補償の場合と同様にして

$$\omega = \omega_m = (T_1 T_2)^{-\frac{1}{2}} \tag{12.14}$$

で与えられ，このときの位相は

$$\varphi_m = \angle C(j\omega_m) = \tan^{-1}\left(\frac{T_2 - T_1}{2\sqrt{T_1 T_2}}\right) = -\tan^{-1}\left(\frac{T_1 - T_2}{2\sqrt{T_1 T_2}}\right) \tag{12.15}$$

または，

$$\varphi_m = \angle C(j\omega_m) = \sin^{-1}\left(\frac{T_2 - T_1}{T_2 + T_1}\right) = -\sin^{-1}\left(\frac{T_1 - T_2}{T_2 + T_1}\right) \tag{12.16}$$

となる．また，このときのゲインは，

$$\gamma_m = 20\log_{10}|C(j\omega_M)| = 10\log_{10}\left(\frac{T_2}{T_1}\right) < 0 \tag{12.17}$$

図 12.5 に位相遅れ補償器のボード線図を示す．位相は $1/T_1 < \omega < 1/T_2$ の周波数領域で位相が最小値を取り，$\omega_m = (T_1 T_2)^{-1/2}$ で最小となっていることがわかる．ゲインもこの周波数領域で $2\gamma_m$ へと小さくなる．

位相遅れ補償は，低周波領域でのゲインをあまり変化させず，高周波領域でゲインを小さくしたいときに利用する．言い換えると，補償器のゲイン $|C(j\omega)|$ が $\omega > 1/T_2$ の周波数領域で小さくなることを利用して，ゲイン交差周波数を小さくし位相余裕を大きくするように用いられる．

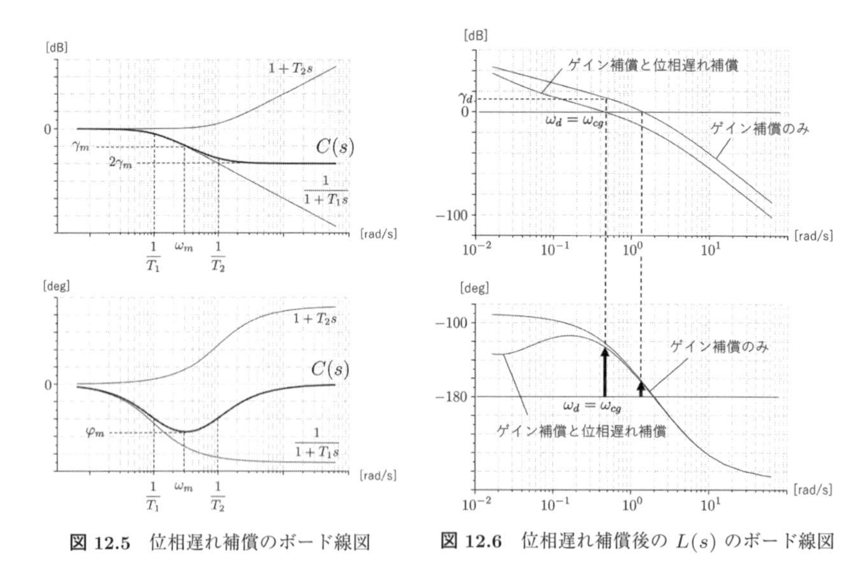

図 12.5　位相遅れ補償のボード線図

図 12.6　位相遅れ補償後の $L(s)$ のボード線図

例題 12.3（位相遅れ補償）　例 12.1 の開ループ伝達関数 $L(s)$ に対して，$K=10$ としたゲイン補償に加え，位相遅れ補償を行い，特性を改善せよ．

解答 12.3　望ましい位相余裕を 60° として，ゲイン補償のみの $L(s)$ の位相が $-120°$ となる周波数 $\omega_d \fallingdotseq 0.439$ [rad/s] とゲイン $\gamma_d \fallingdotseq 14.29$ [dB] に着目する．位相遅れ補償を加えた $L(s)$ のゲインは $\omega \gg 1/T_2$ の周波数領域で約 $|2\gamma_m|$ 小さくなるので，$\gamma_m = -\gamma_d/2$ [dB] とする（位相遅れ補償後のゲイン交差周波数はおよそ ω_d となる）．よって (12.17) 式より，$T_2/T_1 \fallingdotseq 0.193$ となり，さらに，ω_m を ω_d より十分小さくするために，$T_2 = 10/\omega_d \fallingdotseq 22.78$ と与えると，$T_1 \fallingdotseq 118.0$ となる．

ゲイン補償と位相遅れ補償を行なった開ループ伝達関数 $L(s)$ は次式である．

$$L(s) = \frac{10(1+22.78s)}{s(s+1)(s+4)(1+118.0s)} \tag{12.18}$$

また，このときのボード線図は図 12.6 である．位相余裕が 40° 以上になり，位相特性が改善されている．ただし，位相遅れ補償によって低周波領域でゲインが小さくなっており，与えられた設計仕様によっては，さらにゲイン補償を施すなどの再調整が必要である．

12章　演習問題

基礎問題

問題 12.1　次の伝達関数で表される補償要素をフィードバック補償器として用いてフィードバック系を構成した場合，この補償器は一巡伝達関数の周波数特性にどのような効果を与えるか．

$$(1)\quad \frac{10(1+2s)}{1+s} \qquad\qquad (2)\quad \frac{10(1+2s)}{1+4s}$$

問題 12.2　位相が最大に進む周波数 ω_M を 5 [rad/s]，最大位相進み角度 ϕ_M を 45° となるように（12.8）式の設計パラメータ T_1, T_2 を次の手順で決定せよ．(1) $\alpha = \frac{T_2}{T_1}$ とするとき，φ_M と α との関係式を求めよ．(2) $\varphi_M = 45^\circ$ となる α を求めよ．(3) $\omega_M = 5$ [rad/s] となる T_1 を求めよ．(4) T_2 を求めよ．

問題 12.3　3章演習問題 3.1 の電気回路系が見かけ上ゲイン補償と位相進み補償の組み合わせとなることを示せ．

応用問題

問題 12.4　図 12.7 のような、入力電圧が $e_i(t)$[V], 出力電圧が $e_o(t)$[V] である電気回路系の伝達関数を求め，この系が位相遅れ要素となることを示せ．（最大位相遅れ周波数 [rad/s] および最大位相遅れ [rad] を回路パラメータ R_1,R_2,C を用いて表せ.）

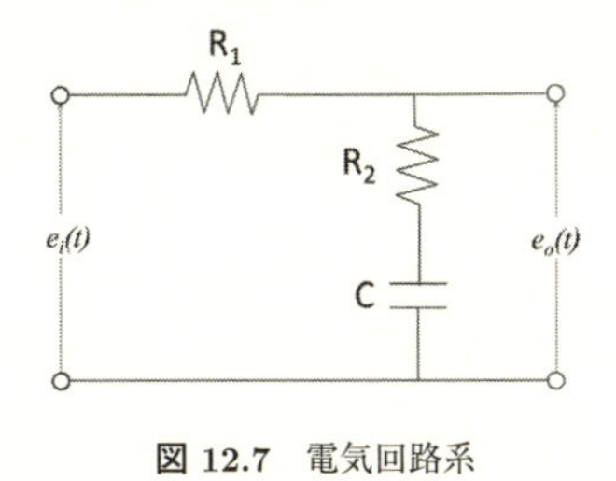

図 12.7　電気回路系

問題 12.5　開ループ伝達関数が，

$$KG(s)\ ,\quad G(s) = \frac{1}{s(s+1)(0.2s+1)}$$

で与えられる単一フィードバック系がある．ボード線図の折れ線近似を用いて，速度偏差定数 $K_v = 10$，位相余裕 $p_m \geq 40°$ なる仕様を満たすよう直列補償要素として位相進み補償器を設計せよ．

問題 12.6　前問 12.5 において，ゲイン補償と位相遅れ補償器を用いて同様の設計仕様を満たすようにせよ．

【12 章　演習問題解答】

〈問題 12.1〉

(1)　$T_1 = 1, T_2 = 2$ であり，$T_1 < T_2$ であるから位相進み補償要素であり，(12.11) 式より $\omega_M = (T_1T_2)^{-1/2} = \dfrac{1}{\sqrt{2}}$ において最大 φ_M：

$$\varphi_M = \sin^{-1}\left(\frac{T_2 - T_1}{T_2 + T_1}\right) = \sin^{-1}\left(\frac{1}{3}\right) \fallingdotseq 19.5\ [\mathrm{deg}]$$

だけ位相を進める効果が得られる．また，このときのゲイン γ_M は

$$\gamma_M = 10\log_{10}\left(\frac{T_2}{T_1}\right) + 20\log_{10}10 = 10\log_{10}2 + 20 \fallingdotseq 23.0\ [\mathrm{dB}]$$

と増大し，$\omega \gg \omega_M$ では，ゲインは

$$\gamma = 20 + 20\log_{10}2 \fallingdotseq 26.0\ [\mathrm{dB}]$$

となる．

(2)　$T_1 = 4, T_2 = 2$ なので，$T_1 > T_2$ となることから，この補償要素は位相遅れ補償である．すなわち，

$$\omega_m = \frac{1}{\sqrt{T_1T_2}} = \frac{1}{\sqrt{8}} \fallingdotseq 0.354\ [\mathrm{rad/s}]$$

において

$$\varphi_m = \sin^{-1}\left(\frac{T_2 - T_1}{T_2 + T_1}\right) = -\sin^{-1}(1/3) \fallingdotseq -19.5\ [\mathrm{deg}]$$

となる．$\omega \ll \omega_m$ においてのゲインが 20 [dB] であるのに対して，このときのゲイン γ_m は

$$\gamma_m = 20\log_{10}10 + 10\log_{10}(1/2) \fallingdotseq 17.0\ [\mathrm{dB}]$$

となり，$\omega \gg \omega_m$ では，さらにゲインは

$$\gamma = 20\log_{10} 10 + 20\log_{10}(1/2) \fallingdotseq 14.0 \ [\mathrm{dB}]$$

となる．

〈問題 12.2〉

(1)
$$\varphi_M = \sin^{-1}\left(\frac{T_2 - T_1}{T_2 + T_1}\right) = \sin^{-1}\left(\frac{\alpha - 1}{\alpha + 1}\right)$$

(2)
$$\frac{\alpha - 1}{\alpha + 1} = \sin(45^\circ) = 1/\sqrt{2} \quad \text{なので} \quad \alpha = \frac{1 + \sqrt{2}}{\sqrt{2} - 1} \fallingdotseq 5.83$$

(3)
$$\omega_M^2 = \frac{1}{T_1 T_2} = \frac{1}{\alpha T_1^2} \quad \text{なので} \quad T_1 = \frac{1}{5\sqrt{\alpha}} \fallingdotseq 0.0828$$

(4)
$$T_2 = \alpha T_1 \fallingdotseq 0.483$$

〈問題 12.3〉 演習問題 3.1 において求めた電気回路系の伝達関数を変形すると

$$\frac{V_o(s)}{V_i(s)} = \frac{R_2(1 + R_1 C s)}{R_1 + R_2 + R_1 R_2 C s} = \frac{\frac{R_2}{R_1 + R_2}(1 + R_1 C s)}{1 + \frac{R_1 R_2 C}{R_1 + R_2} s}$$

となる．このとき $T_1 = \frac{R_1 R_2 C}{R_1 + R_2}$, $T_2 = R_1 C$ とおくと

$$T_2 - T_1 = R_1 C - \frac{R_1 R_2 C}{R_1 + R_2} = \left(R_1 - \frac{R_1 R_2}{R_1 + R_2}\right) C = \frac{R_1^2}{R_1 + R_2} C > 0$$

となることから，この電気回路系は位相進み補償と $K = \frac{R_2}{R_1 + R_2}$ のゲイン補償の組み合わせとなっている．

〈問題 12.4〉 回路方程式は

$$e_i(t) = R_1 i(t) + e_o(t)\ , \quad e_o(t) = R_2 i(t) + \frac{1}{C}\int i(t)dt$$

である．ラプラス変換を施すこと

$$e_i(s) = R_1 i(s) + e_o(s)\ , \quad e_o(s) = R_2 i(s) + \frac{1}{Cs} i(s)$$

を得る．よって，回路系の伝達関数は

$$\frac{e_o(s)}{e_i(s)} = \frac{R_2 C s + 1}{(R_1 + R_2) C s + 1}$$

となる．そこで $T_1 = (R_1 + R_2)C$, $T_2 = R_2 C$ とおくと $T_1 > T_2$ であるので，この回路系は位相遅れ要素となる．

最大位相遅れ周波数 ω_m は

$$\omega_m = \frac{1}{\sqrt{T_1 T_2}} = \frac{1}{C\sqrt{(R_1 + R_2)R_2}}$$

となる．また，最大位相遅れ φ_m は

$$\varphi_m = -\sin^{-1}\left(\frac{T_1 - T_2}{T_2 + T_1}\right) = -\sin^{-1}\left(\frac{R_1}{R_1 + 2R_2}\right)$$

となる．

〈問題 12.5〉 $G(s) = G_1(s)G_2(s)G_3(s)$，$G_1(s) = \frac{1}{s}$，$G_2(s) = \frac{1}{s+1}$，$G_3(s) = \frac{1}{0.2s+1}$ とすると，各伝達要素のボード線図の折れ線近似は図 12.8 となる．そこで，$G(s)$ のボード線図は各要素の特性を図上で加算することで図 12.9 の点線となる．$K_v = 10$ より，(11.18) 式から，ゲイン補償 $K = 10$ としなければならないことがわかる．このことより，$KG(s)$ のゲインは，20 [dB] 上昇する．よって，いま，$G(s)$ のゲインが -20 [dB] の周波数が 3 [rad/s] なので，$KG(s)$ のゲイン交差周波数 ω_{cg} は 3 [rad/s] となる（図 12.9 の実線）．

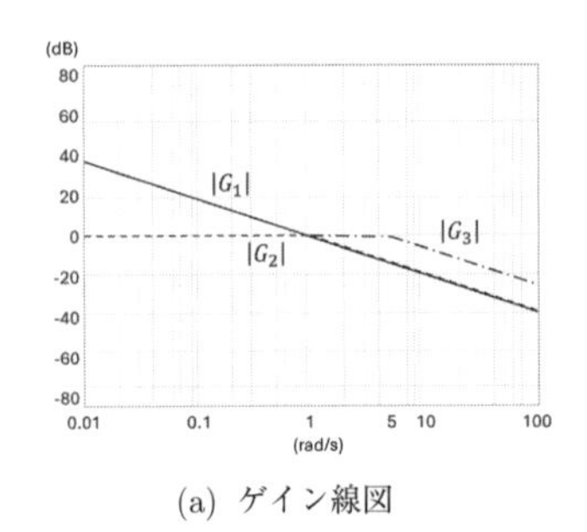

(a) ゲイン線図

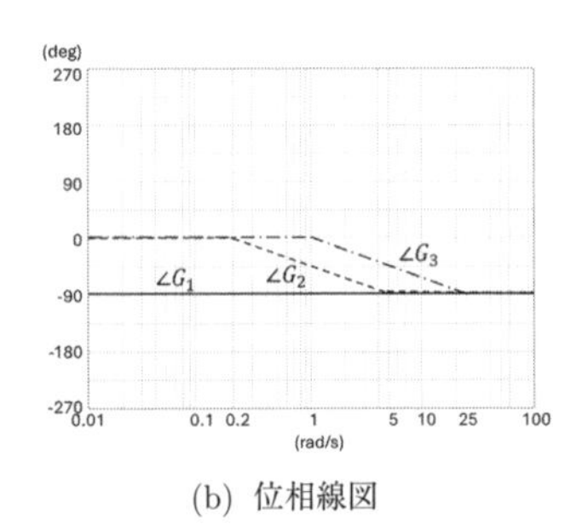

(b) 位相線図

図 12.8　各要素のボード線図（折れ線近似）

図 12.9 の位相線図より，ゲイン交差周波数 $\omega_{cg} = 3$ [rad/s] において $KG(j\omega)$ の位相は $-195°$ と読み取れる。設計仕様は $P_m \geq 40°$ であるが満たしていない．そこで，図 12.10 のように位相進み補償器 $G_c(s)$ を導入する．

不足している位相は $55°$ 程度であるが，余裕を持たせて最大位相進みを $\phi_M = 60°$ と設定すると，$\alpha = T_2/T_1$ について

$$\sin 60° = \frac{\alpha - 1}{\alpha + 1} = \frac{\sqrt{3}}{2}$$

より，$\alpha = 7 + 4\sqrt{3} \fallingdotseq 13.93$ を得る．最大位相進み周波数 ω_M におけるゲイン γ_M は

$$\gamma_M = 10\log_{10}\alpha \fallingdotseq 11.44 \text{ [dB]}$$

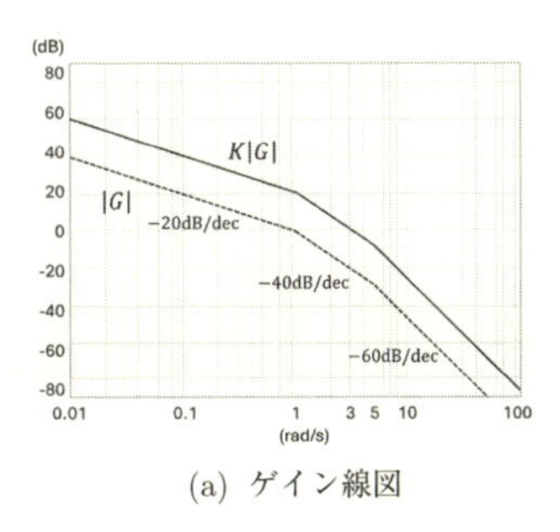

(a) ゲイン線図

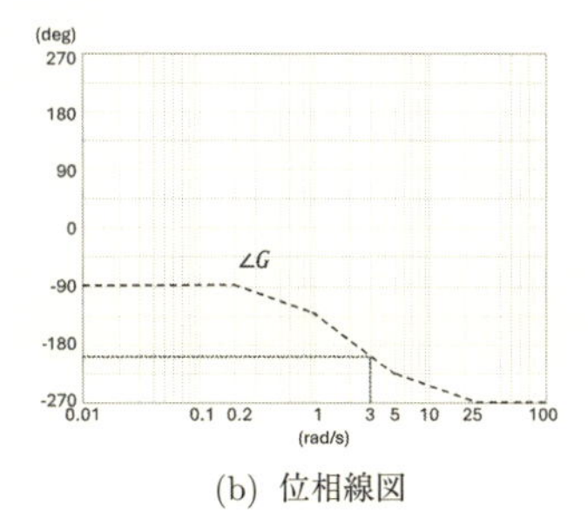

(b) 位相線図

図 12.9 $G(s)$ のボード線図

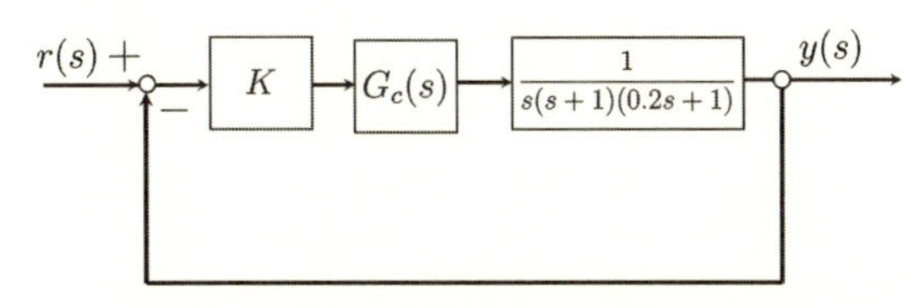

図 12.10 直列補償による制御系

となる．図 12.9 の実線で示したゲイン補償によるゲイン線図において -11.44 [dB] になる周波数は，およそ 5 [rad/s] 付近と読み取れる．そこで，$\omega_M = 5$ [rad/s] と設定するために，パラメータ T_1 は

$$T_1 = \frac{1}{\sqrt{\alpha}\omega_M} \fallingdotseq \frac{1}{5\sqrt{13.93}} \fallingdotseq 0.05358$$

とする．以上により，設計仕様を満たすために，$G(s)$ の前置補償器として用いる位相進み補償器はゲイン補償を含めて

$$KG_c(s) = \frac{K(1+\alpha T_1 s)}{1+T_1 s} = \frac{10(1+0.7464s)}{1+0.05358s}$$

と与えればよい．

〈問題 12.6〉 $G(s)$ のボード線図は折れ線近似では図 12.9 で表される．正確にボード線図を描くと図 12.11 となる．ゲイン交差周波数 $\omega_{cg} = 0.779$ [rad/s]，位相余裕は 43.2° であり，要求仕様である位相余裕 $p_m \geq 40^\circ$ を満たしている．設計仕様である $K_v = 10$ を満たすように，前問と同様にゲイン補償 $K = 10$ を行うと，ボード線図は図 12.9（折れ線近似），図 12.12（正確な図）となる．このとき，ゲイン余裕および位相余裕はいずれも負の値となり制御系が不安定となることが分かる．そこで，$G_c(s)$ に位相遅れ補償を採用して安定化と定常特性の改善を図ることとする．すなわち，$\beta = \frac{T_2}{T_1}$ とすると，

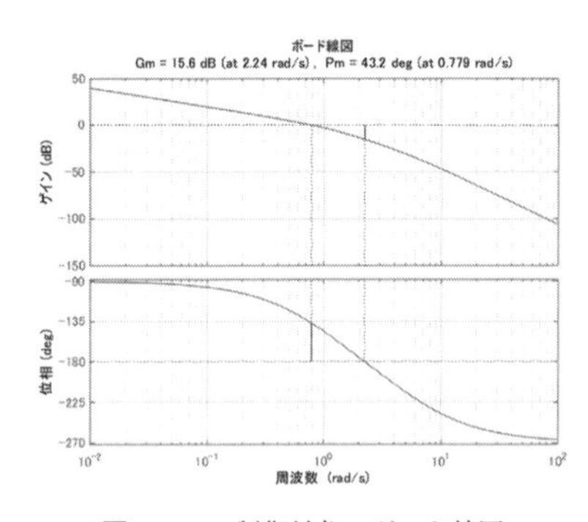

図 12.11　制御対象のボード線図

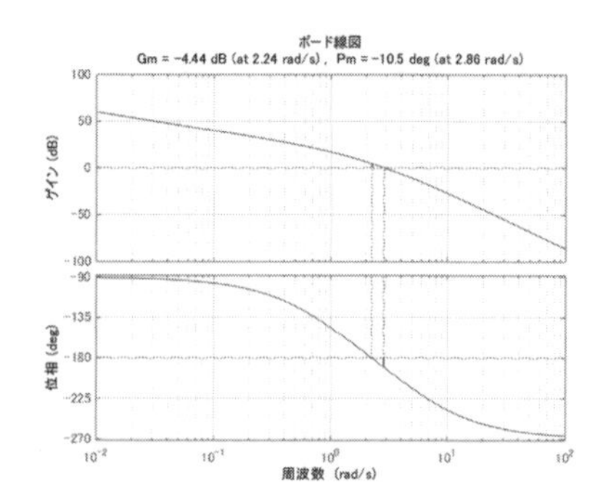

図 12.12　ゲイン補償時のボード線図

$$G_c(s) = \frac{(1+\beta T_1 s)}{1+T_1 s}$$

とし，ここでは $\beta = 0.1$ と設定する．そして，$G_c(s)$ のボード線図（折れ線近似）の高周波数側の折れ点角周波数を ω_c とすると，$\omega_c = 1/(\beta T_1)$ であり，ω_c を $G(s)$ のゲイン交差周波数よりも 1/10 以上に小さく $\omega_c = 0.05$ [rad/s] と設定すれば，$\beta = 0.1$ より $T_1 = 200$ となる．最終的なゲイン補償を含む位相遅れ補償 $KG_c(s)$ は

$$G_c(s) = \frac{10(1+20s)}{1+200s}$$

図 12.13 に位相遅れ補償 $G_c(s)$ のボード線（鎖線），位相遅れ補償を施す前（$G(s)$ のみ：点線）と位相遅れ補償を施した後（$C(s)G(s)$：実線）の一巡伝達関数のボード線図を示す．

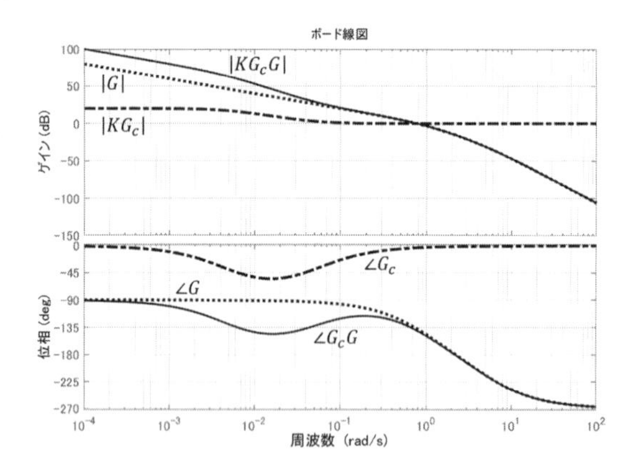

図 12.13　位相遅れ補償および補償後の一巡伝達関数のボード線図

13 PID 制御

これまで様々な角度から制御系の解析および設計法について検討してきた．実際の制御系の設計には非常に様々な方法があり，状況と目的に応じてふさわしい設計法は異なる．しかし，現在，産業界を中心に最も広く利用される制御手法は，比例 (Proportional) 動作，積分 (Integral) 動作，微分 (Derivative) 動作を組み合わせた**PID 制御**と呼ばれる手法である．実際に稼働している制御手法の約 70〜80%が PID 制御といわれている．その理由として，調整パラメータの意味やその動作原理そして，その調整が直感的にわかりやすいことが挙げられる．本章では，この PID 制御手法について解説する．

13.1 PID 制御

13.1.1 P 制御

いま，目標値 $r(t)$ と出力 $y(t)$ との誤差である制御誤差 $e(t) = r(t) - y(t)$ を考える．図 12.1 で構成される制御系において $C(s) = k_p$ とした制御誤差の定数倍による比例動作のみによって制御入力を決定する方法は**P 制御**と呼ばれる．P 制御は，定数ゲインによる出力フィードバック制御である．制御入力は，以下のように構成される．

$$u(t) = k_p e(t) \tag{13.1}$$

ここで，k_p は**比例ゲイン**（**出力フィードバックゲイン**）と呼ばれる設計パラメータである．P 制御は現在時刻 t の制御誤差のみから制御入力が決定されるため，制御則自体の特性は静的となる．

比例ゲインを調整することで，フィードバック制御系の応答は異なる応答を示す．

以下の伝達関数で表される 2 つの制御対象を例に考えてみよう．

$$P_1(s) = \frac{1}{s+1} \tag{13.2}$$

$$P_2(s) = \frac{1-s}{s^2+8s+4} \tag{13.3}$$

目標値を 1 として，比例ゲイン k_p を 1, 2, 5, 10 とそれぞれ与えた場合の制御結果を図 13.1 に示す．制御対象が $P_1(s)$ の場合では，図 13.1(a) よりゲインが小さい場合は立ち上がりが遅く制御誤差も大きいが，ゲインを大きくするにつれて立ち上がりが速くなり制御誤差も小さくなることがわかる．$P_1(s)$ に対するフィードバックゲイン k_p による制御系が安定である場合，11 章で示したように誤差の最終値は以下のように求まる．

$$e_s = e(\infty) = \lim_{s \to 0} se(s) = \frac{1}{1+k_p} \tag{13.4}$$

上記より，ゲインが大きければ大きいほど制御性能（定常特性）が改善できると考えられるが，制御誤差を限りなく小さくするためには，その大きさを可能な限

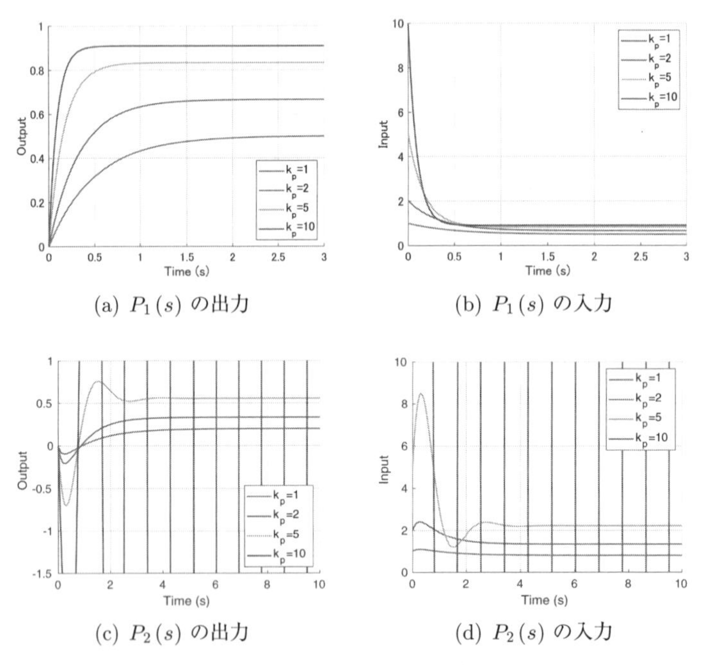

(a) $P_1(s)$ の出力　(b) $P_1(s)$ の入力

(c) $P_2(s)$ の出力　(d) $P_2(s)$ の入力

図 13.1 比例動作による応答

り大きく設計しなければならない（すなわち，**ハイゲインフィードバック制御**系を構成しなければならない）．また，制御入力を表す図 13.1(b) より，ゲインが大きいと過大な入力が生じ，アクチュエーターなどの制約によっては非現実的な設計となってしまう．

制御対象が $P_1(s)$ の場合はどのようにゲインを大きくしても安定であるが，制御対象によってはその結果は異なる．$P_2(s)$ の場合の制御結果を図 13.1(c) に示す．ゲインが大きいほうが出力の立ち上がりは速いが，応答初期には目標値から逆の方向への応答（逆応答）となっている．また，ゲインが 1, 2, 5 の場合は発散していない（制御系は安定である）が，10 の場合は発散してしまう（不安定となる）．入力の応答である図 13.1(d) も同様である．これは，ゲインが 10 の場合は不安定なフィードバック制御系を設計してしまっているためである．根軌跡法から明らかなように，システムが非最小位相系の場合や相対次数が 3 以上のシステムでは，フィードバックゲインを大きくしていくと，必ず構成された制御系は不安定となる．以上から，比例動作のみでの制御では，制御誤差を小さくするためには大きなゲインが必要となるが，この場合，過大な入力が要求されたり，また不安定化してしまう恐れがあることから制御対象によっては比例制御だけではうまく制御できない場合があることがわかる．

13.1.2 PI 制 御

11 章で学んだように，定常特性を改善するためには積分動作が必要となる．積分動作を P 制御に加えた **PI 制御**は以下の制御則で与えられる．

$$u(t) = k_p \left(e(t) + \frac{1}{T_i} \int_0^t e(\tau) d\tau \right) \tag{13.5}$$

ここで，T_i は**積分時間**と呼ばれる設計パラメータである．この名前の由来は，制御誤差が一定値である場合に，積分動作の大きさが比例動作と同じ大きさになるまでの時間となることである．積分動作は T_i の値が大きければその動作は小さく，反対に小さく設計すれば大きな動作となる．

積分動作の効果を確認するため，(13.2) 式で与えられるシステムに対して PI 制御を適用した結果を図 13.2 と図 13.3 に示す．ここで，図 13.2 は積分時間を $T_i = 1$ と固定して比例ゲインを 1, 2, 5, 10 と変化させた結果である．比例動作のみの場合（図 13.1(a)）は目標値へ収束できていなかったが，積分動作を用いると

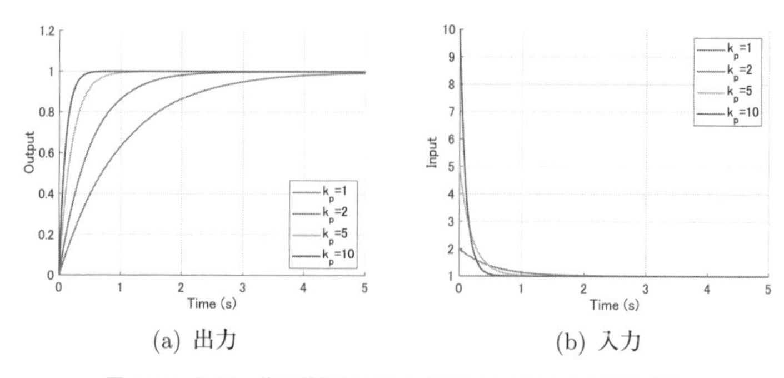

(a) 出力　(b) 入力

図 13.2 比例・積分動作における比例ゲインによる応答の変化

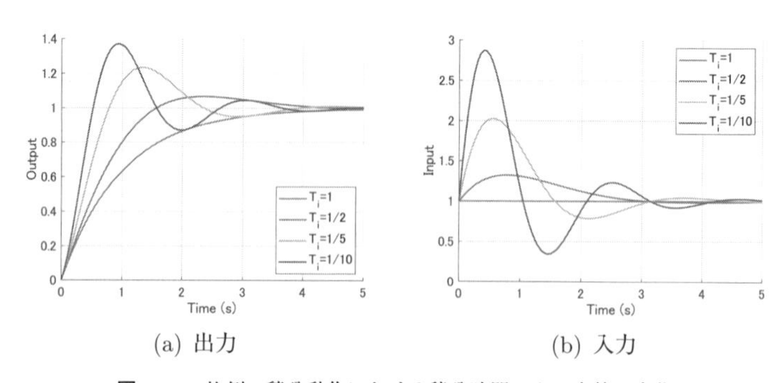

(a) 出力　(b) 入力

図 13.3 比例・積分動作における積分時間による応答の変化

最終的には目標値へ収束できていることがわかる．また，比例動作のみの場合と同様に比例ゲインによって立ち上がりの速さが調整できる．

つぎに，比例ゲインを $k_p = 1$ として，積分時間を 1, 1/2, 1/5, 1/10 と変化させた場合の結果を図 13.3 に示す．どの場合も最終的には目標値へ収束しているが，積分時間が短い (T_i が小さい) 場合は立ち上がりが早くなっているもののオーバーシュートが過大になる傾向にある．

7 章でも述べたように，積分器は全周波数帯で位相を 90° 遅らせる働きがあるため，比例ゲインのみの場合に比べて応答が遅れてしまうが，低周波領域，特に $\omega = 0$ [rad/sec] ではゲインが無限大となるため，ステップ上の参照値に対する定常誤差を 0 とすることができる．

ワインドアップ現象

積分動作を用いた場合，積分動作による操作量 (入力) は制御誤差が 0 になるまで時間とともに徐々に増加する．一般に，印加可能な入力値には制限があるため，

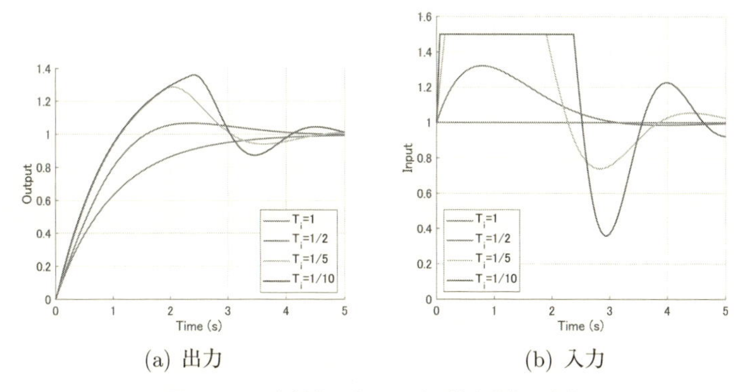

(a) 出力 (b) 入力

図 13.4 入力制約のある比例・積分動作の応答

制御則により決定される入力は大きくなりすぎると飽和する．このため，必要な大きさの入力がシステムには印加されず，誤差が残り積分器により蓄積される．よって，計算された入力がさらに大きくなることになる．このことにより，制御結果が劣化する現象を**ワインドアップ現象**という．

例として，前述の場合と同様に比例ゲインを $k_p = 1$ として，積分時間を 1, 1/2, 1/5, 1/10 と変化させた場合に対して入力の上限を 1.5 とした場合の制御結果を図 13.4 に示す．T_i が 1 と 1/2 の場合は，入力が制限内であるため入力制約の有無に関わらず同じ制御結果が得られている．しかし，1/5 と 1/10 では，上限を上回った入力は上限の値でしか印加できないため，出力応答が大きく劣化してしまっている．以上から，積分動作を利用した場合，入力制限を超えない範囲で気を付けて制御器を設計しなければならない．

13.1.3 PID 制 御

PI 制御に対してさらに制御誤差の微分からなる微分動作を加えた **PID 制御**の制御則は次式で与えられる．

$$u(t) = k_p \left(e(t) + \frac{1}{T_i} \int_0^t e(\tau) d\tau + T_d \frac{de(t)}{dt} \right) \tag{13.6}$$

ここで，T_d は**微分時間**と呼ばれ，制御誤差がランプ状に与えられた時に比例動作と微分動作が等しくなるまでの時間である．k_p, T_i, T_d が PID の設計パラメータとなる．微分動作は誤差の変化量に応じて，制御量 (出力) の過度な変化を抑制することができる．すなわち，制御系の安定性を改善することができる．この PID 制御則によるブロック線図を図 13.5(a) に示す．

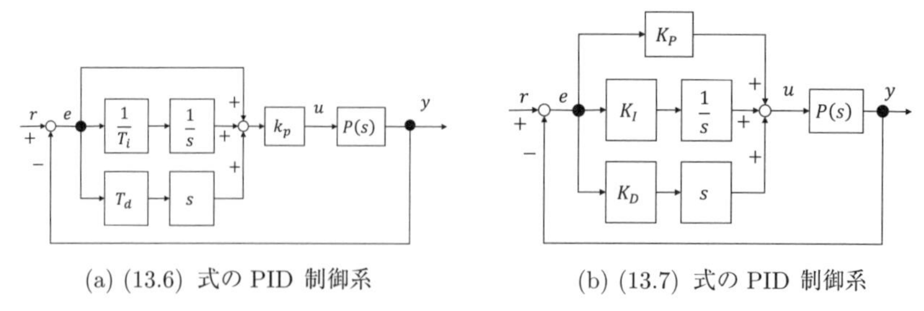

(a) (13.6) 式の PID 制御系　　(b) (13.7) 式の PID 制御系

図 13.5 PID 制御系

PID 制御則 (13.6) は各動作に独立なパラメータを設計する方式として以下のように書き換えることもできる.

$$u(t) = K_P e(t) + K_I \int_0^t e(\tau)d\tau + K_D \frac{de(t)}{dt} \tag{13.7}$$

ここで, K_P, K_I そして K_D はそれぞれ**比例 (P) ゲイン**, **積分 (I) ゲイン**, そして**微分 (D) ゲイン**と呼ばれる. (13.7) 式の制御系は図 13.5(b) に示される. 2 つの制御系は表現が異なるだけで, 以下の関係から互いに等価変換できる.

$$K_P = k_p, \quad K_I = \frac{k_p}{T_i}, \quad K_D = k_p T_d$$

これまで比例・積分・微分動作について述べたが, ここで改めて各動作をまとめておく.

比例動作：現時点での制御誤差に基づく修正動作を行う.

積分動作：過去から現在までの制御誤差の積分に基づく動作であり, 蓄積された誤差に基づく修正を行う.

微分動作：制御誤差の微分であることから現時点から未来の挙動に基づく動作であり, 予測される未来の誤差の修正をおこなう.

以上から, 積分・比例・微分動作はそれぞれ過去・現在・未来の情報に基づいた制御手法であるといえる.

PID 制御の制御特性は PID の設計パラメータの設定に大きく依存するためその選定は大変重要である. このようなことから制御対象の特性に応じた様々な設計方法が提案されている[8~10].

a. 近 似 微 分

PID 制御則 (13.6) による制御入力のラプラス変換は次式として表される.

$$u(s) = C(s)e(s) \tag{13.8}$$

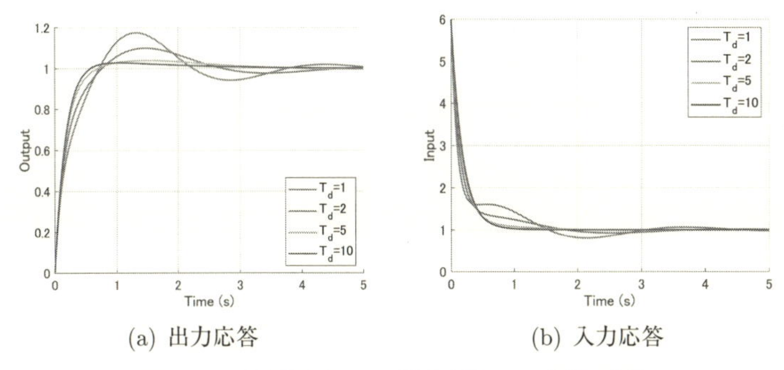

(a) 出力応答　　(b) 入力応答

図 13.6 近似微分を用いた微分時間による応答の変化

$$C(s) = k_p \left(1 + \frac{1}{T_i}\frac{1}{s} + T_d s\right) \tag{13.9}$$

$$e(s) = r(s) - y(s)$$

微分動作の周波数特性は 7 章で述べたように，全周波数帯域で位相を 90° 進ませる働きがあり，また，高周波成分のゲインを増加させることから，フィードバック信号が高周波ノイズによって乱される場合はその影響を悪化させてしまう．また，完全な微分動作は現実的には実装できない．そこで，近似微分を利用した次式が利用される．

$$C(s) = k_p \left(1 + \frac{1}{T_i}\frac{1}{s} + \frac{T_d s}{\delta s + 1}\right) \tag{13.10}$$

ここで $\delta = T_d/N$ とおくとき，N は近似微分を実装するフィルター係数であり，2 から 20 の範囲で設計される[9]．

制御対象 (13.2) に対して，近似微分を使った PID 制御を用いた制御結果を図 13.6 に示す．ここで，$k_p = 1$ と $T_i = 1/10$ であり，微分時間が 1, 1/2, 1/5, 1/10 のそれぞれの場合について示している．ただし，ここでは $N = 5$ を用いている．図 13.3(a) で生じていたオーバーシュートを低減できていることがわかる．

b. 目標値変更による操作量 (入力) の急峻な変化

目標値をステップ状に変更した場合，入力が短時間で急激に変わるため，アクチュエーターへの負荷が大きくなったり，設計時に想定した入力制約を満たさないことが起こりうる．図 13.1(b), 図 13.2(b)，そして図 13.6(b) では，比例ゲインや微分時間を大きく設計した場合，非常に大きな入力の印加が要求されているが，過度な大きさの入力は極力避けたほうがよい．

13.2 様々な PID 制御

PID 制御則の代表的な構成は (13.6) 式であるが，さらに効果的な制御結果を得るために，この構成を修正した様々な PID 制御が提案されている．

13.2.1 PI-D 制 御

微分動作が目標値へは作用せず，フィードバックされる出力にのみ作用する**微分先行型 PID 制御**は **PI-D 制御**と呼ばれる．PI-D 制御則は次式のように構成される．

$$u(s) = k_p\left(1 + \frac{1}{T_i}\frac{1}{s}\right)e(s) - k_pT_dsy(s) \tag{13.11}$$

$$= C_{pi}(s)r(s) - C(s)y(s)$$

$$C_{pi}(s) = k_p\left(1 + \frac{1}{T_i}\frac{1}{s}\right) \tag{13.12}$$

ここで，$C(s)$ は (13.9) 式で与えられる PID 制御器であり，目標値に微分動作が働く場合，ステップ状に変化する目標値に対して非常に大きな入力が発生してしまうが，(13.11) 式ではその恐れがない．

(13.11) 式を用いた閉ループ特性は以下となる．

$$y(s) = \frac{P(s)C_{pi}(s)}{1 + P(s)C(s)}r(s) \tag{13.13}$$

すなわち，目標値に微分動作は作用していない．

13.2.2 I-PD 制 御

比例動作もゲインの与え方によっては微分動作と同様に目標値変更時に過大な入力が発生してしまう．そこで，PI-D 制御に加えさらに比例動作もフィードバックされる出力のみに作用する**比例微分先行型の PID 制御**手法を **I-PD 制御**と呼ぶ．I-PD 制御では次式により入力が決定される．

$$u(s) = k_p\frac{1}{T_i}\frac{1}{s}e(s) - k_p(1 + T_ds)y(s) \tag{13.14}$$

$$= C_i(s)r(s) - C(s)y(s)$$

$$C_i(s) = k_p \frac{1}{T_i}\frac{1}{s} \tag{13.15}$$

この場合の閉ループ特性は以下となる.

$$y(s) = \frac{P(s)C_i(s)}{1+P(s)C(s)} r(s) \tag{13.16}$$

I-PD 制御の場合は，目標値に微分動作と比例動作は作用しない.

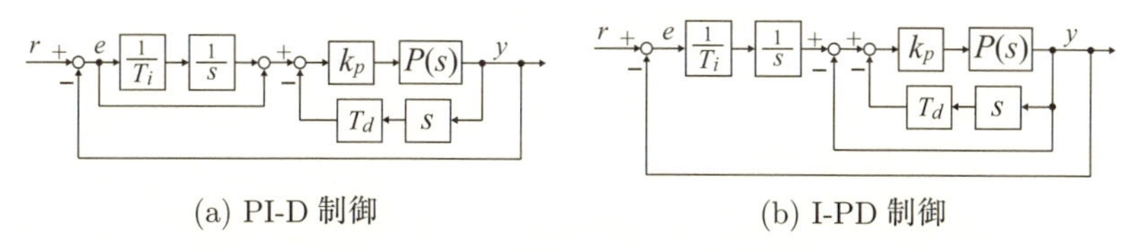

図 13.7 PI-D 制御系および I-PD 制御系

13.3 ジーグラー・ニコルスによる PID パラメータの決定方法

PID 制御系の性能は PID パラメータの値に大きく依存する. PID パラメータの決定方法は数多く提案さているが，ここでは Ziegler と Nichols により提案された (13.6) 式に対する決定方法[11),12)] を簡単に紹介する.

13.3.1 過渡応答法（ステップ応答法）

実在する多くの制御対象のステップ応答は，図 13.8 に示す図 (a) もしくは図 (b) のようになる. (a) は定位プロセス，(b) は無定位プロセスと呼ばれる. (a) の

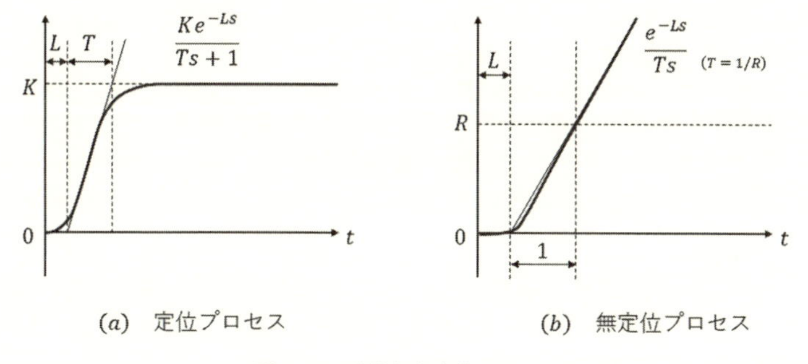

図 13.8 定位と無定位プロセス

応答を（一次遅れ系）＋（むだ時間要素）のステップ応答，(b) の応答を（積分要素）＋（むだ時間要素）のステップ応答で，それぞれ近似し，PID 制御器 (13.6)

式の各パラメータを表 13.1 により決定する．なお，無定位プロセスでは，$K=1$, $T=1/R$ とする．

表 13.1 過渡応答法（ステップ応答法）による PID パラメータ調整

制御動作	k_p	T_i	T_d
P 制御	$\frac{T}{LK}$	−	−
PI 制御	$\frac{0.9T}{LK}$	$3.33L$	−
PID 制御	$\frac{1.2T}{LK}$	$2.0L$	$0.5L$

13.3.2 限界感度法

むだ時間要素を含む系や高次（3 次以上）の制御対象の場合，P 動作のみでのフィードバック系では，ゲイン k を増加させると振動的なステップ応答となり，やがて持続的な振動を示す．この状態はいわゆる安定限界状態であり，それ以上にゲイン k を増加させると制御系は不安定化する．実用においては危険であるので注意を要するが，持続的振動の周期を T_o，そのときの比例ゲインを k_o とする．これらを用いて PID 制御パラメータを調整する方法が限界感度法である（表 13.2）．

表 13.2 限界感度法による PID パラメータ調整

制御動作	k_p	T_i	T_d
P 制御	$0.5k_o$	−	−
PI 制御	$0.45k_o$	$0.833T_o$	−
PID 制御	$0.6k_o$	$0.5T_o$	$0.125T_o$

ジーグラー・ニコルスの過渡応答法/限界感度法のいずれも PID 制御器パラメータの最適値を与えるものではないので，より良好な制御性能を得るには，パラメータ値をさらに試行錯誤的に調整する必要がある．

13 章 演習問題

基 礎 問 題

問題 13.1 ある制御対象のステップ応答を測定したところ，等価むだ時間 $L=1$ [s]，最大勾配 $R=0.5$ であった．ジーグラー・ニコルスのステップ応答法により PID 制御器の各パラメータを決定せよ．

問題 13.2 ある制御対象に比例ゲイン $k_o=4$ による比例制御を施したところ持

続振動が発生し，その周期が $T_o = 4$ [s] であった．ジーグラー・ニコルスの限界感度法により PID 制御器の各パラメータを決定せよ．

問題 13.3　制御対象の伝達関数が

$$G(s) = \frac{1}{(s+1)^3}$$

であることが分かった．この系にジーグラニコラスの限界感度法により PID 制御系を設計する．以下の問いに答えよ．

(1) 限界ゲイン k_o を求めよ．

(2) 限界周期 T_o を求めよ．

(3) PID 制御器の設計パラメータ k_p, T_i, T_d を求めよ．

応　用　問　題

問題 13.4　制御対象の伝達関数が

$$G(s) = \frac{5}{(s+5)(s^2+3s+1)}$$

で与えられるものとする．以下の設問に答えよ．

(1) 安定限界となる比例制御ゲイン k_o を求めよ．

(2) 持続的振動の周波数 ω_o を求めよ．

(3) （1）および（2）の結果を用いて PID 制御器の各パラメータを決定せよ．

【13 章　演習問題解答】

〈問題 13.1〉表 13.1 より，P 制御のみでは，

$$k_p = \frac{T}{LK} = \frac{1}{LR} = 2$$

PI 制御では，

$$k_p = \frac{0.9T}{LK} = 1.8\ ,\quad T_i = 3.33L = 3.33$$

PID 制御では，

$$k_p = \frac{1.2T}{LK} = 2.4\ ,\quad T_i = 2.0L = 2.0\ ,\quad T_d = 0.5L = 0.5$$

となる．

〈問題 13.2〉表 13.2 より P 制御のみでは，

$$k_p = 0.5k_o = 0.5 \times 4 = 2.0$$

PI 制御では,

$$k_p = 0.45k_o = 0.45 \times 4 = 1.8\ ,\quad T_i = 0.833T_o = 3.332$$

PID 制御では,

$$k_p = 0.6k_o = 2.4,\quad T_i = 0.5T_o = 2.0,\quad T_d = 0.125P_o = 0.5$$

となる.

〈問題 13.3〉 (1) 定数ゲイン k によるフィードバック系の特性方程式は

$$1 + \frac{k}{(s+1)^3} = 0$$

すなわち

$$s^3 + 3s^2 + 3s + 1 + k = 0$$

である. フルヴィッツ行列は

$$H = \begin{bmatrix} 3 & 1+k & 0 \\ 1 & 3 & 0 \\ 0 & 3 & 1+k \end{bmatrix}$$

であり, $|H_1| = 3$, $|H_2| = 8 - k$, $|H_3| = (8-k)(1+k)$ となることから, $k > 0$ では $k = 8$ でフィードバック制御系は安定限界となる. すなわち $k_o = 8$ である.

(2) $k_o = 8$ のとき, フィードバック制御系の伝達関数 $G_c(s)$ は

$$G_c(s) = \frac{8}{s^3 + 3s^2 + 3s + 9} = \frac{8}{(s+3)(s^2+3)}$$

よって, 持続的振動の角周波数は $\omega_o = \sqrt{3}$ であり, その周期は $T_o = \frac{2\pi}{\sqrt{3}}$ である.

(3) $T_o = \frac{2\pi}{\sqrt{3}}$, $k_o = 8$ より, PID 制御の各パラメータ値は表 13.2 より

$$k_p = 0.6k_o = 4.8\ ,\quad T_i = 0.5T_o = \frac{\pi}{\sqrt{3}} \fallingdotseq 1.81\ ,\quad T_d = 0.125T_o \fallingdotseq 0.453$$

となる.

〈問題 13.4〉

(1) 制御系の特性方程式 $1 + kG(s) = 0$ は, $(s+5)(s^2+3s+1) + 5k = 0$

となる．左辺を展開しフルヴィッツの安定判別法を適用して k に関する安定条件を求めると，$-1 < k < 123/5$ となるので，k の上限値として $k = k_o = 123/5$ で制御系は安定限界となる．

(2) $k_o = 123/5$ のときの特性方程式は

$$(s+8)(s^2+16) = 0$$

となる．よって，$\omega_o = 4$ が持続的振動の角周波数である．

(3) $k_o = 123/5$，$\omega_o = 4$ であるとき，表 13.2 より

P 制御の場合

$$k_p = 0.5k_o = 12.3$$

PI 制御 の場合

$$k_p = 0.45k_o = 11.07\ ,\quad T_i = 0.833T_o = 0.833 \times \frac{2\pi}{4} = 0.416\pi \fallingdotseq 1.31$$

PID 制御の場合

$$k_p = 0.6k_o = 14.76\ ,\quad T_i = 0.5T_o = 0.5 \times \frac{2\pi}{4} = 0.25\pi \fallingdotseq 0.785\ ,$$

$$T_d = 0.125T_o = 0.125 \times \frac{2\pi}{4} \fallingdotseq 0.196$$

となる．

14 その他の制御系設計

前章では，PID 制御による制御系設計について概説した．本章ではさらに，アドバンストな制御手法として，**内部モデル原理**による**サーボ系**設計法およびロバスト制御手法について概説する．

14.1　内部モデル原理とサーボ系設計

外乱の影響を抑えて時間とともに変化する目標値にシステムの出力を追従させることは，サーボ系設計における最大の目的の 1 つである．ここでは目標値信号や外乱を生成するモデルの特性をフィードバック制御系に含ませることで，上述の目的を達成する制御系を簡単に設計する手法を紹介する．

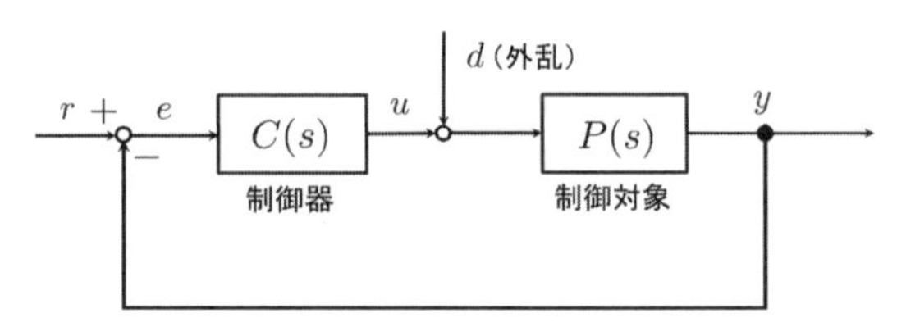

図 14.1　フィードバック制御系

いま，図 14.1 に示されるフィードバック制御系を考えよう．ここに，$P(s)$ は対象システムであり，$C(s)$ は制御器（コントローラー）である．また，r は出力 y の追従すべき目標値，d はシステムに印加される外乱である．

まず，出力 y と目標値 r との誤差を $e := r - y$ と定義し，この誤差システムがどのように表現できるか確認してみよう．

いま，対象システムが

$$P(s) = \frac{n_p(s)}{d_p(s)} \tag{14.1}$$

と表されるものとし，コントローラーは

$$C(s) = \frac{n_c(s)}{d_c(s)} \tag{14.2}$$

と与えられているものとする．構成された閉ループ系は，

$$y(s) = \frac{P(s)C(s)}{1+P(s)C(s)}r(s) + \frac{P(s)}{1+P(s)C(s)}d(s) \tag{14.3}$$

と表すことができる．よって，追従誤差 $e(t)$ のラプラス変換を $e(s)$ とおくと，目標値 $r(t)$ から $e(t)$ までの誤差システムは，外乱 $d(t)$ の影響を含む形で

$$\begin{aligned} e(s) &= \frac{1}{1+P(s)C(s)}r(s) - \frac{P(s)}{1+P(s)C(s)}d(s) \\ &= \frac{d_p(s)d_c(s)}{d_p(s)d_c(s)+n_p(s)n_c(s)}r(s) - \frac{n_p(s)d_c(s)}{d_p(s)d_c(s)+n_p(s)n_c(s)}d(s) \end{aligned} \tag{14.4}$$

と表すことができる．

ここで，$r(t)$, $d(t)$ が一定値や正弦波などの $t \to \infty$ で 0 に収束しない信号 (例えば，虚軸上にいくつかの極がある信号）であるとし，ラプラス変換すると

$$r(s) = \frac{n_r(s)}{\phi(s)d_r(s)}, \quad d(s) = \frac{n_d(s)}{\phi(s)d_d(s)} \tag{14.5}$$

と表されるものとする．このような目標値や外乱に対して，コントローラーの分母多項式が $r(s)$ と $d(s)$ の分母多項式の最小公倍多項式を含むように設計されているとする．すなわち，目標値と外乱のモデル $\phi(s)d_r(d)d_d(s)$ およびある多項式 $d_{c0}(s)$ を用いて

$$d_c(s) = d_{c0}(s)\phi(s)d_r(s)d_d(s) \tag{14.6}$$

と設計されているとすると，(14.4) より，

$$e(s) = \frac{d_p(s)d_{c0}(s)n_r(s)d_d(s) - n_p(s)d_{c0}(s)d_r(s)n_d(s)}{d_p(s)d_c(s)+n_p(s)n_c(s)} \tag{14.7}$$

を得る．このとき，

$$d_{cl}(s) = d_p(s)d_c(s) + n_p(s)n_c(s) \tag{14.8}$$

が $d_c(s) = d_{c0}(s)\phi(s)d_r(s)d_d(s)$ のもとで安定多項式となるように設計されてい

るものとすると，$e(s)$ の極がすべて安定であることから

$$\lim_{t\to\infty} e(t) = \lim_{t\to\infty} (r(t) - y(t)) = 0$$

が得られる．なお，$d_c(s)$ は，(14.6) で与えられているように，目標値および外乱モデルである $d_{rd}(s) = \phi(s)d_r(s)d_d(s)$ を含むように設計されるため任意に与えることはできないが，$d_{rd}(s)$ と $n_p(s)$ が共通因子を持たなければ，必ず (14.8) を安定化する $d_{c0}(s)$ および $n_c(s)$ が存在する[13]．よって，コントローラーに目標値と外乱の共通モデル $d_{rd}(s)$ を含ませ，安定化補償器 $n_c(s)/d_{c0}(s)$ を用いて

$$C(s) = \frac{n_c(s)}{d_c(s)} = \frac{n_c(s)}{d_{c0}(s)}\frac{1}{d_{rd}(s)} \tag{14.9}$$

と設計することで，外乱の存在下でも，出力追従誤差を $t \to \infty$ で 0 に収束させるフィードバック制御系を設計することができる．これが**内部モデル原理**による**サーボ系**設計である．

図 14.2 に内部モデル原理によるフィードバック制御系の構成図を示す．

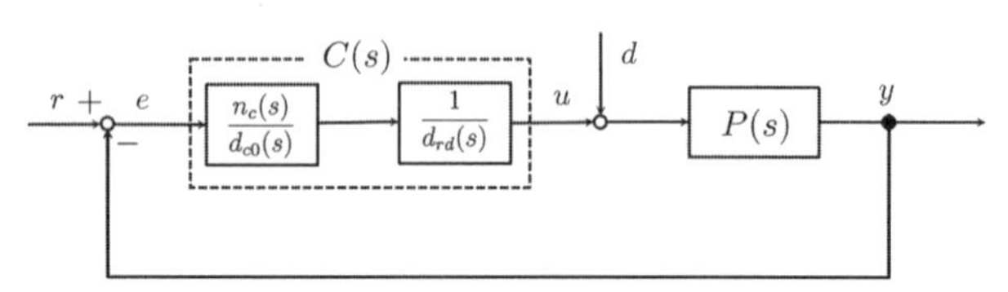

図 14.2 内部モデル原理によるフィードバック制御系

14.2 ロバスト制御

9.4 節にてロバスト安定性・ロバスト安定化について述べた．ロバスト安定化とは，実際のシステムを誤差（**不確かさ**）なく表現することはできないという考えのもと，想定され得る不確かさを含んだシステム全体に対して安定化を達成しようというものである．不確かさとはノミナルモデル（公称モデル）からの差（パラメータ誤差，モデル化が困難な動特性，モデル化できない非線形性等々）を表す．本節では，もう少し踏み込んで，不確かさには**構造的不確かさ**と**非構造的不確かさ**が存在し，非構造的不確かさを考えた場合には**加法的不確かさ**と**乗法的不確かさ**が存在すること，さらには，ロバスト制御問題には**ロバスト安定化問題**と**ロバスト制御性能問題**があることを述べ，今後の発展的な学習への手助けとしたい．

14.2.1 不確かさの表現

いま，つぎの 2 次遅れ系を考えよう．

$$G(s) = \frac{k\omega_n^2}{s^2 + 2\zeta\omega_n s + \omega_n^2} \tag{14.10}$$

ここで，k はゲイン，ζ は減衰係数比（減衰率），ω_n は固有角振動数であるとし，$0 < \zeta < 1$ とする．

また，ゲイン k および固有振動数 ω_n の数値は全く誤差なくわかっているとするが，減衰率 ζ は正確にわかっていないとする．ただし，ノミナル値としての減衰率が ζ_0 とわかっており，製品の製造ばらつきにより減衰率のばらつきの範囲が $\zeta \in [\zeta_0 - \Delta\zeta, \zeta_0 + \Delta\zeta]$ とわかっているとしよう．このとき，想定され得るシステムの表現方法としては以下の表記が考えられる．

$$G(s) = \frac{k\omega_n^2}{s^2 + 2\zeta\omega_n s + \omega_n^2},\ \zeta \in [\zeta_0 - \Delta\zeta, \zeta_0 + \Delta\zeta] \tag{14.11}$$

このように，システムの不確かさの箇所や構成要素が特定できる場合の不確かさを**構造的不確かさ**と呼ぶ．参考までに，$k = 2$，$\zeta_0 = 0.2$，$\omega_n = 1$，$\Delta\zeta = 0.1$ の場合のボード線図（ただし，最大 $\zeta = 0.3$，ノミナル $\zeta = 0.2$，最小 $\zeta = 0.1$ の 3 通り）を図 14.3 に示す．

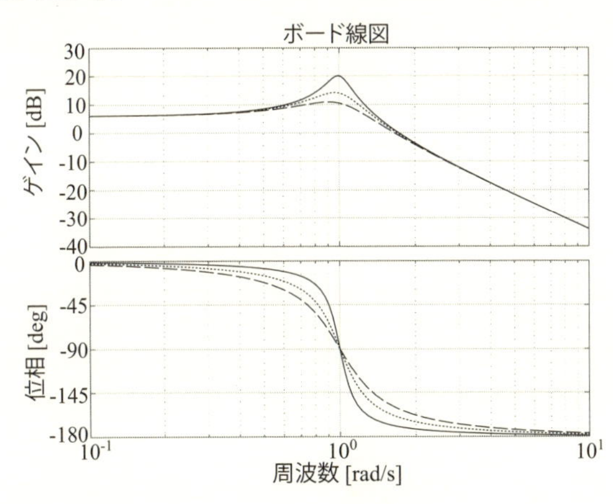

図 14.3 構造的不確かさを有する 2 次系のボード線図（破線：$\zeta = 0.3$，点線：$\zeta = 0.2$，実線：$\zeta = 0.1$）

上記のような不確かさの表現の他に，伝達関数 $G(s)$ 全体としての不確かさを考えることも可能である．すなわち，(14.11) 式のように不確かさの箇所は特定できないが，ノミナルの伝達関数 $G_0(s)$ に対して $\Delta G(s)$ の不確かさが存在する状況である．このような場合，不確かさの場所を特定していないことから**非構造的不確かさ**と呼ばれ，その表現方法として以下の二種類がよく使われる．

$$G(s) = G_0(s) + \Delta G(s) \tag{14.12}$$

$$G(s) = G_0(s)\left[1 + \Delta G(s)\right] \tag{14.13}$$

(14.12) 式の表現を**加法的不確かさ**，(14.13) 式の表現を**乗法的不確かさ**と呼ぶ．これらのブロック線図を図 14.4 に示す．

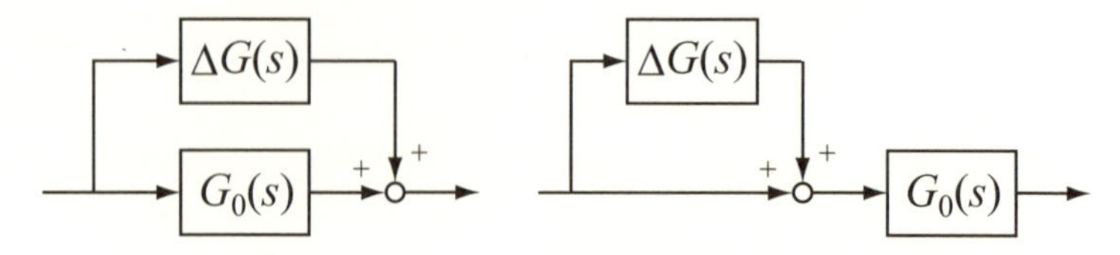

図 14.4　非構造的不確かさ（左：加法的不確かさ，右：乗法的不確かさ）

非構造的不確かさの典型的な例として，制御対象への入力に無駄時間作用素が作用する場合の表現を考えてみよう．

付録の (A.23) 式より，無駄時間が h [s] である無駄時間要素のラプラス変換は e^{-hs} である．しかし，指数関数の級数展開が無限級数であることからわかるように，本来であれば無限次元としての扱いが必要であり，その取り扱いが難しい．そこで，無駄時間要素を除いたノミナルシステムを $G_0(s)$，乗法的な不確かさを $\Delta G(s) = e^{-hs} - 1$ として制御器を設計する方法[14] が広く用いられている．無駄時間要素 e^{-hs} ($h = 0.1, 0.5$ [s]) のボード線図を図 14.5 に示す．また，乗

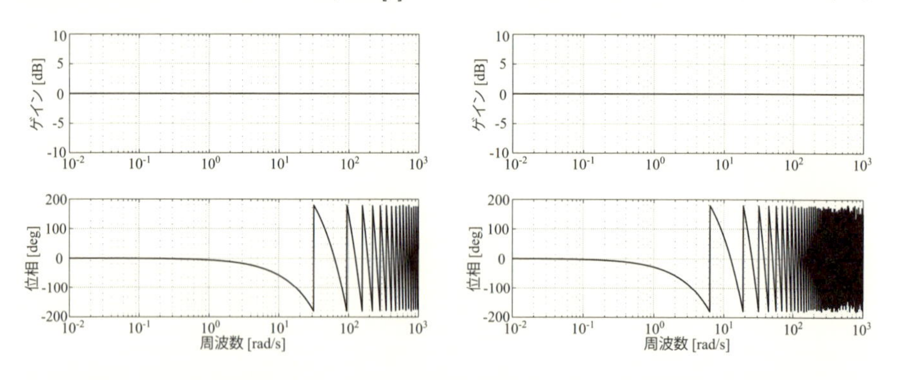

図 14.5　無駄時間要素 e^{-hs} にのボード線図（位相は $-180 \sim 180$ [deg] の範囲内に折り返して表現．左：$h = 0.1$ [s]，右：$h = 0.5$ [s]）

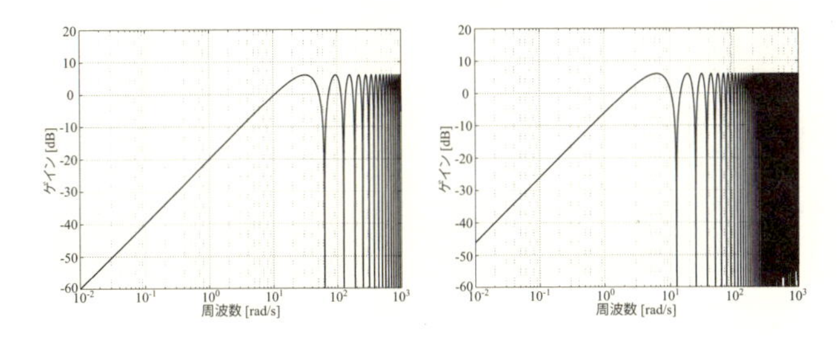

図 14.6 e^{-hs} を乗法的不確かさにより表現した場合の不確かさ要素 $\Delta G(s)$ $(= e^{-hs} - 1)$ のゲイン線図（左：$h = 0.1$ [s]，右：$h = 0.5$ [s]）

法的不確かさと見なした $\Delta G(s)$ のゲイン線図を図 14.6 に示す．

14.2.2 ロバスト制御問題

前節では，不確かさの表現が複数存在することを確認した．どの表現を用いるかは，具体的な制御対象に依存するが，どの表現を用いても制御の目的は同じである．すなわち，以下の 2 つの目的がある．

- 想定され得るシステムすべてに対して閉ループ系を安定化したい．
- 想定され得るシステムすべてに対して良好な制御性能を実現したい．

この目的の前者が**ロバスト安定化問題**と呼ばれる設計問題であり，後者が**ロバスト制御性能問題**と呼ばれる問題である．

以下では，非構造的不確かさを用いて表現された制御対象に対するロバスト安定化問題 *1) を考える．いま，図 14.4 に表現されたシステムに制御器 $C(s)$ を適用した閉ループ系を考えよう．このシステムのブロック線図は図 14.7 に表現される．ここで，$G_{cl}(s)$ は不確かさ $\Delta G(s)$ の出力 w から $\Delta G(s)$ の入力 z までのシステムを表し，ノミナルシステム $G_0(s)$ と制御器 $C(s)$ を用いて以下に表される．

$$G_{cl}(s) = \frac{C(s)}{1 - C(s)G_0(s)} \quad \text{（加法的不確かさの場合）}$$
$$G_{cl}(s) = \frac{C(s)G_0(s)}{1 - C(s)G_0(s)} \quad \text{（乗法的不確かさの場合）} \tag{14.14}$$

*1) 非構造的不確かさを用いて表現された制御対象システムに対するロバスト制御性能問題もほぼ同じ枠組みで考えることができる．また，構造的不確かさの場合，一般的には，パラメトリックなシステム表現に対するロバスト安定化問題/ロバスト制御性能問題を考える必要があり，“状態空間表現” を用いた議論が必要となるため，本書では取り扱わないこととする．

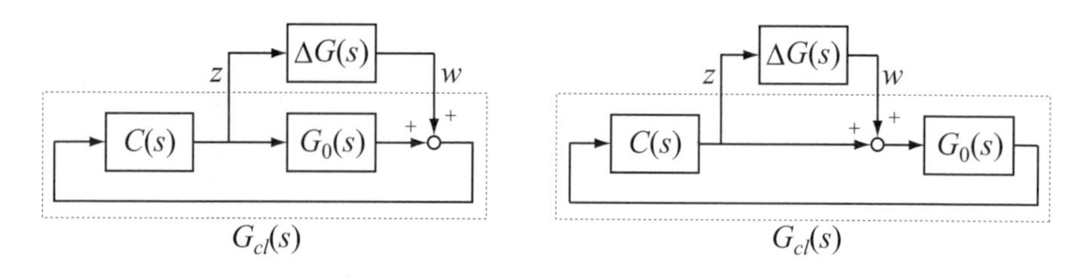

図 14.7 非構造的不確かさを用いた閉ループ系（左：加法的不確かさ，右：乗法的不確かさ）

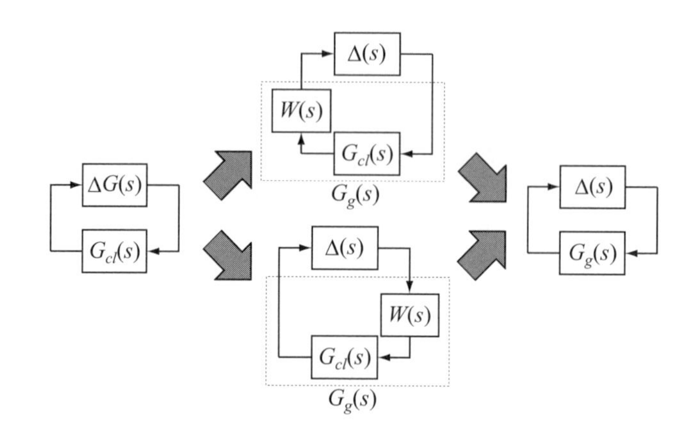

図 14.8 非構造的不確かさを用いた閉ループ系にフィルタ $W(s)$ を施すことで正規化された不確かさ $\Delta(s)$ を用いた閉ループ系表現（中図上：$G_{cl}(s)$ の出力にフィルタを適用した場合，中図下：$G_{cl}(s)$ の入力にフィルタを適用した場合）

結局，図 14.7 に示された加法的不確かさ，もしくは乗法的不確かさを有するシステムに対する閉ループ系は図 14.8 の一番左の図のように，$G_{cl}(s)$ に不確かさ $\Delta G(s)$ がフィードバック結合したシステムとして表現される．

いま，不確かさ $\Delta G(s)$ が，無駄時間 e^{-hs} を乗法的不確かさとして捉えた（図 14.6 参照）ように，周波数に応じてゲインが変化する不確かさであるならば，適当なフィルタ $W(s)$ を用いた変形（図 14.8 の中図参照）を経て，図 14.8 の一番右の図のように，ノミナルシステム $G_0(s)$ と制御器 $C(s)$ から構成されたシステム $G_{cl}(s)$ にフィルタ $W(s)$ を直列結合したシステム $G_g(s)$ と，正規化された安定な不確かさ $\Delta(s)$（$|\Delta(j\omega)| \leq 1,\ \forall\omega \in [0, \infty)$）がフィードバック結合したシステムとして表現される．

この正規化された安定な不確かさ $\Delta(s)$ を導出するためには，なんらかの意味

で，$\Delta(s)W(s)$（もしくは $W(s)\Delta(s)$）が $\Delta G(s)$ を包含するように安定なフィルター $W(s)$ を設定すれば良い．この“包含”の方法として，不確かさ $\Delta G(s)$ のゲインを覆うようなゲインを $W(s)$ に持たせる，すなわち $|\Delta G(j\omega)| \leq |W(j\omega)|$ を満たすようなプロパーな伝達関数を有する $W(s)$ を用いると，ゲインに関して，$\Delta(s)W(s)$（もしくは $W(s)\Delta(s)$）が $\Delta G(s)$ を包含する *2) ことがわかる．ただし，図 14.9 に示すように，$\Delta G(s)$ のゲインを覆うような $W(s)$ の選び方は唯一ではなく，結果として，ロバスト安定性は $W(s)$ の選び方に依存する点には注意してほしい．

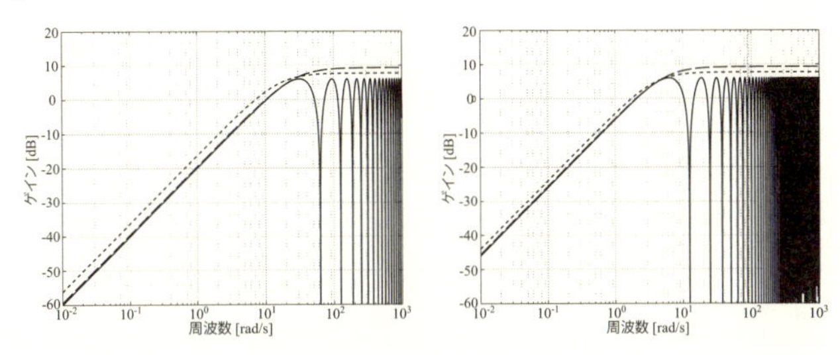

図 14.9 乗法的不確かさ $\Delta G(s)$ $(= e^{-hs} - 1)$ を正規化した不確かさ $\Delta(s)$ とフィルタ $W(s)$ によって表現するためのフィルタ設定の例（左：$h = 0.1$ [s]（点線：$W(s) = \frac{2.5s}{s+16}$，破線：$W(s) = \frac{3s}{s+28}$），右：$h = 0.5$ [s]（点線：$W(s) = \frac{2.5s}{s+4}$，破線：$W(s) = \frac{3s}{s+5.5}$））

このとき，以下のことが知られている．

定理 14.1（ロバスト安定であるための必要十分条件）[13]

仮定 14.1 図 14.8 において，正規化された不確かさ $\Delta(s)$ およびノミナル閉ループ系 $G_g(s)$ はともに安定な伝達関数と仮定する．

このとき，$|G_g(j\omega)| < 1,\ \forall\omega \in [0, \infty)$ を満たす制御器 $C(s)$ を設計することは，$|\Delta(s)| \leq 1$ を満たす任意の $\Delta(s) \in \mathbb{C}$ に対して $\Delta(s)$ および $G_g(s)$ から構成された閉ループ系を安定とすることと等価である．

すなわち，$|G_g(j\omega)| < 1,\ \forall\omega \in [0, \infty)$ を満たすように制御器 $C(s)$ を設計すれば，非構造的不確かさ $\Delta G(s)$ に対するロバスト安定が達成される．

---

*2) $\Delta(s)$ は $|\Delta(j\omega)| \leq 1$ を満たすように正規化されているため，$|\Delta(j\omega)| = 1$ と常に最大値を作り出している状況を考えれば理解しやすいだろう．なお，この「ゲインに関して包含する」ように $W(s)$ を設定するというのが，図 14.6 においてゲインだけを表示した理由である．

14章　演習問題

基　礎　問　題

問題 14.1　図 14.1 において，$P(s)=\frac{1}{s-1}$ と与えられ，目標値 $r(t)$ に誤差なく追従する制御器 $C(s)$ を設計したい．このとき，以下の問題に答えなさい．

(1) 目標値信号 $r(t)$ および外乱 $d(t)$ から出力と目標値との誤差 $e(t)$ までの伝達関数を，$P(s)$，$C(s)$，$r(s)$ および $d(s)$ を用いて表現しなさい．

(2) いま，$r(t)=\sin\omega t$ の目標値に誤差なく追従させる制御器 $C(s)$ として，(14.9) 式に示した内部モデル原理より $\frac{\omega(a_2s^2+a_1s+a_0)}{s^2+\omega^2}$ と定めた．このとき，閉ループ系が安定となるための条件を a_2,a_1,a_0,ω を用いて表しなさい．

(3) 制御器 $C(s)$ を上記のように定め，閉ループ系が安定となるように a_2,a_1,a_0 を定めた．このとき，$d(t)=0$ の場合には十分時間が経過した時の誤差が，すなわち定常誤差が 0 となることを示しなさい．

(4) 上記の設定において，$r(t)=\sin\omega t$ の目標値に加えて，$d(t)=1$ と単位ステップ外乱が加わる場合の定常誤差を求めなさい．

問題 14.2　今度は，図 14.1 において，$P(s)=\frac{1}{s+1}$ と与えられた場合を考える．このとき，以下の問題に答えなさい．

(1) $d(t)=1$ のステップ外乱が存在する条件下で $r(t)=\sin\omega t$ の目標値に誤差なく追従させる制御器 $C(s)$ として，(14.9) 式に示した内部モデル原理より $\frac{\omega(a_2s^2+a_1s+a_0)}{s(s^2+\omega^2)}$ と定めた．このとき，閉ループ系が安定となるための条件を a_2,a_1,a_0,ω を用いて表しなさい．

(2) 目標値が $r(t)=\sin 2t$ と具体的に与えられた場合に，閉ループ系を安定化する a_2,a_1,a_0 の具体的な一組を求め，定常誤差が 0 となることを確認しなさい．

問題 14.3　図 14.8 において，ノミナル閉ループ系が $G_g(s)=\frac{k\omega_n^2}{s^2+2\zeta\omega_n+\omega_n^2}$ と与えられたとする．このとき，以下の問題に答えなさい．

(1) 減衰係数が $\zeta>\frac{1}{\sqrt{2}}$ を満たす場合，$|\Delta(s)|\le 1$ を満たす任意の安定な不確かさ $\Delta(s)\in\mathbb{C}$ に対してロバスト安定を達成するための条件を求めなさい．

(2) 一方，減衰係数が $0 < \zeta < \frac{1}{\sqrt{2}}$ を満たす場合，$|\Delta(s)| \le 1$ を満たす任意の安定な不確かさ $\Delta(s) \in \mathbb{C}$ に対してロバスト安定を達成するための条件はどうなるか？

【14 章　演習問題解答】

〈問題 14.1〉 (1) $e(s) = r(s) - y(s) = r(s) - P(s)\left[d(s) + C(s)e(s)\right]$ より以下に求められる．

$$e(s) = \frac{1}{1 + P(s)C(s)}r(s) - \frac{P(s)}{1 + P(s)C(s)}d(s)$$

(2) 閉ループ系の極は $1 + P(s)C(s)$ の零点，すなわち，

$$\frac{(s-1)(s^2+\omega^2) + \omega\left(a_2 s^2 + a_1 s + a_0\right)}{(s-1)(s^2+\omega^2)}$$

の零点である．分子多項式は $s^3 + (a_2\omega - 1)s^2 + (\omega^2 + a_1\omega)s + (a_0\omega - \omega^2)$ であることから，そのフルヴィッツ行列は $\begin{bmatrix} a_2\omega - 1 & a_0\omega - \omega^2 & 0 \\ 1 & \omega^2 + a_1\omega & 0 \\ 0 & a_2\omega - 1 & a_0\omega - \omega^2 \end{bmatrix}$ と求められる．よって，閉ループ系が安定であるための条件として以下が得られる．

$$\begin{cases} a_2\omega - 1 > 0 \\ (a_2\omega - 1)(\omega^2 + a_1\omega) - (a_0\omega - \omega^2) > 0 \\ (a_0\omega - \omega^2)\left[(a_2\omega - 1)(\omega^2 + a_1\omega) - (a_0\omega - \omega^2)\right] > 0 \end{cases}$$

結局，以下が a_0, a_1, a_2, ω に対する条件である．

$$\begin{cases} a_0 > \omega \\ a_1 > \frac{a_0 - \omega}{a_2\omega - 1} - \omega \\ a_2 > \frac{1}{\omega} \end{cases}$$

(3) $d(s) = 0$ および $r(s) = \frac{\omega}{s^2+\omega^2}$ より，

$$\begin{aligned} e(s) &= \frac{(s-1)(s^2+\omega^2)}{(s-1)(s^2+\omega^2) + \omega\left(a_2 s^2 + a_1 s + a_0\right)} \frac{\omega}{s^2+\omega^2} \\ &= \frac{\omega(s-1)}{(s-1)(s^2+\omega^2) + \omega\left(a_2 s^2 + a_1 s + a_0\right)} \end{aligned}$$

が得られる．今，閉ループ系は安定化されており，内部モデル原理により誤差 $e(t)$ の最終値はある値に確定することから，最終値の定理を用いて誤差の最終値を確認す

ると，$\lim_{t\to\infty} e(t) = \lim_{s\to 0} se(s) = \lim_{s\to 0} \frac{s\omega(s-1)}{(s-1)(s^2+\omega^2)+\omega(a_2s^2+a_1s+a_0)} = \frac{0}{a_0\omega-\omega^2} = 0$ が確認出来る.

(4) $d(s)$ から $e(s)$ への伝達関数は $\frac{-P(s)}{1+P(s)C(s)} = \frac{-(s^2+\omega^2)}{(s-1)(s^2+\omega^2)+\omega(a_2s^2+a_1s+a_0)}$ である．一つ前の問題の結果を用いると，$r(t) = \sin\omega t$ の目標値に対する定常誤差は 0 であることから，$d(t) = 1$ と単位ステップ外乱が加わる場合の定常誤差は $d(t)$ の影響のみを考慮すればよい．結局，最終値の定理より $\lim_{t\to\infty} e(t) = -\frac{\omega^2}{a_0\omega-\omega^2}$ と求められる.

参考までに，$\omega = 2$ に対して $(a_2, a_1, a_0) = (1, 0, 3)$ と定めた場合の目標値，外乱，誤差のシミュレーション結果を図 14.10 に示す．このとき，定常誤差は $\frac{-2^2}{3\times 2-2^2} = -2$ と計算され，誤差 e が -2 に収束していることが確認出来る.

〈問題 14.2〉

(1) $d(s) = \frac{1}{s}$ より，$e(s) = \frac{1}{1+P(s)C(s)}r(s) - \frac{P(s)}{1+P(s)C(s)}d(s)$ は具体的に以下のように求められる.

$$
\begin{aligned}
e(s) &= \frac{s(s+1)(s^2+\omega^2)}{s(s+1)(s^2+\omega^2)+\omega(a_2s^2+a_1s+a_0)}\frac{\omega}{s^2+\omega^2} \\
&\quad - \frac{s(s^2+\omega^2)}{s(s+1)(s^2+\omega^2)+\omega(a_2s^2+a_1s+a_0)}\frac{1}{s} \\
&= \frac{\omega s(s+1)}{s(s+1)(s^2+\omega^2)+\omega(a_2s^2+a_1s+a_0)} \\
&\quad - \frac{(s^2+\omega^2)}{s(s+1)(s^2+\omega^2)+\omega(a_2s^2+a_1s+a_0)}
\end{aligned}
$$

特性多項式は $s^4 + s^3 + (\omega^2 + a_2\omega)s^2 + (\omega^2 + a_1\omega)s + a_o\omega$ であることから，閉ループ系を安定化する条件は以下に求められる.

$$
\begin{cases}
a_0 > 0 \\
a_2 - a_1 > 0 \\
(a_2 - a_1)(a_1 + \omega)\omega - a_0 > 0
\end{cases}
$$

(2) $\omega = 2$ の場合に安定化条件を満たす (a_2, a_1, a_0) の具体的な一組として，$(2, 1, 1)$ を選んだとする．このとき，閉ループ系の極は $-0.393 \pm j0.332$ および $-0.107 \pm j2.75$ と求められ，安定化されていることが確認出来る．また，このとき，$\lim_{t\to\infty} e(t)$ は最終値の定理を用いて $\lim_{s\to 0} se(s) = 0$ と得られ，定常誤差が 0 であることが確認出来る.

参考までに，上記のように設定した制御器を用いたシミュレーション結果を図

14.10 に示す．このとき，誤差は振動的な挙動を示すものの，確かに 0 に収束していることが確認出来る．

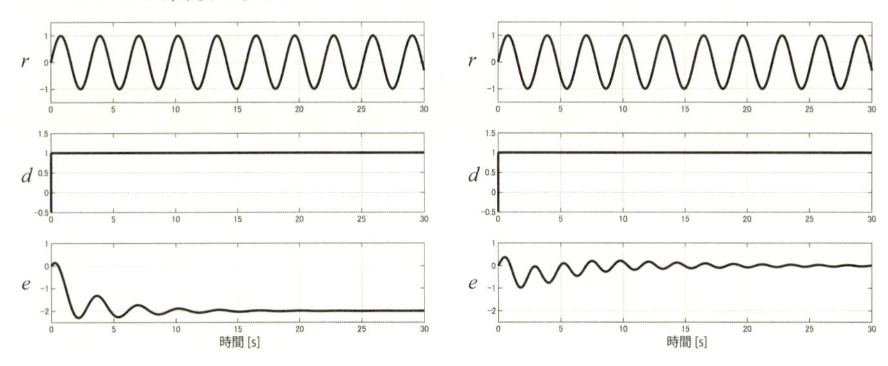

図 14.10 問題 14.1 におけるシミュレーション結果（左），問題 14.2 におけるシミュレーション結果（右）

〈問題 14.3〉(1) 減衰係数が $\zeta > \frac{1}{\sqrt{2}}$ を満たす場合，$G_g(s)$ の最大ゲインは $\omega = 0$ の k であることから，ロバスト安定を達成するための条件は $k < 1$ となる．

(2) 減衰係数が $0 < \zeta < \frac{1}{\sqrt{2}}$ を満たす場合，$G_g(s)$ の最大ゲインは $\omega = \omega_n\sqrt{1-2\zeta^2}$ の $\frac{k}{2\zeta\sqrt{1-\zeta^2}}$ であることから，ロバスト安定を達成するための条件は $\frac{k}{2\zeta\sqrt{1-\zeta^2}} < 1$ となる．

本書で扱う制御工学で用いる数学基礎

A.1　テイラー級数・テイラー展開

制御工学においてテイラー級数を直接用いることは多くないが，制御工学で必要なラプラス変換を学習する際に重宝するため，無限回微分可能であり，かつそれらが連続である関数（"**C^∞ 級関数**" と呼ばれる）の**テイラー級数**および**テイラー展開**を確認しておく．

C^∞ 級の関数 $f(x)$ の $x = x_1$ におけるテイラー級数は以下の通りである[4)]．

$$f(x) = \frac{f^{(0)}(x_1)}{0!}(x - x_1)^0 + \frac{f^{(1)}(x_1)}{1!}(x - x_1)^1 + \frac{f^{(2)}(x_1)}{2!}(x - x_1)^2 + \cdots \quad \text{(A.1)}$$

なお，$f^{(n)}(x_1)$ は，関数 $f(x)$ を n 階微分することで得られた n 階導関数に $x = x_1$ を代入した値を意味する．

また，C^∞ 級の関数 $f(x)$ とその m 次テイラー級数との差である剰余項が，m を大きくするに従い零に近づく，すなわち $\lim_{m\to\infty} f(x) - \sum_{i=0}^{m} \frac{f^{(i)}(x_1)}{i!}(x - x_1)^i = 0$ が成り立つならば，$f(x)$ は以下のべき級数展開で表現される[4)]．

$$f(x) = \sum_{i=0}^{\infty} \frac{f^{(i)}(x_1)}{i!}(x - x_1)^i \quad \text{(A.2)}$$

これを $f(x)$ の $x = x_1$ における（$x = x_1$ まわりの）テイラー展開と呼ぶ．

A.2　複　素　数

A.2.1　表　　記

複素数 $s \in \mathbb{C}$ は虚数単位 j[*1)] を用いて，以下のように表記される．

---

*1)　高校までの数学では虚数単位を i と表記するが，工学では電流値を表したり，ベクトルや行列のインデックスに i を用いることが多いため，工学では j を用いることが多い．ただし，j もインデックスに用いられる場合があり，注意が必要である．

$$s = a + jb \tag{A.3}$$

ここで，$a \in \mathbb{R}$ と $b \in \mathbb{R}$ はそれぞれ複素数 s の**実部**と**虚部**，即ち $\mathrm{Re}(s)$ と $\mathrm{Im}(s)$ を表す．

また，複素数 s の実部はそのままで，虚部だけ符号を反転させた複素数を**共役複素数**と呼び，$\bar{s}$ と表記する．

$$\bar{s} = a - jb \tag{A.4}$$

A.2.2 オイラーの公式を用いた表記

複素数には実部と虚部を用いた（A.3）式の表記の他，ネイピア数（Napier number）e を用いた**オイラーの公式**（$e^{j\theta} = \cos\theta + j\sin\theta$）を用いて

$$s = |s|e^{j\theta} \tag{A.5}$$

と表記することもできる．ここで，$|s|$ は複素数 s の**絶対値**，すなわち $|s| = \sqrt{a^2 + b^2}$ であり，θ は**偏角**，すなわち $\theta = \tan^{-1}\left(\frac{b}{a}\right)$ である（図 A.1 参照）．

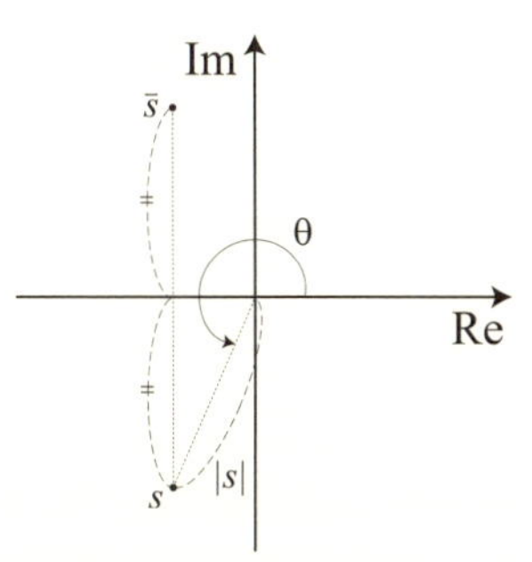

図 A.1　複素数 $s = |s|e^{j\theta}$

A.2.3 四　則　演　算

$s_1 = a_1 + b_1 j = |s_1|e^{j\theta_1}$ および $s_2 = a_2 + b_2 j = |s_2|e^{j\theta_2}$（ただし，$|s_2| \neq 0$ を仮定する）の 2 つの複素数の四則演算は以下のとおりである．

$$\begin{aligned} s_1 \pm s_2 &= (a_1 \pm a_2) + j(b_1 \pm b_2) \\ s_1 \times s_2 &= a_1 a_2 - b_1 b_2 + j(a_1 b_2 + a_2 b_1) = |s_1||s_2|e^{j(\theta_1 + \theta_2)} \\ \frac{s_1}{s_2} &= \frac{a_1 a_2 + b_1 b_2 + j(a_2 b_1 - a_1 b_2)}{a_2^2 + b_2^2} = \frac{|s_1|}{|s_2|}e^{j(\theta_1 - \theta_2)} \end{aligned} \tag{A.6}$$

A.2.4 ド・モアブルの公式

オイラーの公式に関連して，以下の**ド・モアブルの公式**も重要である．

$$\left(e^{j\theta}\right)^n = e^{jn\theta} = \cos n\theta + j\sin n\theta \tag{A.7}$$

A.2.5 指数関数 e^x と三角関数の級数展開

指数関数 e^x の原点におけるテイラー展開は以下となる．

$$e^x = \sum_{n=0}^{\infty} \frac{x^n}{n!} \left.\frac{d^n}{dx^n}e^x\right|_{x=0} = 1 + x + \frac{1}{2!}x^2 + \cdots + \frac{1}{n!}x^n + \cdots = \sum_{n=0}^{\infty} \frac{x^n}{n!} \tag{A.8}$$

ここで，$\left.\frac{d^n}{dx^n}e^x\right|_{x=0}$ は，指数関数 e^x の n 階導関数に $x=0$ を代入した値を意味する．このとき，x に $j\theta$ を代入すると以下が得られる．

$$e^{j\theta}=\sum_{n=0}^{\infty}\frac{(j\theta)^n}{n!} \tag{A.9}$$

さらに，この式の右辺は以下のように表現される．

$$\begin{aligned}&\frac{(j\theta)^0}{0!}+\frac{(j\theta)^1}{1!}+\frac{(j\theta)^2}{2!}+\frac{(j\theta)^3}{3!}+\frac{(j\theta)^4}{4!}+\frac{(j\theta)^5}{5!}\cdots\\&=1+j\frac{\theta^1}{1!}-\frac{\theta^2}{2}-j\frac{\theta^3}{3!}+\frac{\theta^4}{4!}+j\frac{\theta^5}{5!}\cdots\\&=\left(1-\frac{\theta^2}{2}+\frac{\theta^4}{4!}\cdots\right)+j\left(\frac{\theta^1}{1!}-\frac{\theta^3}{3!}+\frac{\theta^5}{5!}+\cdots\right)\end{aligned} \tag{A.10}$$

一方，(A.9) 式の左辺はオイラーの公式より $e^{j\theta}=\cos\theta+j\sin\theta$ であるため，次の cos 関数，sin 関数の級数展開が得られる．

$$\begin{cases}\cos\theta=1-\dfrac{\theta^2}{2}+\dfrac{\theta^4}{4!}\cdots=\displaystyle\sum_{n=0}^{\infty}\frac{(-1)^n}{(2n)!}\theta^{2n}\\ \sin\theta=\dfrac{\theta^1}{1!}-\dfrac{\theta^3}{3!}+\dfrac{\theta^5}{5!}+\cdots=\displaystyle\sum_{n=0}^{\infty}\frac{(-1)^n}{(2n+1)!}\theta^{2n+1}\end{cases} \tag{A.11}$$

A.3　ラプラス変換

A.3.1　定　　　　義

ラプラス変換の定義は以下の通りである．

定義 A.1　時刻 $t\geq 0$ において定義された連続関数 $f(t)$ に対して，$s\in\mathbb{C}$ を用いた $f(t)$ のラプラス変換は以下に定義される[3)]．

$$\mathcal{L}\left[f(t)\right]:=\int_0^{\infty}e^{-st}f(t)dt \tag{A.12}$$

なお，$\mathcal{L}\left[f(t)\right]$ は $F(s)$ または $f(s)$ と表記されることもある．　□

なお，連続関数 $f(t)$ が $M\in\mathbb{R}$ および $k\in\mathbb{R}$ に対して以下の条件を満たす場合，$\mathrm{Re}(s)>k$ において $f(t)$ のラプラス変換が存在し，かつ複素平面の $\mathrm{Re}(s)>k$ において正則な関数となる[3)]．

$$\exists M>0,\ \exists k>0,\ s.t.\ |f(t)|\leq Me^{kt},\ t\in[0,\infty) \tag{A.13}$$

実際に，複素数 s を $s=a+jb$ とすると，$|e^{-st}|=\left|e^{-at}e^{-jbt}\right|=|e^{-at}|=e^{-at}$ より，以下のように $|\mathcal{L}\left[f(t)\right]|$ が上から抑えられることが確認できる．

$$|\mathcal{L}[f(t)]| = \left|\int_0^\infty e^{-st} f(t)dt\right| \leq \int_0^\infty \left|e^{-st}\right| \cdot |f(t)|\, dt \leq \int_0^\infty Me^{(k-a)t}dt$$

その上で，$k - a < 0$ より $|\mathcal{L}[f(t)]| \leq \left[\frac{M}{k-a}e^{(k-a)t}\right]_0^\infty = \frac{M}{a-k}$ と，有界性が具体的に確認される.

A.3.2　線　　形　　性

ラプラス変換可能な関数 $f(t)$ および $g(t)$ に関して，ラプラス変換の線形性が以下より確認できる．ただし，α および β は任意定数とする．

$$\begin{aligned}\mathcal{L}[\alpha f(t) + \beta g(t)] &= \int_0^\infty e^{-st}(\alpha f(t) + \beta g(t))\, dt \\ &= \alpha \int_0^\infty e^{-st} f(t)dt + \beta \int_0^\infty e^{-st} g(t)dt \\ &= \alpha \mathcal{L}[f(t)] + \beta \mathcal{L}[g(t)]\end{aligned} \tag{A.14}$$

A.4　色々な関数のラプラス変換

A.4.1　デ ル タ 関 数

デルタ関数 $\delta(t)$ は以下の性質を有する超関数[15] である．

$$\delta(t - t_1) = \begin{cases} \infty\ (t = t_1) \\ 0\ (t \neq t_1) \end{cases},\quad \int_{-\infty}^\infty \delta(t - t_1)dt = 1 \tag{A.15}$$

デルタ関数のイメージとしては，図 A.2 に示すように，$t = t_1$ から幅が Δ であり高さが $\frac{1}{\Delta}$ である矩形型の信号が $\Delta \to 0$ となった信号である．

数学的な厳密性に目をつぶれば，e^{-st} のテイラー展開を利用することで，デルタ関数のラプラス変換の導出を以下のように考えることができる．

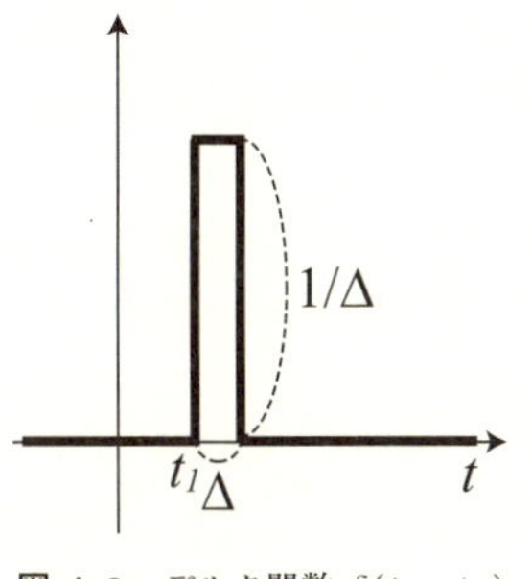

図 A.2　デルタ関数 $\delta(t - t_1)$

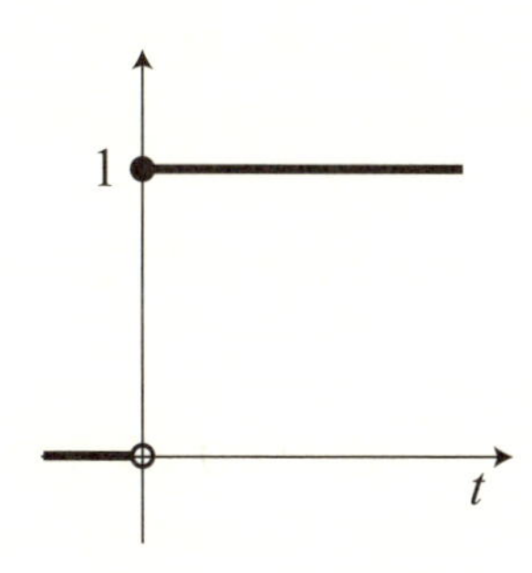

図 A.3　ステップ関数

$$\begin{aligned}\mathcal{L}\left[\delta(t)\right] &= \int_0^\infty e^{-st}\delta(t)dt = \lim_{\Delta\to 0}\int_0^\Delta \frac{1}{\Delta}e^{-st}dt \\ &= \lim_{\Delta\to 0}\left[\frac{1}{\Delta}\frac{e^{-st}}{-s}\right]_0^\Delta = \lim_{\Delta\to 0}\frac{e^{-s\Delta}-1}{-s\Delta} \\ &= \lim_{\Delta\to 0}\frac{\left(\frac{(-s\Delta)^0}{0!}+\frac{(-s\Delta)^1}{1!}+\frac{(-s\Delta)^2}{2!}+\cdots\right)-1}{-s\Delta} \\ &= \lim_{\Delta\to 0}\left(\frac{1}{1!}+\frac{-s\Delta}{2!}+\cdots\right) = 1\end{aligned} \tag{A.16}$$

同様に，デルタ関数に関する積分公式 $\int_{-\infty}^{\infty} f(t)\delta(t-t_1)dt = f(t_1)$ も導出することが可能である．ただし，$f(t)$ は C^∞ 級関数とする．

$$\begin{aligned}&\int_{-\infty}^{\infty} f(t)\delta(t-t_1)dt = \lim_{\Delta\to 0}\int_{t_1}^{t_1+\Delta}\frac{1}{\Delta}f(t)dt \\ =& \lim_{\Delta\to 0}\int_{t_1}^{t_1+\Delta}\frac{\frac{f(t_1)}{0!}+\frac{f'(t_1)}{1!}(t-t_1)+\frac{f''(t_1)}{2!}(t-t_1)^2+\cdots}{\Delta}dt \\ =& \lim_{\Delta\to 0}\left[\frac{f(t_1)t+\frac{f'(t_1)}{2\times 1!}(t-t_1)^2+\frac{f''(t_1)}{3\times 2!}(t-t_1)^3+\cdots}{\Delta}\right]_{t_1}^{t_1+\Delta} \\ =& \lim_{\Delta\to 0}\frac{f(t_1)\Delta+\frac{f'(t_1)}{2\times 1!}\Delta^2+\frac{f''(t_1)}{3\times 2!}\Delta^3+\cdots}{\Delta} = f(t_1)\end{aligned} \tag{A.17}$$

A.4.2　ステップ関数

単位ステップ関数（単に，「ステップ関数」とも呼ばれる）は図 A.3 に示すように，時刻 0 から無限の時刻まで値 1 を有する関数である．このとき，以下が確認できる．

$$\mathcal{L}\left[1\right] = \int_0^\infty e^{-st}1dt = \left[\frac{e^{-st}}{-s}\right]_0^\infty = \frac{e^{-s\cdot\infty}-e^{-s\cdot 0}}{-s} = \frac{1}{s} \tag{A.18}$$

A.4.3　指　数　関　数

$a\in\mathbb{R}$ を用いた指数関数 e^{-at} のラプラス変換は以下となる．

$$\mathcal{L}\left[e^{-at}\right] = \int_0^\infty e^{-(s+a)t}dt = \left[\frac{e^{-(s+a)t}}{-(s+a)}\right]_0^\infty = \frac{1}{s+a} \tag{A.19}$$

A.4.4　sin 関数および cos 関数

オイラーの公式（$e^{j\theta} = \cos\theta + j\sin\theta$）と（A.19）式を用いると，sin 関数および cos 関数のラプラス変換は以下となる．

$$\begin{cases} \mathcal{L}\left[\sin(\omega t)\right] = \mathcal{L}\left[\dfrac{e^{j\omega t} - e^{-j\omega t}}{2j}\right] = \dfrac{1}{2j}\left(\dfrac{1}{s - j\omega} - \dfrac{1}{s + j\omega}\right) = \dfrac{\omega}{s^2 + \omega^2} \\ \mathcal{L}\left[\cos(\omega t)\right] = \mathcal{L}\left[\dfrac{e^{j\omega t} + e^{-j\omega t}}{2}\right] = \dfrac{1}{2}\left(\dfrac{1}{s - j\omega} + \dfrac{1}{s + j\omega}\right) = \dfrac{s}{s^2 + \omega^2} \end{cases} \tag{A.20}$$

A.4.5　s 領域での推移

ある関数 $f(t)$ に e^{-at} を掛けた関数 $e^{-at}f(t)$ のラプラス変換を考える．$\mathcal{L}\left[f(t)\right] = f(s)$ と記述すると，$\sigma := s + a$ を用いることにより，以下が確認できる．

$$\mathcal{L}\left[e^{-at}f(t)\right] = \int_0^\infty e^{-(a+s)t}f(t)dt = \int_0^\infty e^{-\sigma t}f(t)dt = f(\sigma) = f(s+a) \tag{A.21}$$

（A.21）式の s 領域での推移則を利用すると，実数 $a \in \mathbb{R}$ を用いた関数 $e^{-at}\sin(\omega t)$ および $e^{-at}\cos(\omega t)$ のラプラス変換は以下となる．

$$\begin{cases} \mathcal{L}\left[e^{-at}\sin(\omega t)\right] = \dfrac{\omega}{(s+a)^2 + \omega^2} \\ \mathcal{L}\left[e^{-at}\cos(\omega t)\right] = \dfrac{s+a}{(s+a)^2 + \omega^2} \end{cases} \tag{A.22}$$

A.4.6　時間領域での推移（無駄時間）

関数 $f(t)$ で表される信号に対し，$h > 0$ だけ遅れた信号 $f(t-h)$ のラプラス変換を考える．ただし，$f(t) = 0,\ t \in [-h, 0)$ と仮定する．このとき，$f(t-h)$ のラプラス変換は以下となる．

$$\begin{aligned} \mathcal{L}\left[f(t-h)\right] &= \int_0^\infty e^{-st}f(t-h)dt = \int_{-h}^\infty e^{-s(\tau+h)}f(\tau)d\tau \\ &= e^{-hs}\int_0^\infty e^{-s\tau}f(\tau)d\tau = e^{-hs}\mathcal{L}\left[f(t)\right] \end{aligned} \tag{A.23}$$

なお $\tau := t - h$ を利用した．

なお，e^{-hs} はそのテイラー展開からわかるように，無限次元となり厳密に扱うことが難しい．そのため，しばしば，以下の Padé 1 次近似が用いられる．

$$e^{-hs} \fallingdotseq \frac{-\frac{h}{2}s + 1}{\frac{h}{2}s + 1} \tag{A.24}$$

A.4.7　時間のべき乗

正の整数 $n \in \mathbb{Z}_+$ を用いた時間 t のべき乗 t^n のラプラス変換は以下となる．

$$\begin{aligned}
\mathcal{L}\left[t^n\right] &= \int_0^\infty e^{-st}t^n dt \\
&= \int_0^\infty \frac{d}{dt}\left(\frac{e^{-st}}{-s}\right)t^n dt \\
&= \left[\frac{e^{-st}}{-s}t^n\right]_0^\infty - \int_0^\infty \frac{e^{-st}}{-s}nt^{n-1}dt \\
&= 0 - 0 + \frac{n}{s}\underbrace{\int_0^\infty e^{-st}t^{n-1}dt}_{\mathcal{L}[t^{n-1}]} \\
&= \frac{n(n-1)}{s^2}\underbrace{\int_0^\infty e^{-st}t^{n-2}dt}_{\mathcal{L}[t^{n-2}]} \\
&\vdots \\
&= \frac{n!}{s^n}\underbrace{\int_0^\infty e^{-st}dt}_{\mathcal{L}[t^0]} \\
&= \frac{n!}{s^{n+1}}
\end{aligned} \tag{A.25}$$

三行目から四行目の等式は，$\lim_{t\to\infty} e^{-st}t^n = 0$ を用いた（t^n は指数位の関数である）．

つぎに，正の整数 $n \in \mathbb{Z}_+$ および実数 $a \in \mathbb{R}$ を用いた関数 $e^{-at}t^n$ のラプラス変換を考える．このとき，（A.21）式を利用することで，（A.25）式に示した t^n のラプラス変換において，s を $s+a$ と置き換え，以下が得られる．

$$\begin{aligned}
\mathcal{L}\left[e^{-at}t^n\right] &= \int_0^\infty e^{-st}e^{-at}t^n dt \\
&= \int_0^\infty e^{-(s+a)t}t^n dt \\
&= \frac{n!}{(s+a)^{n+1}}
\end{aligned} \tag{A.26}$$

なお，連続かつラプラス変換が可能な関数 $f(t)$ に時間のべき乗 t^n $(n \in \mathbb{Z}_+)$ が掛け合わされた関数のラプラス変換は，以下で求められる[4)]．

$$\begin{aligned}
\mathcal{L}\left[t^n f(t)\right] &= \int_0^\infty \underbrace{e^{-st}t^n f(t)}_{(-1)^n \frac{\partial^n}{\partial s^n}(e^{-st}f(t))} dt \\
&= (-1)^n \frac{\partial^n}{\partial s^n}\left(\int_0^\infty e^{-st}f(t)dt\right) \\
&= (-1)^n \frac{d^n}{ds^n}\mathcal{L}\left[f(t)\right]
\end{aligned} \tag{A.27}$$

なお，(A.26) 式は (A.27) の関係からも確認できる．

さらに，(A.27) 式において $n=1$，$f(t)$ を $e^{-at}\sin(\omega t)$ もしくは $e^{-at}\cos(\omega t)$ とすると，以下が得られる．

$$\left\{\begin{array}{lcl}\mathcal{L}\left[te^{-at}\sin(\omega t)\right] & = & (-1)\dfrac{d}{ds}\mathcal{L}\left[e^{-at}\sin(\omega t)\right] \\ & = & -\dfrac{d}{ds}\left(\dfrac{\omega}{(s+a)^2+\omega^2}\right)=\dfrac{2(s+a)\omega}{[(s+a)^2+\omega^2]^2} \\ \mathcal{L}\left[te^{-at}\cos(\omega t)\right] & = & (-1)\dfrac{d}{ds}\mathcal{L}\left[e^{-at}\cos(\omega t)\right] \\ & = & -\dfrac{d}{ds}\left(\dfrac{s+a}{(s+a)^2+\omega^2}\right)=\dfrac{(s+a)^2-\omega^2}{[(s+a)^2+\omega^2]^2}\end{array}\right. \tag{A.28}$$

A.4.8 時間微分

時刻 $t\geq 0$ において定義された連続関数 $f(t)$ の時間微分 $f'(t)$ のラプラス変換を求めると，以下のように求められる．

$$\begin{aligned}\mathcal{L}\left[f'(t)\right] &= \int_0^\infty e^{-st}\frac{d}{dt}f(t)dt \\ &= \left[f(t)e^{-st}\right]_0^\infty - \int_0^\infty (-s)e^{-st}f(t)dt \\ &= 0-f(0)+s\int_0^\infty e^{-st}f(t)dt \\ &= s\mathcal{L}\left[f(t)\right]-f(0)\end{aligned} \tag{A.29}$$

同様にして，2 階微分および n 階微分のラプラス変換も得られる．

$$\begin{aligned}\mathcal{L}\left[f''(t)\right] &= \int_0^\infty e^{-st}\frac{d}{dt}f'(t)dt \\ &= \left[f'(t)e^{-st}\right]_0^\infty - \int_0^\infty (-s)e^{-st}f'(t)dt \\ &= 0-f'(0)+s\underbrace{\int_0^\infty e^{-st}f'(t)dt}_{\mathcal{L}[f'(t)]} \\ &= s^2\mathcal{L}\left[f(t)\right]-sf(0)-f'(0)\end{aligned} \tag{A.30}$$

$$
\begin{aligned}
\mathcal{L}\left[f^{(n)}(t)\right] &= \int_0^\infty e^{-st}\frac{d}{dt}f^{(n-1)}(t)dt \\
&= \left[f^{(n-1)}(t)e^{-st}\right]_0^\infty - \int_0^\infty (-s)e^{-st}f^{(n-1)}(t)dt \\
&= 0 - f^{(n-1)}(0) + s\underbrace{\int_0^\infty e^{-st}f^{(n-1)}(t)dt}_{\mathcal{L}\left[f^{(n-1)}(t)\right]} \\
&= -f^{(n-1)}(0) \\
&\quad + s\left(-f^{(n-2)}(0) + s\mathcal{L}\left[f^{(n-2)}(t)\right]\right) \\
&\vdots \\
&= -f^{(n-1)}(0) - sf^{(n-2)}(0) - \cdots - s^{n-2}f^{(1)} \\
&\quad + s^{n-1}\left(-f^{(0)} + s\mathcal{L}\left[f^{(0)}(t)\right]\right) \\
&= s^n\mathcal{L}\left[f(t)\right] - \sum_{i=1}^{n} s^{n-i}f^{(i-1)}(0)
\end{aligned}
\tag{A.31}
$$

（A.31）式は数学的帰納法により簡単に証明できる．

A.4.9　時　間　積　分

時刻 $\tau \geq 0$ において定義された連続関数 $f(\tau)$ の時間積分 $\int_0^t f(\tau)d\tau$ のラプラス変換は以下のように求められる．

$$
\begin{aligned}
\mathcal{L}\left[\int_0^t f(\tau)d\tau\right] &= \int_0^\infty \left(e^{-st}\int_0^t f(\tau)d\tau\right)dt \\
&= \int_0^\infty \left[\frac{d}{dt}\left(\frac{e^{-st}}{-s}\right)\int_0^t f(\tau)d\tau\right]dt \\
&= \left[\frac{e^{-st}}{-s}\int_0^t f(\tau)d\tau\right]_0^\infty - \int_0^\infty \left(\frac{e^{-st}}{-s}\right)f(t)dt \\
&= -\frac{1}{s}\left(e^{-s\cdot\infty}\int_0^\infty f(\tau)d\tau - 0\right) + \frac{1}{s}\int_0^\infty e^{-st}f(t)dt \\
&= \frac{1}{s}\mathcal{L}\left[f(t)\right]
\end{aligned}
\tag{A.32}
$$

最後の等式は（A.13）式の条件より成り立つ．

A.4.10　たたみ込み積分

たたみ込み積分のラプラス変換は構成する関数のそれぞれのラプラス変換の積に等しくなる．すなわちつぎの式が成立する．

$$\mathcal{L}\left[\int_0^t f(t-\tau)g(\tau)d\tau\right] = \int_0^\infty \left(\int_0^t f(t-\tau)g(\tau)d\tau\right) e^{-st}dt \\ = \mathcal{L}[f(t)]\,\mathcal{L}[g(t)] \tag{A.33}$$

このことを確認してみよう．$\int_0^\infty \left(\int_0^t f(t-\tau)g(\tau)d\tau\right) e^{-st}dt$ の括弧内において，t は積分区間を与える定数であるため，括弧外の e^{-st} は括弧内の被積分関数とすることが可能である．よって，以下が成り立つ．

$$\int_0^\infty \left(\int_0^t f(t-\tau)g(\tau)d\tau\right) e^{-st}dt = \int_0^\infty \left(\int_0^t f(t-\tau)g(\tau)e^{-st}d\tau\right) dt \tag{A.34}$$

この式の意味するところは，以下の 2 つの手順から構成されている．「手順 1」(図 A.4 参照) として，関数 $f(t-\tau)g(\tau)e^{-st}$ を τ で 0 から t まで積分することで $\int_0^t f(t-\tau)g(\tau)e^{-st}d\tau$ を求める．ここで，注意するのは，この求めた関数は t の関数ということである．次に，「手順 2」(図 A.5 参照) として，得られた t の関数を t で 0 から ∞ まで積分することである．ここまで理解できれば，(A.34) の式の右辺の意味するところは，「関数 $f(t-\tau)g(\tau)e^{-st}$ を図 A.6 の灰色の範囲で積分する」ということが理解できるだろう．

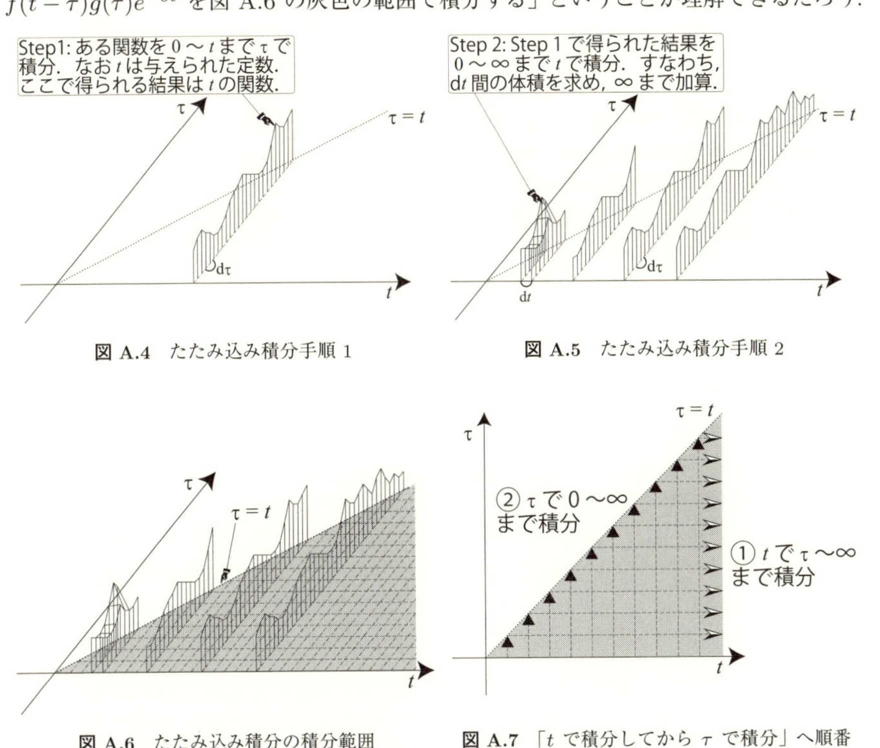

図 A.4　たたみ込み積分手順 1

図 A.5　たたみ込み積分手順 2

図 A.6　たたみ込み積分の積分範囲

図 A.7　「t で積分してから τ で積分」へ順番変更

「灰色の範囲で積分する」ことが理解できれば，図 A.7 のように積分の順番を変更することも理解できるだろう．すなわち，「τ で積分してから t で積分する」のではなく，順番を逆にした「t で積分してから τ で積分する」ことにする．そうすると，図 A.6 より t の積分区間は τ から ∞ となり，τ の積分区間は 0 から ∞ となる．すなわち，(A.34) の右辺は以下となる．

$$\int_0^\infty \left(\int_0^t f(t-\tau)g(\tau)e^{-st}d\tau \right) dt = \int_0^\infty \left(\int_\tau^\infty f(t-\tau)g(\tau)e^{-st}dt \right) d\tau \quad \text{(A.35)}$$

ここで，$t-\tau$ がやっかいなので $\xi \triangleq t-\tau$ という変数 ξ を導入すると，t の積分区間である $[\tau,\infty)$ に相当する ξ の区間が $[0,\infty)$ であることが確認でき，以下のように，(A.33) 式の確認ができる．

$$\begin{aligned}
&\int_0^\infty \left(\int_\tau^\infty f(t-\tau)g(\tau)e^{-st}dt \right) d\tau \\
&= \int_0^\infty \left(\int_0^\infty f(\xi)g(\tau)e^{-s(\xi+\tau)}d\xi \right) d\tau \\
&= \left(\int_0^\infty f(\xi)e^{-s\xi}d\xi \right) \left(\int_0^\infty g(\tau)e^{-s\tau}d\tau \right) \\
&= \mathcal{L}\left[f(t)\right]\mathcal{L}\left[g(t)\right]
\end{aligned} \quad \text{(A.36)}$$

A.4.11　色々な関数のラプラス変換のまとめ

本書で示した色々な関数のラプラス変換をまとめておく．

表 A.1　ラプラス変換表

$f(t)$	$\mathcal{L}[f(t)]$	対応する節番号
$\alpha f(t)+\beta g(t)$	$\alpha\mathcal{L}[f(t)]+\beta\mathcal{L}[g(t)]$	A.3.2
$\delta(t)$	1	A.4.1
1	$\frac{1}{s}$	A.4.2
e^{-at}	$\frac{1}{s+a}$	A.4.3
$\sin(\omega t)$	$\frac{\omega}{s^2+\omega^2}$	A.4.4
$\cos(\omega t)$	$\frac{s}{s^2+\omega^2}$	
$e^{-at}f(t)$	$f(s+a)$	A.4.5
$e^{-at}\sin(\omega t)$	$\frac{\omega}{(s+a)^2+\omega^2}$	
$e^{-at}\cos(\omega t)$	$\frac{s+a}{(s+a)^2+\omega^2}$	
$f(t-h)$	$e^{-hs}\mathcal{L}[f(t)]$	A.4.6
t^n	$\frac{n!}{s^{n+1}}$	A.4.7
$e^{-at}t^n$	$\frac{n!}{(s+a)^{n+1}}$	
$te^{-at}\sin(\omega t)$	$\frac{2(s+a)\omega}{[(s+a)^2+\omega^2]^2}$	
$te^{-at}\cos(\omega t)$	$\frac{(s+a)^2-\omega^2}{[(s+a)^2+\omega^2]^2}$	
f'	$s\mathcal{L}[f(t)]-f(0)$	A.4.8
$f^{(n)}(t)$	$s^n\mathcal{L}[f(t)]-\sum_{i=1}^{n}s^{n-i}f^{(i-1)}(0)$	
$\int_0^t f(\tau)d\tau$	$\frac{1}{s}\mathcal{L}[f(t)]$	A.4.9
$\int_0^t f(t-\tau)g(\tau)d\tau$	$\mathcal{L}[f(t)]\mathcal{L}[g(t)]$	A.4.10

A.5　最終値定理と初期値定理

ラプラス変換の有用性の 1 つに**最終値の定理**と**初期値の定理**がある．これは，時間応答を計算することなく，ラプラス変換から最終値および初期値を求めることができるという定理である．ただし，どちらの定理も（A.12）式のラプラス変換が存在するという条件の下でしか適用できず，さらに，最終値定理は**最終値が有限かつ唯一の値である**場合のみ，初期値定理は**初期値が有限かつ唯一の値である**場合のみにしか適用できないので注意が必要である．

定理 A.1（最終値定理[17)]）
関数 $f(t)$ のラプラス変換が $f(s)$ と与えられるとする．時刻 ∞ の値 $f(\infty)$ が有限かつ唯一に定まる場合，$f(\infty)$ は以下に与えられる．

$$f(\infty) = \lim_{s \to 0} sf(s) \tag{A.37}$$

定理 A.2（初期値定理[17)]）
関数 $f(t)$ のラプラス変換が $f(s)$ と与えられるとする．時刻 0 の値 $f(0)$ が有限かつ唯一に定まる場合，$f(0)$ は以下に与えられる．

$$f(0) = \lim_{s \to \infty} sf(s) \tag{A.38}$$

最終値定理の証明：（A.29）式より，$\mathcal{L}[f'(t)]$ について $\int_0^\infty e^{-st} f'(t)dt = sF(s) - f(0)$ が成り立つが，この両辺の $s \to 0$ の極限を考える．左辺については，文献[18)]に示されているように，$\lim_{s \to 0} \int_0^\infty e^{-st} f'(t)dt = \int_0^\infty \left(\lim_{s \to 0} e^{-st} f'(t) \right) dt$ が成り立つことから，以下が得られる．

$$\int_0^\infty 1 \cdot f'(t)dt = \lim_{s \to 0} sf(s) - f(0) \tag{A.39}$$

左辺は $f(\infty) - f(0)$ であることから，（A.37）式の成立が確認できる．□

初期値定理の証明：今度は，（A.29）式において，$s \to \infty$ の極限を考える．左辺は $\lim_{s \to \infty} \int_0^\infty e^{-st} f'(t)dt$ となるが，（A.13）式の条件にあるように，ラプラス変換可能な関数（いまは，$f'(t)$）の絶対値はある正数 $M, k \in \mathbb{R}$ を用いた Me^{kt} よりも小さいことを仮定していることから，$\lim_{s \to \infty} \int_0^\infty e^{-st} f'(t)dt = 0$ となる．一方，右辺は $\lim_{s \to \infty} sf(s) - f(0)$ であることから，（A.38）式の成立が確認できる．□

A.6 逆ラプラス変換とその計算方法

ラプラス変換の逆変換，すなわち逆ラプラス変換は以下に定義される．

$$f(t) \triangleq \lim_{\omega \to \infty} \frac{1}{2\pi j} \int_{c-j\omega}^{c+j\omega} f(s) e^{st} ds \tag{A.40}$$

ただし，制御工学において，この逆変換を直接用いることはほとんどない．その代わりに，ラプラス変換の結果を逆適用することが多い．

いま，ある関数 $f(t)$ をラプラス変換した結果として，n 次のプロパーな実有理関数 $f(s)=\frac{p(s)}{q(s)}$ と記述されたとする．このとき，代数の基本定理[15] により分母多項式 $q(s)$ は以下のように分解できる．

$$q(s)=\prod_i (s+a_i)^{l_i}\prod_k (s^2+2\zeta_k\omega_k s+\omega_k^2)^{m_k} \tag{A.41}$$

ただし，$l_i, m_k \in \mathbb{Z}_+$（正の整数）とし，$a_i, \zeta_k, \omega_k \in \mathbb{R}$ および $0<\zeta_k<1$[*2] とする．なお，$\sum_i l_i + 2\sum_k m_k = n$ が成り立つ．いま，$a_i \in \mathbb{R}$ であることから，$\prod_i (s+a_i)^{l_i}$ は実根を有する多項式である．一方，$0<\zeta_k<1$ より $\prod_k (s^2+2\zeta_k\omega_k s+\omega_k^2)^{m_k}$ は共役複素根を有する多項式である．結局，$f(s)$ は以下のように，実根を有する厳密にプロパーな実有理関数と共役複素根を有する厳密にプロパーな実有理関数に分解できる．

$$\begin{aligned} f(s) &= (\text{定数}) \\ &+ \sum(\text{分母多項式が実根を持つ厳密にプロパーな実有理関数}) \\ &+ \sum(\text{分母多項式が共役複素根を持つ厳密にプロパーな実有理関数}) \end{aligned} \tag{A.42}$$

最後に，(A.14) 式のラプラス変換の線形性を用いることで，(A.42) 式の各項を生成する時間関数 $f(t)$ を表 A.1 から見つけ，ラプラス変換の結果を逆適用すれば $f(s)$ の逆ラプラス変換を得ることができる．

a. 係数比較による部分分数分解

$f(s)$ が簡単な実有理多項式の場合，(A.42) 式は手計算で求めることができる．

例題 A.1 いま，$f(s)=\frac{s^2+s+2}{s^3+4s^2-s-4}$ と与えられたときに，元の関数 $f(t)$ を求める問題を考える．このとき，$f(s)$ は以下のように分解できると仮定する．

$$\frac{s^2+s+2}{(s+4)(s+1)(s-1)}=\frac{a}{s+4}+\frac{b}{s+1}+\frac{c}{s-1} \tag{A.43}$$

ここで，右辺の $a, b, c \in \mathbb{R}$ は求めるべき係数であるが，右辺を計算すると，$\frac{s^2(a+b+c)+s(3b+5c)+(-a-4b+4c)}{(s+4)(s+1)(s-1)}$ と求められるため，以下の成立が必要となる．

$$a+b+c=1,\ 3b+5c=1,\ -a-4b+4c=2 \tag{A.44}$$

この連立一次方程式を解くことで，$a=\frac{14}{15}$，$b=-\frac{1}{3}$，$c=\frac{2}{5}$ と求められる．よって，表 A.1 より，求めるべき $f(t)$ は以下に得られる．

$$\begin{aligned} f(t) &= \mathcal{L}^{-1}\left[f(s)\right] \\ &= \mathcal{L}^{-1}\left[\frac{14}{15}\frac{1}{s+4}\right]-\mathcal{L}^{-1}\left[\frac{1}{3}\frac{1}{s+1}\right]+\mathcal{L}^{-1}\left[\frac{2}{5}\frac{1}{s-1}\right] \\ &= \frac{14}{15}e^{-4t}-\frac{1}{3}e^{-t}+\frac{2}{5}e^{t} \end{aligned} \tag{A.45}$$

---

*2) $0<\zeta_k<1$ は，$s^2+2\zeta_k\omega_k s+\omega_k^2$ が共役複素根を有する多項式と設定するためである．

□

例題 A.2　上記は実根のみの分母多項式だったが，共役複素根を有する場合も同様である．いま，$f(s) = \frac{s^2+s+2}{s^3+4s^2+s+4}$ と与えられた場合を考え，$f(s)$ は以下のように分解できると仮定する．ここで，共役複素数を根に有する分母多項式の分子多項式は s の 1 次多項式と設定していることに注意してほしい．

$$\frac{s^2+s+2}{(s+4)(s^2+1)} = \frac{a}{s+4} + \frac{bs+c}{s^2+1} \tag{A.46}$$

右辺は $\frac{s^2(a+b)+s(4b+c)+(a+4c)}{(s+4)(s^2+1)}$ と求められ，以下の成立が必要である．

$$a+b=1,\ 4b+c=1, a+4c=2 \tag{A.47}$$

この連立一次方程式を解くことで，$a=\frac{14}{17}$，$b=\frac{3}{17}$，$c=\frac{5}{17}$ と求められ，表 A.1 より，求めるべき $f(t)$ は以下に得られる．

$$\begin{aligned} f(t) &= \mathcal{L}^{-1}\left[f(s)\right] \\ &= \mathcal{L}^{-1}\left[\frac{14}{17}\frac{1}{s+4}\right] + \mathcal{L}^{-1}\left[\frac{3}{17}\frac{s}{s^2+1}\right] + \mathcal{L}^{-1}\left[\frac{5}{17}\frac{1}{s^2+1}\right] \\ &= \frac{14}{17}e^{-4t} + \frac{3}{17}\cos t + \frac{5}{17}\sin t \end{aligned} \tag{A.48}$$

□

このように，(A.41) 式の分母多項式の因子を分母に有する実有理多項式の和として (A.42) 式のように表現し，両辺の係数比較により実有理多項式の係数を求めることが可能である．

b.　ヘヴィサイドの方法

上記の係数比較は数個の係数を求める場合は適用可能だが，多くの係数を求める場合には面倒である．共役複素根の場合も含めて系統的に係数を求める方法として**ヘヴィサイドの方法（展開定理）**が知られている．

定理 A.3（展開定理[15]）

n 次の実有理関数 $f(s) = \frac{p(s)}{q(s)}$ の分母多項式 $q(s)$ の根を $\lambda_i \in \mathbb{C}$ とし，その重複度を κ_i とする．すなわち，$q(s) = \prod_i (s-\lambda_i)^{\kappa_i}$（ただし $\sum_i \kappa_i = n$）と記述できたとする．このとき，$f(s)$ は以下のように部分分数展開できる．

$$f(s) = \sum_i \sum_{l=1}^{\kappa_i} \frac{\alpha_{il}}{(s-\lambda_i)^l} \tag{A.49}$$

ただし，係数 α_{il} は以下に求められる．

$$\alpha_{il} = \frac{1}{(\kappa_i - l)!}\frac{d^{\kappa_i - l}}{ds^{\kappa_i - l}}\left[(s-\lambda_i)^{\kappa_i} f(s)\right]\Bigg|_{s=\lambda_i} \tag{A.50}$$

以下では，定理 A.3 の考えを利用しながら，具体的な計算方法の例を示す．

例題 A.3　いま，$f(s)=\frac{2s^4+s}{s^4+8s^3+24s^2+32s+16}$ と与えられたときに，元の関数 $f(t)$ を求める問題を考える．このとき，$f(s)$ は以下のように分解できると仮定する．

$$f(s)=\frac{2s^4+s}{(s+2)^4}=\frac{a}{(s+2)^4}+\frac{b}{(s+2)^3}+\frac{c}{(s+2)^2}+\frac{d}{(s+2)}+e \tag{A.51}$$

このとき，両辺に $(s+2)^4$ を掛けると以下が得られる．

$$2s^4+s=a+b(s+2)+c(s+2)^2+d(s+2)^3+e(s+2)^4 \tag{A.52}$$

この式を 0 階から 4 階まで微分すると以下が得られる．

$$\begin{cases} 2s^4+s=a+b(s+2)+c(s+2)^2+d(s+2)^3+e(s+2)^4 \\ 8s^3+1=b+2c(s+2)+3d(s+2)^2+4e(s+2)^3 \\ 24s^2 \quad =2c+6d(s+2)+12e(s+2)^2 \\ 48s \quad =6d+24e(s+2) \\ 48 \quad =24e \end{cases} \tag{A.53}$$

これらの式に $s=-2$ を代入すると，上から順に，$a=30, b=-63, c=48, d=-16, e=2$ が得られ，表 A.1 より求めるべき $f(t)$ は以下に得られる．

$$\begin{aligned} f(t) &= \mathcal{L}^{-1}\left[\tfrac{30}{(s+2)^4}\right]-\mathcal{L}^{-1}\left[\tfrac{63}{(s+2)^3}\right]+\mathcal{L}^{-1}\left[\tfrac{48}{(s+2)^2}\right] \\ &\qquad -\mathcal{L}^{-1}\left[\tfrac{16}{s+2}\right]+\mathcal{L}^{-1}[2] \\ &= \tfrac{30}{3!}e^{-2t}t^3-\tfrac{63}{2!}e^{-2t}t^2+\tfrac{48}{1!}e^{-2t}t-16e^{-2t}+2 \\ &= 5e^{-2t}t^3-\tfrac{63}{2}e^{-2t}t^2+48e^{-2t}t-16e^{-2t}+2 \end{aligned} \tag{A.54}$$

□

以上のように，ヘヴィサイドの方法（展開定理）を用いることにより簡単な計算のみで部分分数分解の係数を求めることができる．

B 行列と行列式

B.1 行　　　列

行列とは数や文字を長方形の表のように配列したもの[4] である [*1]．ただし，1 列だけの行列や，1 行だけの行列は，それぞれ**列ベクトル**，**行ベクトル**と呼ばれる．特にサイズが重要となる場合は，n 個の要素を縦に並べたベクトルを n 次元縦ベクトル，m 個の要素を横に並べたベクトルを m 次元横ベクトルと呼び，$n \times m$ 個の要素を並べた行列は $n \times m$ 行列と呼ぶ．それぞれの具体的な表記は以下の通りである．

$$\begin{bmatrix} a_1 \\ a_2 \\ \vdots \\ a_n \end{bmatrix}, \quad \begin{bmatrix} a_1 & a_2 & \cdots & a_m \end{bmatrix}, \quad \begin{bmatrix} a_{11} & a_{12} & \cdots & a_{1m} \\ a_{21} & a_{22} & \cdots & a_{2m} \\ \vdots & \vdots & \cdots & \vdots \\ a_{n1} & a_{n2} & \cdots & a_{nm} \end{bmatrix} \tag{B.1}$$

なお，上記の行列を $[a_{ij}]$（ただし，$1 \leq i \leq n$, $1 \leq j \leq m$）や $[a_{ij}]_{\substack{1 \leq i \leq n \\ 1 \leq j \leq m}}$ と表記したり，行列のサイズが文意から明らかである場合などは，単に $[a_{ij}]$ と表記することもある．

ある行列に対して，行と列を入れ替えた行列を新たに考えることができ，この行列を**転置行列**と呼び，上付き文字 "^{T}" によって表現する．例えば，$n \times m$ 行列 $A \in \mathbb{R}^{n \times m}$ とその転置行列 A^T は以下となる．

---

*1) 行列には，実数のみから構成された実行列の他に，複素数から構成された複素行列も考えることが可能である．しかし，本書で用いる行列は実行列のみであるため，以降では，行列はすべて実行列とする．

$$A = \begin{bmatrix} a_{11} & a_{12} & \cdots & a_{1m} \\ a_{21} & a_{22} & \cdots & a_{2m} \\ \vdots & \vdots & \cdots & \vdots \\ a_{n1} & a_{n2} & \cdots & a_{nm} \end{bmatrix} \in \mathbb{R}^{n\times m}$$
$$A^T = \begin{bmatrix} a_{11} & a_{21} & \cdots & a_{n1} \\ a_{12} & a_{22} & \cdots & a_{n2} \\ \vdots & \vdots & \cdots & \vdots \\ a_{1m} & a_{2m} & \cdots & a_{nm} \end{bmatrix} \in \mathbb{R}^{m\times n} \tag{B.2}$$

B.2 行　列　式

B.2.1 行列式の基本計算

行列式は，連立一次方程式の解法を考える際に必要な道具であり，正方行列に対してのみ定義される．具体的には，$n \times n$ 行列 A が $[a_{ij}]$ と与えられたとき，文字列 $\{1, 2, \cdots, n\}$ の**置換** σ*2) についての和を用いて，以下に定義される[4]．

$$|A| \triangleq \sum_{\sigma\in S_n} \mathrm{sgn}(\sigma) a_{\sigma(1)1} a_{\sigma(2)2} \cdots a_{\sigma(n-1)(n-1)} a_{\sigma(n)n} \tag{B.3}$$

ここで，S_n は $\{1, 2, \cdots, n\}$ の置換の全体，$\mathrm{sgn}(\sigma)$ は置換 σ の**符号数**（すなわち，偶置換であれば $+1$，奇置換であれば -1）である[4]．

この定義式より，以下の行列式の第 1 列に関する展開が導かれる．

---

*2) 置換について，その概略を説明する．詳しくは参考文献[19] を参照されたい．n 個の元から構成された集合の一対一変換を n 文字の **置換** と呼ぶ．言い換えると，$1, 2, \cdots, n$ を並び替える操作のことである．たとえば，3 個の元の置換は $\begin{pmatrix} 1 & 2 & 3 \\ \sigma(1) & \sigma(2) & \sigma(3) \end{pmatrix}$ と記述し，$(\sigma(1), \sigma(2), \sigma(3))$ としては，$(1, 2, 3)$，$(1, 3, 2)$，$(2, 1, 3)$，$(2, 3, 1)$，$(3, 1, 2)$，$(3, 2, 1)$ の六個ある．ここで，上の行の数字と下の行の数字の組み合わせが重要である．また，上の行の $1 \sim n$ に対応する数字を $\{1, \cdots, n\}$ から選び順番に記述することから，置換は全部で $n!$ 個存在する．
どの文字も動かさない置換 $\begin{pmatrix} 1\,2 \cdots n \\ 1\,2 \cdots n \end{pmatrix}$ を単位置換と呼ぶ．n 文字の置換において，2 つの文字を交換し，他の $n-2$ 文字を動かさないものを **互換** と呼び，任意の置換は何個かの互換を経てあらわされる．このとき，必要な互換の数が偶数であるか，奇数であるかは，与えられた置換によって定まる．たとえば，$\begin{pmatrix} 1\,2\,3 \\ 3\,2\,1 \end{pmatrix}$ は 3 と 1 を交換することで $\begin{pmatrix} 1\,2\,3 \\ 1\,2\,3 \end{pmatrix}$ が得られることから，必要な互換数は "1" と奇数である．ただし，これを 3 と 2 を交換して，次に 3 と 1 を交換して，最後に 2 と 1 を交換する方法，すなわち，$\begin{pmatrix} 1\,2\,3 \\ 2\,3\,1 \end{pmatrix}$，$\begin{pmatrix} 1\,2\,3 \\ 2\,1\,3 \end{pmatrix}$，$\begin{pmatrix} 1\,2\,3 \\ 1\,2\,3 \end{pmatrix}$ の順で互換する方法もあり，この場合の互換数は "3" と変化するが奇数であることは変わらない．

$$|A| = (-1)^{1+1} a_{11} \begin{vmatrix} a_{22} & a_{23} & \cdots & a_{2n} \\ a_{32} & a_{33} & \cdots & a_{3n} \\ \vdots & \vdots & \cdots & \vdots \\ a_{n2} & a_{n3} & \cdots & a_{nn} \end{vmatrix}$$

$$+ (-1)^{2+1} a_{21} \begin{vmatrix} a_{12} & a_{13} & \cdots & a_{1n} \\ a_{32} & a_{33} & \cdots & a_{3n} \\ \vdots & \vdots & \cdots & \vdots \\ a_{n2} & a_{n3} & \cdots & a_{nn} \end{vmatrix} + \cdots \tag{B.4}$$

$$+ (-1)^{n+1} a_{n1} \begin{vmatrix} a_{12} & a_{13} & \cdots & a_{1n} \\ a_{22} & a_{23} & \cdots & a_{2n} \\ \vdots & \vdots & \cdots & \vdots \\ a_{(n-1)2} & a_{(n-1)3} & \cdots & a_{(n-1)n} \end{vmatrix}$$

実際, 2×2 行列 $\begin{bmatrix} a & b \\ c & d \end{bmatrix}$ に行列式を列展開で求めると, $(-1)^{(1+1)} a|d| + (-1)^{2+1} c|b| = ad - bc$ とお馴染みの式が確認できる.

いま, (B.2) 式で与えられる行列 A に対して, i 行および j 列を除いた行列の行列式に $(-1)^{i+j}$ を掛けたものを考えよう. このスカラー量は **(i,j) 余因子** と呼ばれ, C_{ij} と表記される.

$$C_{ij} \triangleq (-1)^{i+j} \begin{vmatrix} a_{11} & \cdots & a_{1(j-1)} & a_{1(j+1)} & \cdots & a_{1n} \\ \vdots & \vdots & \vdots & \vdots & \vdots & \vdots \\ a_{(i-1)1} & \cdots & a_{(i-1)(j-1)} & a_{(i-1)(j+1)} & \cdots & a_{(i-1)n} \\ a_{(i+1)1} & \cdots & a_{(i+1)(j-1)} & a_{(i+1)(j+1)} & \cdots & a_{(i+1)n} \\ \vdots & \vdots & \vdots & \vdots & \vdots & \vdots \\ a_{n1} & \cdots & a_{n(j-1)} & a_{n(j+1)} & \cdots & a_{nn} \end{vmatrix} \tag{B.5}$$

この (i,j) 余因子を用いると, 行列 $A = [a_{ij}]$ の行列式の列展開は以下に表現される.

$$|A| = \sum_{i=1}^{n} a_{ik} C_{ik} \tag{B.6}$$

ただし, k は 1 から n の整数より任意に選ぶことができる. なお, (B.4) 式は (B.6) 式において, $k = 1$ を用いた結果である. また, 正方行列の転置行列を考えることで, (B.4) 式の列展開の代わりに, 行展開を考えることができる. この場合は行列式は以下のように得られる.

$$|A| = \sum_{j=1}^{n} a_{kj} C_{kj} \tag{B.7}$$

また，(B.4) 式の列展開において，$a_{i1}=0\ (i\in\{2,\cdots,n\})$ ならば，右辺は第一項のみとなる．すなわち，以下が成り立つ．

$$\begin{vmatrix} a_{11} & a_{12} & \cdots & a_{1m} \\ 0 & a_{22} & \cdots & a_{2m} \\ \vdots & \vdots & \cdots & \vdots \\ 0 & a_{n2} & \cdots & a_{nm} \end{vmatrix} = (-1)^{1+1}a_{11} \begin{vmatrix} a_{22} & a_{23} & \cdots & a_{2n} \\ a_{32} & a_{33} & \cdots & a_{3n} \\ \vdots & \vdots & \cdots & \vdots \\ a_{n2} & a_{n3} & \cdots & a_{nn} \end{vmatrix} \tag{B.8}$$

この考えを拡張することにより，ブロック行列について以下が成り立つ．

$$\begin{vmatrix} A & B \\ \mathbf{0} & C \end{vmatrix} = |A|\cdot|C| \tag{B.9}$$

ただし，行列 A および C は正方行列である．

B.2.2　行列式の計算（補足）

いま，行列 $A\in\mathbb{R}^{n\times n}$ を，それを構成する列ベクトル $\boldsymbol{a}_i\ (i=1,\cdots,n)$ を用いて $\begin{bmatrix} \boldsymbol{a}_1 & \cdots & \boldsymbol{a}_j & \cdots & \boldsymbol{a}_n \end{bmatrix}$ と表記する．

このとき，第 j 列に実数 α を掛けた行列の行列式は以下となる．

$$\begin{vmatrix} \boldsymbol{a}_1 & \cdots & \alpha\boldsymbol{a}_j & \cdots & \boldsymbol{a}_n \end{vmatrix} = \alpha \begin{vmatrix} \boldsymbol{a}_1 & \cdots & \boldsymbol{a}_j & \cdots & \boldsymbol{a}_n \end{vmatrix} \tag{B.10}$$

これは，(B.6) 式の列展開において，$a_{ij}\ (i=1,\cdots n)$ に α が掛けられていることから，その成立が確認できる．

同様に，第 j 列である $\boldsymbol{a}_j$ が適当な実係数 α_1，α_2 と適当な列ベクトル $\boldsymbol{a}_{j1}$，$\boldsymbol{a}_{j2}$ を用いて $\boldsymbol{a}_j=\alpha_1\boldsymbol{a}_{j1}+\alpha_2\boldsymbol{a}_{j2}$ と記述できたとすると，以下が成り立つ．

$$\begin{aligned} &\begin{vmatrix} \boldsymbol{a}_1 & \cdots & \boldsymbol{a}_j & \cdots & \boldsymbol{a}_n \end{vmatrix} \\ &= \begin{vmatrix} \boldsymbol{a}_1 & \cdots & \alpha_1\boldsymbol{a}_{j1}+\alpha_2\boldsymbol{a}_{j2} & \cdots & \boldsymbol{a}_n \end{vmatrix} \\ &= \alpha_1 \begin{vmatrix} \boldsymbol{a}_1 & \cdots & \boldsymbol{a}_{j1} & \cdots & \boldsymbol{a}_n \end{vmatrix} \\ &\quad + \alpha_2 \begin{vmatrix} \boldsymbol{a}_1 & \cdots & \boldsymbol{a}_{j2} & \cdots & \boldsymbol{a}_n \end{vmatrix} \end{aligned} \tag{B.11}$$

これは，(B.6) 式の列展開において $k=j$ と設定した場合を考えれば，その成立が確認できる．

(B.11) 式において，$\alpha_1=1$，$\alpha_2=-1$，$\boldsymbol{a}_{j1}=\boldsymbol{a}_{j2}$ という状況を考えると，以下が得られる．すなわち，零ベクトルを含む行列の行列式は零である．

$$\begin{vmatrix} \boldsymbol{a}_1 & \cdots & \mathbf{0} & \cdots & \boldsymbol{a}_n \end{vmatrix} = 0 \tag{B.12}$$

また，(B.3) 式の行列式の定義から，ある 2 つの列を入れ替えた行列の行列式は，元の行列式に負号をかけた値であることが確認できる.

$$\begin{aligned}&\begin{vmatrix} \boldsymbol{a}_1 & \cdots & \boldsymbol{a}_l & \cdots & \boldsymbol{a}_m & \cdots & \boldsymbol{a}_n \end{vmatrix}\\ &= -\begin{vmatrix} \boldsymbol{a}_1 & \cdots & \boldsymbol{a}_m & \cdots & \boldsymbol{a}_l & \cdots & \boldsymbol{a}_n \end{vmatrix}\end{aligned} \tag{B.13}$$

この関係から, $\boldsymbol{a}_l = \boldsymbol{a}_m$ の場合を考えると, 同じ列を有する場合は行列式が零となることが確認できる.

$$\begin{vmatrix} \boldsymbol{a}_1 & \cdots & \boldsymbol{a}_l & \cdots & \boldsymbol{a}_l & \cdots & \boldsymbol{a}_n \end{vmatrix} = 0 \tag{B.14}$$

更に, この特性を利用して, (B.11) 式において, $\alpha_1 = 1$, $\alpha_2 = \alpha$, $\boldsymbol{a}_{j1} = \boldsymbol{a}_j$, $\boldsymbol{a}_{j2} = \boldsymbol{a}_i$ $(i \in \{1, \cdots, j-1, j+1, \cdots, n\})$ とすると, 以下が確認できる.

$$\begin{aligned}&\begin{vmatrix} \boldsymbol{a}_1 & \cdots & \boldsymbol{a}_j + \alpha \boldsymbol{a}_i & \cdots & \boldsymbol{a}_n \end{vmatrix}\\ &= \begin{vmatrix} \boldsymbol{a}_1 & \cdots & \boldsymbol{a}_j & \cdots & \boldsymbol{a}_n \end{vmatrix}\\ &\quad + \alpha \begin{vmatrix} \boldsymbol{a}_1 & \cdots & \boldsymbol{a}_i & \cdots & \boldsymbol{a}_n \end{vmatrix}\\ &= \begin{vmatrix} \boldsymbol{a}_1 & \cdots & \boldsymbol{a}_j & \cdots & \boldsymbol{a}_n \end{vmatrix}\end{aligned} \tag{B.15}$$

すなわち, ある列の定数倍を別の列に加えた新しい行列の行列式は, もとの行列の行列式と同一である.

C 定理 5.2 の証明

証明したい定理（定理 5.2）は，システム $G(s)$ が BIBO 安定であるための必要十分条件が『伝達関数 $G(s)$ のすべての極の実部が負』であるというものである．一方，伝達関数 $G(s)$ は定理 A.3 により，係数が定数の部分分数に展開される．

$$G(s) = \sum_i \sum_{l=1}^{\kappa_i} \frac{\alpha_{il}}{(s-\lambda_i)^l} + \alpha_0 \tag{C.1}$$

ただし，$\lambda_i \in \mathbb{C}$ は $G(s)$ の極であり，その重複度を κ_i としている．また，係数 α_{il} は以下で与えられる．

$$\alpha_{il} = \frac{1}{(\kappa_i - l)!} \, \frac{d^{\kappa_i - l}}{ds^{\kappa_i - l}} \left[(s-\lambda_i)^{\kappa_i} G(s) \right] \Big|_{s=\lambda_i}$$

また，（A.14）式より，システム $G(s)$ のインパルス応答 $g(t)$ は $G(s)$ を逆ラプラス変換することにより次式で得られる．

$$\sum_i \sum_{l=1}^{\kappa_i} \mathcal{L}^{-1} \left[\frac{\alpha_{il}}{(s-\lambda_i)^l} \right] + \alpha_0 \delta(t) \tag{C.2}$$

一方，定理 5.1 より，システムの BIBO 安定性とそのインパルス応答の絶対可積分性が等価，すなわち，以下の 2 つが等価であることが確認できている．

a) システム $G(s)$ が BIBO 安定である．

b) そのインパルス応答 $g(t)$ が $\int_0^\infty |g(t)| dt < \infty$ を満たす．

よって，次の **c)** と **b)** の等価性を示せば，定理 5.2 が証明される．

c) 伝達関数 $G(s)$ のすべての極の実部が負である．

まず「**c)** でないならば，**b)** でない」ことを示すことで，「**b)** $\Rightarrow$ **c)**」を示す．そのために，（A.26）の $a \in \mathbb{R}$ を複素数 $\lambda \in \mathbb{C}$ まで拡張した次式を利用する．

$$\mathcal{L}\left[e^{\lambda t} t^n \right] = \frac{n!}{(s-\lambda)^{n+1}} \tag{C.3}$$

この式より $\mathcal{L}^{-1}\left[\frac{(n-1)!}{(s-\lambda)^n} \right] = e^{\lambda t} t^{n-1}$ が確認できる．

b) $\Rightarrow$ c) の証明：いま，（C.1）式の 1 つの λ_k の実部が正であると仮定する．このと

き，$\mathcal{L}^{-1}\left[\frac{\alpha_{k\kappa_k}}{(s-\lambda_k)^{\kappa_k}}\right]=\alpha_{k\kappa_k}\frac{e^{\lambda_k t}t^{\kappa_k-1}}{(\kappa_k-1)!}$ であり，$\alpha_{k\kappa_k}$ は重複度 κ_k と同じ次数の分母多項式を有する項の係数であるため非零である．いま，λ_k の実部が正であるから，$e^{\lambda_k t}$ は振動しながら，もしくは単調に発散する．よって，$\alpha_{k\kappa_k}\frac{e^{\lambda_k t}t^{\kappa_k-1}}{(\kappa_k-1)!}$ も発散する．すなわち，(C.1) 式のインパルス応答 $g(t)$ は有界でない．このとき，その絶対値積分 $\int_0^\infty |g(t)|dt$ も有界とはならない．

以上より，「**c)** でないならば，**b)** でない」ことが示せたので，「**b)** ⇒ **c)**」が証明された． □

c) ⇒ b) の証明： (C.3) 式を利用することで，(C.1) 式の $G(s)$ のインパルス応答 $g(t)$ は以下となる．

$$g(t)=\sum_i\sum_{l=1}^{\kappa_i}\frac{\alpha_{il}}{(l-1)!}e^{\lambda_i t}t^{l-1}+\alpha_0\delta(t) \tag{C.4}$$

そのため，それぞれの項が絶対可積分であることを示すことで，以下の関係から，全体も絶対可積分，すなわち $\int_0^\infty |g(t)|dt<\infty$ となることを示す．

$$\int_0^\infty |g(t)|dt\le\sum_i\sum_{l=1}^{\kappa_i}\int_0^\infty\left|\frac{\alpha_{il}}{(l-1)!}e^{\lambda_i t}t^{l-1}\right|dt+\int_0^\infty|\alpha_0\delta(t)|dt$$

このうち，最後の項 $\alpha_0\delta(t)$ は，(A.15) 式より，$\int_0^\infty|\alpha_0\delta(t)|dt=|\alpha_0|$ である．$\frac{\alpha_{il}}{(l-1)!}e^{\lambda_i t}t^{l-1}$ については，$\mathrm{Re}(\lambda_i)=a_i$ とすると，以下が成り立つ．

$$\int_0^\infty\left|\frac{\alpha_{il}}{(l-1)!}e^{\lambda_i t}t^{l-1}\right|dt=\left|\frac{\alpha_{il}}{(l-1)!}\right|\int_0^\infty e^{a_i t}t^{l-1}dt$$

さらに，$\int_0^\infty e^{a_i t}t^{l-1}dt$ については

$$\int_0^t e^{a\tau}\tau^n d\tau=e^{at}\left(\frac{(-1)^0t^n}{a}+\frac{(-1)^1nt^{n-1}}{a^2}+\frac{(-1)^2n(n-1)t^{n-2}}{a^3}+\right.$$
$$\left.\cdots+\frac{(-1)^{n-1}n(n-1)\cdots2t^1}{a^n}+\frac{(-1)^n n!t^0}{a^{n+1}}\right)+\frac{(-1)^{n+1}n!}{a^{n+1}}$$

の関係をもちいることで，

$$\int_0^\infty\left|\frac{\alpha_{il}}{(l-1)!}e^{\lambda_i t}t^{l-1}\right|dt$$
$$=\lim_{t\to\infty}\left|\frac{\alpha_{il}}{(l-1)!}\right|\left(e^{a_i t}\sum_{m=0}^{l-1}\frac{(-1)^m(l-1)!t^{l-1-m}}{(l-1-m)!a_i^{m+1}}+\frac{(-1)^l(l-1)!}{a_i^l}\right)$$

と確認できる．いま，$a_i<0$ であることおよび t^n が指数位の関数であることから，右辺は $|\alpha_{il}|\left(\frac{-1}{a_i}\right)^l$ に収束する．

以上をまとめると，以下の関係が確認できる．

$$\int_0^\infty|g(t)|dt\le|\alpha_0|+\sum_i\sum_{l=1}^{\kappa_i}|\alpha_{il}||a_i|^{-l}<\infty$$

よって，**c) ⇒ b)** が証明された． □

D たたみ込み積分（デュアメル積分）

D.1 重ね合わせの原理

つぎの線形定係数微分方程式で表されるシステムを考えよう．

$$\frac{d^n x(t)}{dt^n} + a_{n-1}\frac{d^{n-1}x(t)}{dt^{n-1}} + \cdots + a_1\frac{dx(t)}{dt} + a_0 x(t) = u(t) \tag{D.1}$$

このシステムの単位インパルス応答を $g(t)$ とすると，時刻 $t = 0$ に大きさ（力積）F のインパルス入力が加わったときの応答は，

$$x_0(t) = Fg(t) \tag{D.2}$$

となる．また，時刻 $t = t_i$ に大きさ（力積）F_i のインパルス入力が加わったときの応答は，

$$x_i(t) = F_i g(t - t_i) \tag{D.3}$$

となる．このとき，

$$\frac{d^n x_1(t)}{dt^n} + a_{n-1}\frac{d^{n-1}x_1(t)}{dt^{n-1}} + \cdots + a_1\frac{dx_1(t)}{dt} + a_0 x_1(t) = F_1\delta(t - t_1) \tag{D.4}$$

$$\frac{d^n x_2(t)}{dt^n} + a_{n-1}\frac{d^{n-1}x_2(t)}{dt^{n-1}} + \cdots + a_1\frac{dx_2(t)}{dt} + a_0 x_2(t) = F_1\delta(t - t_2) \tag{D.5}$$

より，$x(t) = x_1(t) + x_2(t)$ とおくと，

$$\frac{d^n x(t)}{dt^n} + a_{n-1}\frac{d^{n-1}x(t)}{dt^{n-1}} + \cdots + a_1\frac{dx(t)}{dt} + a_0 x(t) = F_1\delta(t - t_1) + F_1\delta(t - t_2) \tag{D.6}$$

が成り立つ．すなわち，図 D.1 のように時刻 $t = t_1$ および時刻 $t = t_2$ にそれぞれ大きさ（力積）F_1，F_2 のインパルス入力が加わったときの応答は，

$$x(t) = x_1(t) + x_2(t) = F_1 g(t - t_1) + F_2 g(t - t_2) \tag{D.7}$$

と得られる．これが**重ね合わせの原理**と呼ばれるものである．なお，この重ね合わせの原理が成立するのは線形系のみであることに注意されたい．

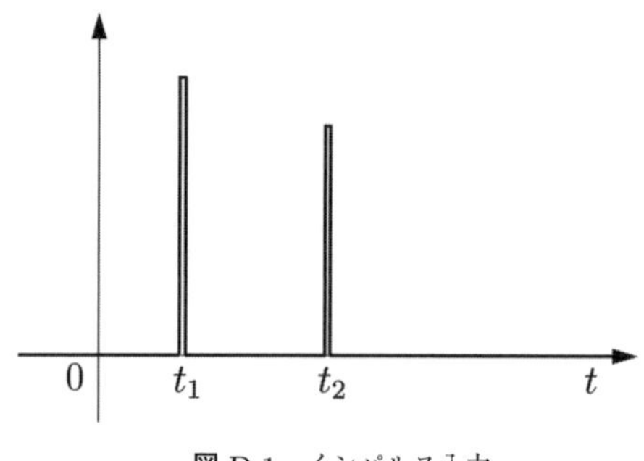

図 D.1　インパルス入力

D.2　たたみ込み積分（デュアメル積分）

さて，一般的な入力信号が印加される場合を考えよう．図 D.2 のように，この入力信号 $u(t)$ を Δt の時間幅で分割し，それぞれの時間 $t = n\Delta t$ で $u(n\Delta t)\Delta t$ の大きさ（力積）を持つインパルス入力が加わったと考える．このとき，それぞれの時間での応答は，

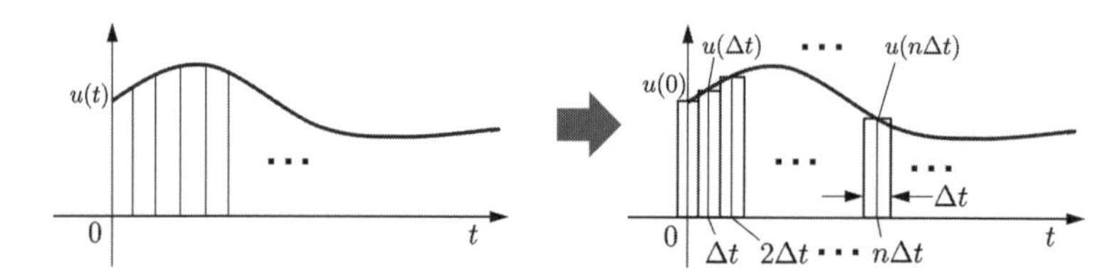

図 D.2　インパルス入力

・時刻 $t = 0$ で $u(0)\Delta t$ の大きさのインパルス入力が加わったときの応答：

$$x_0(t) = u(0)\Delta t \cdot g(t)$$

・時刻 $t = \Delta t$ で $u(\Delta t)\Delta t$ の大きさのインパルス入力が加わったときの応答：

$$x_1(t) = u(\Delta t)\Delta t \cdot g(t - \Delta t)$$

・時刻 $t = 2\Delta t$ で $u(2\Delta t)\Delta t$ の大きさのインパルス入力が加わったときの応答：

$$x_2(t) = u(2\Delta t)\Delta t \cdot g(t - 2\Delta t)$$

$$\vdots$$

・時刻 $t = n\Delta t$ で $u(n\Delta t)\Delta t$ の大きさのインパルス入力が加わったときの応答：

$$x_n(t) = u(n\Delta t)\Delta t \cdot g(t - n\Delta t)$$

よって，重ね合わせの原理より，

$$\begin{aligned} x(t) &= x_0(t) + x_1(t) + \cdots + x_n(t) + \cdots \\ &= \sum_{k=0}^{\infty} x_k(t) \\ &= \sum_{k=0}^{\infty} f(k\Delta t)\Delta t \cdot g(t - k\Delta t) \end{aligned} \tag{D.8}$$

を得る．このとき，$\Delta t \to 0$ とすると

$$\begin{aligned} &\Delta t \to d\tau \\ &k\Delta t \to \tau \\ &u(k\Delta t) \to u(\tau) \\ &g(t - k\Delta t) \to g(t - \tau) \end{aligned}$$

より，結局

$$x(t) = \int_0^{\infty} g(t-\tau)u(\tau)d\tau = \int_0^{t} g(t-\tau)u(\tau)d\tau \qquad (g(t) = 0, t < 0) \tag{D.9}$$

が得られる．すなわち，単位インパルス応答 $g(t), t \geq 0$ を持つシステムの任意の入力信号 $u(t)$ に対するゼロ状態応答は，(D.9) で与えられる**たたみ込み積分（デュアメル積分）**によって求められる．

本書の全体で参考とした文献

文　　献

1) 森下 邦宏，笹島 圭輔，冨谷 祐史，田阪 良治，久保 充司：東京スカイツリー用制振装置の開発，三菱重工技報 Vol.49, No.1（2012）
2) 阿比留久徳：横浜ランドマークタワーのアクティブ制振装置，計測と制御，Vol.31, No.4, pp.491-492（1992）
3) 広中 平祐，甘利 俊一，伊理 正夫，巌佐 庸（編）：第 2 版 現代数理科学事典，丸善出版（2009）
4) 青本 和彦，上野 健爾，加藤 和也，神保 道夫，砂田 利一，高橋 陽一郎，深谷 賢治，俣野 博，室田 一雄（編著）：岩波　数学入門辞典，岩波書店（2005）
5) 杉江 俊治：授業で使えるラウスの安定判別法の説明，システム/制御/情報，Vol. 65，No. 7，pp.267–270（2021）
6) K. Ogata. Modern control engineering, Prentice Hall (2009)
7) Blight JD., Dailey RL., Gangsaas D. Practical control law design for aircraft using multivariable techniques. Int J Control. 1994;59(1):93-137.
8) A. O'Dwyer. *Handbook of PI and PID Controller Tuning Rules*, Imperial College Press, London, UK (2003)
9) K. J. Åström and T. Hägglund. *Advanced PID Control*, Instrumentation, Systems, and Automation Society Pittsburgh, PA, USA (2006)
10) R. Vilanova and A. Visioli. *PID Control in the Third Millennium*, Springer, London, UK (2012)
11) J.G. Ziegler and N.B. Nichols. Optimum Settings for Automatic Controllers. Trans. ASME. Vol. 64, pp. 7590-768（1942）
12) 山本 重彦，加藤 尚武：PID 制御の基礎と応用 第 2 版，朝倉書店（2005）
13) 片山 徹（著）：フィードバック制御の基礎，朝倉書店（1987）
14) S. Skogestad and I. Postlethwaite. Multivariable Feedback Control (2nd edition), John Wiley & Sons, Inc., West Sussex, England, (2005)
15) 日本数学会（編）：岩波 数学辞典 第 4 版，岩波書店（2007）
16) 大石 進一：フーリエ解析，岩波書店（2009）
17) 杉江 俊治，藤田 政之：フィードバック制御入門，コロナ社（1999）
18) 山本 裕：システムと制御の数学，システム制御情報学会（1998）
19) 齋藤 正彦：線型代数入門，東京大学出版会（1966）
20) 示村 悦二郎（著）：自動制御とは何か，コロナ社（1990）
21) 齊藤 制海，徐 粒（著）：制御工学　－フィードバック制御の考え方－（第 2 版），森北出版（2015）
22) 山本 透，水本 郁朗（編著）：線形システム制御論，朝倉書店（2015）

索　　引

欧数字

あ　行

か　行

さ　行

た　行

な　行

は　行

ま　行

や　行

ら　行

わ 行

著者略歴

水本郁朗（みずもと いくろう）

1966年　山口県に生まれる
1991年　熊本大学大学院工学研究科修士課程修了
現　在　熊本大学大学院先端科学研究部教授
博士（工学）

佐藤昌之（さとう まさゆき）

1973年　岐阜県に生まれる
1997年　名古屋大学大学院工学研究科修士課程修了
現　在　熊本大学大学院先端科学研究部教授
博士（工学）

佐藤孝雄（さとう たかお）

1974年　広島県に生まれる
2002年　岡山大学大学院自然科学研究科博士課程修了
現　在　兵庫県立大学大学院工学研究科教授
博士（工学）

髙橋将徳（たかはし まさのり）

1969年　大分県に生まれる
1994年　熊本大学大学院工学研究科修士課程修了
現　在　大分大学大学院工学研究科教授
博士（工学）

大塚弘文（おおつか ひろふみ）

1965年　大分県に生まれる
1998年　熊本大学大学院自然科学研究科博士課程修了
現　在　熊本高等専門学校教授
博士（工学）

制御工学基礎
—フィードバック制御系設計に向けて—　　定価はカバーに表示

2024年10月1日　初版第1刷

編著者　水　本　郁　朗
　　　　佐　藤　昌　之
発行者　朝　倉　誠　造
発行所　株式会社　朝　倉　書　店
東京都新宿区新小川町 6-29
郵便番号　162-8707
電　話　03（3260）0141
FAX　03（3260）0180
https://www.asakura.co.jp

〈検印省略〉

印刷・製本　藤原印刷

ISBN 978-4-254-20182-6　C 3050　Printed in Japan

線形システム制御論

山本 透・水本 郁朗 (編著)

A5 判／200 頁　978-4-254-20160-4 C3050　定価 2,970 円（本体 2,700 円＋税）

現代制御の教科書〔内容〕フィードバック制御の基礎／状態空間表現によるシステムのモデル化／構造と安定性／極配置制御系の設計／線形制御系設計／トラッキング制御／オブザーバの設計／安定論／周波数特性と状態フィードバック制御／他

機械工学基礎課程 制御工学 ─古典制御からロバスト制御へ─

佐伯 正美 (著)

A5 判／208 頁　978-4-254-23791-7 C3353　定価 3,300 円（本体 3,000 円＋税）

古典制御中心の教科書。ラプラス変換の基礎からロバスト制御まで。〔内容〕古典制御の基礎／フィードバック制御系の基本的性質／伝達関数に基づく制御系設計法／周波数応答の導入／周波数応答による解析法／他

電気電子工学シリーズ 11 制御工学

川邊 武俊・金井 喜美雄 (著)

A5 判／160 頁　978-4-254-22906-6 C3354　定価 2,860 円（本体 2,600 円＋税）

制御工学を基礎からていねいに解説した教科書。〔内容〕システムの制御／線形時不変システムと線形常微分方程式，伝達関数／システムの結合とブロック図／線形時不変システムの安定性，周波数応答／フィードバック制御系の設計技術／他

基礎制御工学

則次 俊郎・堂田 周治郎・西本 澄 (著)

A5 判／192 頁　978-4-254-23134-2 C3053　定価 3,080 円（本体 2,800 円＋税）

古典制御を中心とした，制御工学の基礎を解説。〔内容〕制御工学とは／伝達関数／制御系の応答特性／制御系の安定性／ PID 制御／制御系の特性補償／制御理論の応用事例／さらに学ぶために／ラプラス変換の基礎

新版 プロセス制御工学

橋本 伊織・長谷部 伸治・加納 学 (著)

A5 判／208 頁　978-4-254-25042-8 C3058　定価 4,180 円（本体 3,800 円＋税）

化学系向け制御工学テキストとして好評の旧版を加筆・修正。〔内容〕概論／伝達関数と過渡応答／周波数応答／制御系の特性／ PID 制御／多変数プロセスの制御／モデル予測制御／システム同定の基礎／統計的プロセス管理

上記価格は 2024 年 8 月現在